石油和化学工业优秀物奖教材奖二等奖

山东省普通高等教育一流教材

高等学校机械及近机类专业 新形态 教材

工程材料及其成形技术

第3版

赵海霞　主编

化学工业出版社

·北京·

内容简介

《工程材料及其成形技术（第 3 版）》在上一版的基础上对原有内容进行了更新和修订。在编写顺序上，仍按照由浅入深、循序渐进、便于教学的思路，从工程材料的基础知识开始介绍，然后对材料的组织结构和材料热处理中的组织结构转变进行了介绍。全书共分九章，分别介绍了工程材料的力学性能，金属材料的基础知识，钢的热处理，金属材料，铸造成形技术，锻压成形技术，焊接成形技术，非金属材料及其成形技术，金属零件的失效、选材及加工工艺的选择等内容，同时，书中还补充了新型材料的相关内容。

本书配套了微课、习题答案、相关视频等诸多课程资源，读者扫码即可获得，非常方便。本书可作为机电及相关专业高等院校教学用书，也可供相关专业技术人员、工艺人员参考阅读。

图书在版编目（CIP）数据

工程材料及其成形技术 / 赵海霞主编 . —3 版 . —
北京：化学工业出版社，2022.2（2025.5 重印）
高等学校机械及近机类专业新形态教材
ISBN 978-7-122-40375-9

Ⅰ．①工⋯　Ⅱ．①赵⋯　Ⅲ．①工程材料-成型-高等
学校-教材　Ⅳ．①TB3

中国版本图书馆 CIP 数据核字（2021）第 240362 号

责任编辑：王清颢　　　　　　　　　　装帧设计：王晓宇
责任校对：王鹏飞

出版发行：化学工业出版社（北京市东城区青年湖南街 13 号　邮政编码 100011）
印　　装：涿州市殷润文化传播有限公司
787mm×1092mm　1/16　印张 16　字数 386 千字　2025 年 5 月北京第 3 版第 3 次印刷

购书咨询：010-64518888　　　　　　　　　售后服务：010-64518899
网　　址：http://www.cip.com.cn
凡购买本书，如有缺损质量问题，本社销售中心负责调换。

定　　价：58.80 元

工程材料及机械制造基础课程是各高校机械类和近机类专业本科生进入专业领域的入门课程，"工程材料及其成形技术"又是工程材料及机械制造基础课程的重要部分。它既是使学生掌握基本原理的理论课程，也是培养学生自学能力、独立分析能力的综合训练课程。根据我国发布的"中国制造 2025"规划、十四五规划和 2035 年远景目标，我国要逐步成为制造强国。而要发展制造业，必须首先解决制约我国机械制造业发展的关键基础材料、材料成形技术以及相应的工艺问题，要把材料性能和加工质量作为建设制造强国的生命线，走以质取胜的发展道路，不断提升中国制造整体形象。党的二十大对建设现代化产业体系做出布署，强调"推动战略性新兴产生融合集群发展，构建新一代信息技术、人工智能、生物技术、新能源、新材料、高端装备、绿色环保等一批新的增长引擎"。也对工程材料及其成形技术的教学提出了新要求。

《工程材料及其成形技术》由多位编著者总结多年一线教学工作经验编写而成，自出版以来，因其内容丰富、结构合理、突出重点、实用性强等特点，受到了读者的好评。本书编著者利用这次再版的机会对原书中的旧国家标准，以及原书中的不足之处进行了修改，并增加了新材料、新技术、新工艺的内容，反映了工程材料的发展趋势；修订了多媒体课件（扫描二维码即可选购），并将课程视频同步在教材中，方便读者随时扫码观看。本着落实立德树人根本任务，课程思政是专业课程教学的重要组成部分，针对教材内容进行梳理，根据知识点设计了课程思政案例，建立了课程思政案例库；增加了习题答案、实验和知识点的视频动画等诸多课程资源，给教师和学生的使用、学习带来方便。

本书由青岛科技大学赵海霞主编并负责统稿，青岛理工大学教授姜培刚负责主审，另外参与编写的还有青岛科技大学的刘春廷、谢天、张永涛，青岛大学的王东和刘梅，在此表示衷心的感谢。

限于编者的水平，书中必然还存在一些不足之处，恳请广大读者批评指正。

编著者

PREFACE ▪▪▪▪▪▪▪▪▪ ▪▪▪▪▪▪▪▪ ▪▪▪▪▪▪▪▪▪ ▪▪▪▪▪▪▪▪▪

　　工程材料及机械制造基础是各高校机械类和近机类专业本科生及专科生进入专业领域的入门课程,工程材料及其成形技术又是工程材料及机械制造基础的重要部分,它既是引导学生使他们掌握基本原理的理论课程,也是培养学生具有自学能力、独立分析能力的综合训练课程。

　　本书以教育部最新颁布的"工程材料及机械制造基础课程教学基本要求"和"工程材料及机械制造基础系列课程改革"为指导,结合目前教改的基本指导思想和原则以及实施素质教育和加强技术创新的精神,以培养学生具有合理选择工程材料及成形方法、制定相应加工工艺的能力为主要目的,打破原来工程材料与热加工工艺各成体系、相互交叉重复的局面,建立了工程材料与成形技术统一的新体系。

　　本书按照由浅入深、循序渐进、便于教学的思路,首先从工程材料宏观性能的介绍开始,使学生对工程材料有一个初步的感性认识;随之深入到材料的微观组织结构和材料热处理过程中的组织结构转变,让学生了解到材料的本质并掌握必要的材料基础理论知识、材料组织结构转变的机理和材料的微观组织结构对材料宏观性能的影响;在此基础上,通过对金属材料和非金属材料及其成形技术的基本原理、成形方法和加工工艺等的讲解,使学生建立现代机械制造过程中工程材料及其成形工艺的完整概念;最后,通过对机械零件的失效分析、合理选材及加工工艺选择的阐述,培养学生分析问题和解决问题的能力,同时,系统地总结全书知识。本书每章最后都附有思考题,便于学生巩固所学过的知识和培养学生分析问题的能力。

　　本书由青岛科技大学的赵海霞和刘春廷担任主编,由青岛大学的王东和刘梅担任副主编,由赵海霞负责统稿,参加编写工作的还有青岛科技大学的许基清和杨化林。本书由青岛科技大学孟庆东教授负责主审,在此表示衷心的感谢。

　　限于编者水平,书中难免存在不足之处,恳请广大读者批评指正。

编者

目录

绪论 ……………………………… 001

第1章 工程材料的力学性能 ……… 004

1.1 材料的强度与塑性 ……………… 004
   1.1.1 强度 ………………………… 005
   1.1.2 塑性 ………………………… 006
1.2 材料的硬度 ……………………… 007
   1.2.1 布氏硬度
      （Brinell hardness） ………… 008
   1.2.2 洛氏硬度
      （Rockwell hardness） ……… 008
   1.2.3 维氏硬度
      （Vickers hardness） ……… 009
1.3 材料的冲击韧性 ………………… 009
1.4 材料的疲劳强度 ………………… 010
1.5 材料的断裂韧性
    （fracture toughness） ……… 011
思考题 ………………………………… 013

第2章 金属材料的基础知识 ……… 014

2.1 金属的晶体结构 ………………… 014
   2.1.1 晶体与非晶体 …………… 014
   2.1.2 金属的晶体结构 ………… 015
   2.1.3 金属的同素异构转变 …… 017
   2.1.4 实际金属的晶体结构 …… 017
2.2 纯金属的结晶 …………………… 020
   2.2.1 金属结晶的基本概念 …… 020
   2.2.2 金属的冷却曲线和
      过冷现象 ……………… 021
   2.2.3 纯金属的结晶过程 ……… 022
   2.2.4 金属晶粒的大小与控制 … 023
   2.2.5 金属的铸锭组织 ………… 024
2.3 合金的相结构 …………………… 025
   2.3.1 合金的基本概念 ………… 025
   2.3.2 合金的相结构 …………… 026
2.4 合金的结晶 ……………………… 027
   2.4.1 二元合金相图的基本知识 … 027

2.4.2 二元相图的基本类型 …… 029
2.4.3 相图与合金性能的关系 … 031
2.5 铁碳合金相图 …………………… 032
   2.5.1 铁碳合金的基本相和组织 … 033
   2.5.2 铁碳合金相图分析 ……… 034
   2.5.3 铁碳合金的成分、组织和性能
      的变化规律 …………… 041
   2.5.4 铁碳合金相图的应用 …… 041
思考题 ………………………………… 043

第3章 钢的热处理 ……………… 044

3.1 钢在加热时的组织转变 ………… 045
   3.1.1 奥氏体形成的基本过程 … 045
   3.1.2 影响奥氏体形成的因素 … 046
   3.1.3 影响奥氏体晶粒大小的因素 … 047
3.2 钢在冷却时的组织转变 ………… 047
   3.2.1 过冷奥氏体的等温转变曲线 … 048
   3.2.2 过冷奥氏体等温转变产物的
      组织和性能 …………… 051
   3.2.3 过冷奥氏体的连续冷却转变 … 059
3.3 钢的退火与正火 ………………… 061
   3.3.1 退火和正火的定义、目的及
      分类 …………………… 062
   3.3.2 退火和正火操作及其应用 … 063
3.4 钢的淬火 ………………………… 066
   3.4.1 钢的淬火工艺 …………… 066
   3.4.2 钢的淬透性 ……………… 070
   3.4.3 钢的淬硬性 ……………… 074
3.5 钢的回火 ………………………… 074
   3.5.1 淬火钢在回火时的转变 … 074
   3.5.2 回火种类及应用 ………… 076
   3.5.3 回火脆性 ………………… 077
3.6 钢的表面淬火和化学热处理 …… 078
   3.6.1 钢的表面淬火 …………… 078
   3.6.2 钢的化学热处理 ………… 080
3.7 钢的热处理新技术 ……………… 086
   3.7.1 可控气氛热处理和
      真空热处理 …………… 086
   3.7.2 形变热处理 ……………… 088

CONTENTS

3.8 表面热处理新技术 ……………… 089
  3.8.1 热喷涂技术 ……………… 089
  3.8.2 气相沉积技术 ……………… 090
  3.8.3 三束表面改性技术 ……………… 091
思考题 ……………………………… 092

第4章 金属材料 ……………… 094

4.1 工业用钢 ……………………… 094
  4.1.1 碳钢中的常存杂质及对性能
       的影响 ……………………… 094
  4.1.2 合金元素在钢中的作用 ……… 095
  4.1.3 钢的牌号 ……………………… 099
  4.1.4 结构钢 ……………………… 100
  4.1.5 工具钢 ……………………… 106
  4.1.6 特殊性能钢 ……………… 111
4.2 铸铁 ……………………………… 117
  4.2.1 铸铁的石墨化过程 ……… 118
  4.2.2 铸铁的分类及牌号 ……… 120
  4.2.3 常用铸铁 ……………… 122
  4.2.4 合金铸铁 ……………… 130
4.3 有色金属及其合金 ……………… 132
  4.3.1 铝及铝合金 ……………… 132
  4.3.2 铜及铜合金 ……………… 137
  4.3.3 钛及钛合金 ……………… 142
思考题 ……………………………… 143

第5章 铸造成形技术 ……………… 146

5.1 铸造成形基本原理 ……………… 146
  5.1.1 充型能力 ……………… 146
  5.1.2 铸件的凝固方式 ……… 148
  5.1.3 铸造合金的收缩 ……… 149
  5.1.4 铸造应力及铸件的变形和
       裂纹 ……………………… 151
  5.1.5 铸件常见缺陷 ……… 153
5.2 铸造成形方法 ……………… 155
  5.2.1 砂型铸造工艺 ……… 155
  5.2.2 金属型铸造 ……… 157
  5.2.3 压力铸造 ……………… 158
  5.2.4 熔模铸造 ……………… 159
  5.2.5 其他铸造方法 ……… 160
  5.2.6 铸造方法的选择 ……… 161
5.3 铸件的结构设计 ……………… 161
思考题 ……………………………… 165

第6章 锻压成形技术 ……………… 167

6.1 锻压成形的基本原理 ……………… 168
  6.1.1 金属塑性变形的实质 ……… 168
  6.1.2 塑性变形对金属组织结构和
       性能的影响 ……………… 170
6.2 金属的锻造性能 ……………… 173
6.3 锻造成形技术 ……………… 175
  6.3.1 自由锻 ……………… 175
  6.3.2 模锻 ……………………… 177
6.4 板料冲压成形技术 ……………… 178
  6.4.1 板料冲压基本工序 ……… 179
  6.4.2 冲压模具 ……………… 182
6.5 塑性加工零件的结构工艺性 ……… 184
  6.5.1 自由锻件的结构工艺性 ……… 184
  6.5.2 冲压件结构工艺性 ……… 185
6.6 其他塑性成形技术 ……………… 187
  6.6.1 挤压成形 ……………… 187
  6.6.2 轧制成形 ……………… 188
  6.6.3 拉拔成形 ……………… 190
6.7 塑性加工技术新进展 ……………… 191
思考题 ……………………………… 193

第7章 焊接成形技术 ……………… 194

7.1 熔化焊成形基本原理 ……………… 195
  7.1.1 焊接电弧 ……………… 195
  7.1.2 焊接接头的组织和性能 ……… 196
  7.1.3 焊接应力和变形 ……… 198
7.2 手工电弧焊 ……………… 201
7.3 其他焊接方法 ……………… 205
  7.3.1 埋弧自动焊 ……………… 205
  7.3.2 气体保护焊 ……………… 206
  7.3.3 电阻焊 ……………… 208
  7.3.4 钎焊 ……………………… 210
7.4 常用金属材料的焊接 ……………… 210
  7.4.1 金属材料的焊接性 ……… 210
  7.4.2 常用金属材料的焊接 ……… 211
7.5 焊接工艺及结构设计 ……………… 214
7.6 焊接缺陷与焊接质量检验 ……… 215
思考题 ……………………………… 217

第8章 非金属材料及其成
        形技术 ……………… 218

8.1 高分子材料及其成形技术 ……… 218

8.1.1　高分子材料的基本概念 ……… 218
8.1.2　工程塑料及其成形技术 ……… 221
8.1.3　橡胶材料及其成形技术 ……… 224
8.2　陶瓷材料及其成形技术 ………… 225
8.2.1　陶瓷的分类与性能 ………… 226
8.2.2　常用工业陶瓷 ……………… 227
8.2.3　陶瓷材料的成形技术 ……… 227
8.3　复合材料及其成形技术 ………… 228
8.4　新型材料 ………………………… 230
8.4.1　新型材料的特点与分类 …… 230
8.4.2　主要新型材料介绍 ………… 231
8.4.3　新型材料成分、结构与
　　　　性能间的关系 …………… 234
8.4.4　几种重要新型材料的
　　　　发展趋势 ………………… 234

思考题 ……………………………………… 237

第9章　金属零件的失效、选材及
　　　　加工工艺的选择 …………… 238
9.1　零件的失效分析 ………………… 238
9.1.1　零件失效的概念和形式 …… 238
9.1.2　机械零件失效的原因 ……… 239
9.1.3　失效分析的一般过程 ……… 240
9.2　选材的一般原则 ………………… 240
9.2.1　选用材料的一般原则 ……… 240
9.2.2　选材的方法与步骤 ………… 242
9.3　典型零件的选材与工艺 ………… 243
9.3.1　齿轮类与轴类零件的
　　　　选材分析 ………………… 244
9.3.2　典型零件的选材实例 ……… 245
思考题 ……………………………………… 246

参考文献 ………………………………… 248

《工程材料及其成形技术（第3版）》

系统性阅读本书指南

本书专属二维码，扫码智能伴读，使你的学习事半功倍

本书为您精心配置以下专属服务

- **配套答案** ●●● 读练对照，自主检测学习效果
- **配套微课** ●●● 同步课程，名师领路效率加倍
- **相关知识** ●●● 在线视频，工程相关知识速递
- **课件获取** ●●● 精美课件，难点重点反复阅读
- **材料大全** ●●● 统一收录，116种常用材料信息

操作步骤指南

① 微信扫描本书二维码。

② 进入出版社官方公众号，获取上述服务。

③ 打开微信，实现随时随地查阅与学习。

扫码获得
系统性阅读指南

绪论

1. 概述

材料是人们用来制作各种有用器件的物质，是人类生产和社会发展的重要物质基础，也是日常生活中不可或缺的一个组成部分。

自从地球上有了人类至今，材料的利用和发展就成了人类文明发展史的里程碑。从原始时期的石器时代开始，在经历了青铜器时代和铁器时代之后，人类进入了农业社会。18世纪钢铁时代的来临，造就了工业社会的文明。尤其是近百年来，随着科学技术的迅猛发展和社会需求的不断提高，新材料更是层出不穷。历史证明，每一次重大新技术的发现往往都依赖于新材料的发展，而材料的种类、数量和质量已是衡量一个国家科学技术、国民经济水平以及社会文明的重要标志之一。

工程材料是制造机械产品所必需的物质基础，是工业的"粮食"。工程材料的使用与人类进步密切相关，标志着人类文明的发展水平。早在青铜器时代，人类就开始了对工程材料的冶炼和加工制造。如公元前2000多年我国的人民就掌握了青铜冶炼术，到距今1000多年前的殷商、西周时期，我国的金属冶炼技术达到当时世界高峰，用青铜制造的生产工具、生活用具、兵器和马饰，得到了普遍应用。河南安阳武官村发掘出来的重达875kg的祭器后母戊大方鼎，不仅体积庞大，而且花纹精巧，造型美观。湖北江陵楚墓中发现的埋藏2000多年的越王勾践的宝剑仍金光闪闪，说明人们已掌握了锻造和热处理技术。春秋时期，我国开始大量使用铁器，白口铸铁、灰铸铁和可锻铸铁相继出现。17世纪，明代科学家宋应星编著了闻名世界的《天工开物》，详细记载了冶铁、铸造、锻铁、淬火等各种金属加工制造方法，是最早涉及工程材料及成形技术的著作之一，这说明早在欧洲工业革命之前，我国在金属材料及热处理方面就已经有了较高的成就。在陶瓷及天然高分子材料（如丝绸）方面，我国的产品也曾远销欧亚诸国，踏出了名垂千古的丝绸之路，为世界文明史添上了光辉的一页。但是，从18世纪以后，长期的封建统治和闭关自守，严重地束缚了我国生产力的发展，而此时欧洲发生的工业革命极大地促进了现代工业的快速发展，这时材料的成形加工也从简单的手工操作逐渐过渡到机械化生产。如今专业化、自动化和智能化成形加工已是现代工业生产的发展方向。中华人民共和国成立后，尤其是改革开放以来，我国的科学技术和各生产领域都取得了举世瞩目的伟大成就，工程材料及其成形技术也得到了飞速的发展，工程材料也已成为所有科技进步的核心。

《工程材料及其成形技术》（第3版）主要研究机械制造过程中的工程材料的应用以及零件毛坯的热加工成形工艺。

2. 工程材料的分类

工程材料主要是指用于机械、车辆、船舶、建筑、化工、能源、仪器仪表、航空航天等工程领域的材料，其种类繁多，有许多不同的分类方法。若按材料的化学成分、结合键的特点进行分类，可以分为金属材料、高分子材料、陶瓷材料和复合材料四大类。

（1）金属材料

金属材料是以金属键结合为主的材料，具有良好的导电性、导热性、延展性和金属光泽，是目前使用量最大、用途最广的工程材料。金属材料分为黑色金属和有色金属两大类。

铁和以铁为基的合金材料称为黑色金属，即钢、铸铁材料，它占金属材料总量的95%以上。由于黑色金属具有力学性能优良、可加工性能好、价格低廉等特点，在工程材料中一直占据着不可替代的主导地位。

除黑色金属之外的所有金属及其合金材料统称为有色金属。它可分为轻金属（如铝、镁、钛）、重金属（如铅、锡）、贵金属（如金、银、镍、铂）和稀有金属等，其中以铝、铜及其合金用途最广。

（2）高分子材料

高分子材料又称聚合物材料，是以分子键和共价键为主的材料，主要成分为碳和氢。作为结构材料的高分子材料，具有塑性好、耐蚀性好、电绝缘性好及密度小等特点。按其用途和使用状态，高分子材料又分为橡胶、塑料、合成纤维和胶黏剂等四大类型，在纺织、交通运输、航空航天等领域中被广泛应用。

（3）陶瓷材料

陶瓷材料是以共价键和离子键结合为主的材料，其性能特点是熔点高、硬度高、耐腐蚀、脆性大。陶瓷材料分为传统陶瓷、特种陶瓷和金属陶瓷三大类。传统陶瓷又称为普通陶瓷，是以天然材料（如黏土、石英、长石等）为原料的陶瓷，主要用作建筑材料。特种陶瓷又称精细陶瓷，是以人工合成材料为原料的陶瓷，常用于制作工程上的耐热、耐蚀、耐磨零件。金属陶瓷是金属与各种化合物粉末的烧结体，主要用作工程模具。

（4）复合材料

复合材料是指把两种或两种以上具有不同性质或不同组织结构的材料以微观或宏观的形式组合在一起而构成的新型材料。它不仅保留了组成材料各自的优点，而且还具有单一材料所没有的优良性能。复合材料通常分为三大类：树脂基复合材料、陶瓷基复合材料和金属基复合材料。碳纤维复合材料具有重量轻、弹性好、强度高等优点，可用于航空航天、机器人、汽车等领域。

3. 金属材料成形技术的分类

金属材料的成形加工基本可以分为冷加工成形和热加工成形两大类。

（1）冷加工成形

冷加工成形是使用切削工具（包括刀具、磨具和磨料），在工具与工件之间的相对运动中，把工件上多余的材料层切除，使工件获得规定的尺寸、形状和表面质量的加工方法。

（2）热加工成形

金属材料热加工成形包括铸造成形、锻压成形和焊接成形。

1）铸造成形

铸造成形是将金属熔化成液态后，浇注到与拟成形零件的形状及尺寸相适应的铸型型腔中，待其冷却凝固后获得零件毛坯的生产方法。

2）锻压成形

锻压成形是指将具有塑性的金属材料，在热态或冷态下借助锻锤的冲击力或压力机的压力，使其产生塑性变形，以获得所需形状、尺寸及力学性能的毛坯或零件的加工方法。锻压是锻造和冲压的总称，有时也称其为金属压力加工。

3）焊接成形

焊接成形是一种通过加热或加压或两者并用，用或不用填充材料，使被焊材料之间达到原子结合而形成永久性连接的工艺方法。

4. 本课程的课程性质和主要任务

"工程材料及其成形技术"是机械类和近机类专业本科生进入专业领域的入门课程，本课程系统地介绍了从工程材料到成形技术，包括铸造、锻压、焊接和热处理等工艺在内的机械产品生产过程。它既具有高度浓缩的基础理论知识，更具有实践性很强的应用技术知识。它既是引导学生使其掌握基本原理的理论课程，又是培养学生使其具有自学能力、独立分析能力的综合训练课程。

本课程可使学生在获得工程材料及其技术一般知识的基础上，了解常用材料的成分、组织、性能、加工方法、加工工艺以及用途等之间的关系，从而使学生初步具备合理选择材料、正确选择加工方法以及制订相应加工工艺的能力，也为学生后继有关课程的学习奠定必要的材料科学基础。

第1章
工程材料的力学性能

工程材料具有许多良好的性能，因此被广泛用于制造各种构件、机械零件、工具和日常生活用具等。为了正确地使用工程材料，要充分了解和掌握材料的性能。通常所说的工程材料的性能（performance 或 property）有两个方面的意义，一是材料的使用性能，指材料在使用条件下表现出的性能，如强度、塑性、韧性等力学性能，声、光、电、磁等物理性能以及耐蚀性、耐热性等化学性能；二是材料的工艺性能，指材料在加工过程中表现出的性能，如冷热加工性能、压力加工性能、焊接性能、铸造性能、切削性能等等。工程材料学科是材料科学的应用部分，主要讨论结构材料的力学性能，阐述结构材料的组织、成分和性能的相互影响规律，解答工程应用问题。

扫码看视频课
1

工程材料的力学性能亦称为机械性能，是指材料抵抗各种外加载荷的能力，包括弹性、刚度、强度、塑性、硬度、韧性、疲劳强度等。常见的各种外加载荷形式如图 1-1 所示。

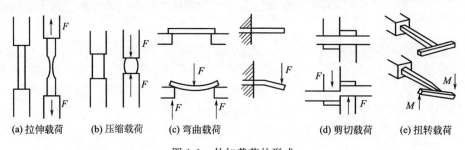

(a) 拉伸载荷　　(b) 压缩载荷　　(c) 弯曲载荷　　　　　(d) 剪切载荷　　(e) 扭转载荷

图 1-1　外加载荷的形式

1.1　材料的强度与塑性

材料的强度和塑性是依据国家标准（GB 6397—1986）通过静拉伸试验测定出来的。

拉伸试验是在拉伸试验机上进行的。试验之前，先将被测材料制成图 1-2 所示的标准试样，图中 d_0 为试样直径，l_0 为测定塑性用的标距长度。试验时，在试样两端缓慢地施加轴向拉伸载荷，使试样承受轴向静拉力。随着载荷不断增加，试样被逐步拉长，直到拉断。拉伸过程中，试验机将自动记录每一瞬间的载荷 F 和伸长量 Δl，并绘出拉伸曲线，据此可测定应力-应变曲线（σ-ε 曲线）。如图 1-3 所示是低碳钢和铸铁的应力-应变（σ-ε）曲线。

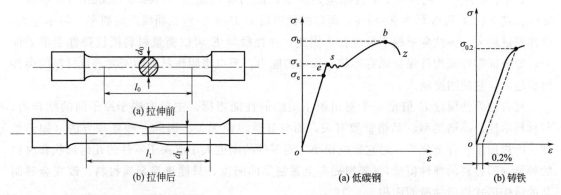

图 1-2　圆形拉伸试样　　　　图 1-3　低碳钢和铸铁的应力-应变（σ-ε）曲线

图 1-3 中的纵坐标为应力 σ（单位为 MPa），计算公式为

$$\sigma = F/A_0 \tag{1-1}$$

横坐标为应变 ε，计算公式为

$$\varepsilon = \frac{\Delta l}{l_0} \times 100\% = \frac{l - l_0}{l_0} \times 100\% \tag{1-2}$$

式中，F 为所加载荷；A_0 为试样原始截面积；l_0 为试样的原始标距长度；l 为试样变形后的标距长度；Δl 为伸长量。

可以看出，拉伸变形具有如下几个阶段。

oe：弹性变形阶段　试样的变形量与外加载荷成正比，载荷卸掉后，试样恢复到原来的尺寸。

es：屈服阶段　此时不仅有弹性变形，还发生了塑性变形。即载荷卸掉后，一部分形变恢复，还有一部分形变不能恢复，不能恢复的形变称为塑性变形。

sb：强化阶段　为使试样继续变形，载荷必须不断增加，随着塑性变形增大，材料变形抗力也逐渐增加。

bz：缩颈阶段　当载荷达到最大值时，试样的直径发生局部收缩，称为"缩颈"。此时变形所需的载荷逐渐降低。

z 点：试样断裂　试样在此点发生断裂。

1.1.1　强度

材料在外力作用下抵抗变形与断裂的能力称为强度（strength）。根据外力作用方式的不同，强度有多种指标，如屈服强度、抗拉强度、抗压强度、抗弯强度、抗剪切强度和抗扭强度等。其中屈服强度和抗拉强度指标应用最为广泛。

（1）弹性（elasticity）与刚度（rigidity 或 stiffness）

在应力-应变曲线上，oe 段为弹性变形阶段，即卸载后试样恢复原状，这种变形称为弹性变形（elastic deformation）。e 点的应力 σ_e 称为弹性极限（elastic limit）。弹性极限值表示材料保持弹性变形，不产生永久变形的最大应力，是弹性零件的设计依据。

材料在弹性范围内，应力与应变的关系符合胡克定律：

$$\sigma = E\varepsilon \tag{1-3}$$

式中，σ 为外加的应力；ε 为相应的应变；E 为弹性模量（elastic modulus），单位为 MPa。式（1-3）可改写为 $E = \sigma/\varepsilon$，所以弹性模量 E 是应力-应变曲线上的斜率。斜率越大，弹性模量越大，弹性变形越不易进行。因此，弹性模量 E 可以衡量材料抵抗弹性变形的能力，即表征零件或构件保持原有形状与尺寸的能力，所以也叫作材料的刚度，且材料的弹性模量越大，它的刚度越大。

材料的弹性模量 E 值是一个对组织不敏感的性能指标，主要取决于原子间的结合力，与材料本性、晶格类型、晶格常数有关，而与显微组织无关。因此一些处理方法（如热处理、冷热加工、合金化等）对它影响很小。而零件的刚度大小取决于零件的几何形状和材料的种类（即材料的弹性模量）。要想提高金属制品的刚度，只能更换金属材料、改变金属制品的结构形式或增加截面面积。

（2）屈服强度（yield strength）σ_s

如图 1-3，当应力超过 σ_e 点时，卸载后试样的伸长只能部分恢复。这种不随外力去除而消失的变形称为塑性变形。当应力增加到 σ_s 点时，图 1-3(a) 的曲线上出现了平台。这种外力不增加而试样继续发生变形的现象称为屈服。材料开始产生屈服时的最低应力 σ_s 称为屈服强度。

工程上使用的材料多数没有明显的屈服现象。这类材料的屈服强度在国标中规定以试样的塑性变形量为试样标距的 0.2% 时的材料所承受的应力值来表示，并以符号 $\sigma_{0.2}$ 表示，如图 1-3(b) 所示，它是 $F_{0.2}$ 与试样原始横截面积 A_0 之比。零（构）件在工程中一般不允许发生塑性变形，所以屈服强度 σ_s 是设计时的主要参数，是材料的重要力学性能指标。

（3）抗拉强度（tensile strength）σ_b

材料发生屈服后，其应力与应变的关系曲线如图 1-3(a) 的 sb 小段，到 b 点应力达最大值 σ_b，b 点以后，试样的截面产生"颈缩"，迅速伸长，这时试样的伸长主要集中在缩颈部位，直至拉断。将材料受拉时所能承受的最大应力值 σ_b 称为抗拉强度。σ_b 是机械零（构）件评定和选材时的重要强度指标。

σ_s 与 σ_b 的比值叫作屈强比，屈强比愈小，工程构件的可靠性愈高，即万一超载也不至于马上断裂；屈强比太小，则材料强度有效利用率太低。

金属材料的强度与化学成分、工艺过程和冷热加工，尤其是热处理工艺有密切关系，如对于退火状态的三种铁碳合金，碳质量分数分别为 0.2%、0.4%、0.6%，则它们的抗拉强度为 350MPa、500MPa、700MPa。碳质量分数为 0.4% 的铁碳合金淬火和高温回火后，抗拉强度可提高到 700～800MPa，合金钢的抗拉强度可达 1000～1800MPa。

1.1.2　塑性

材料在外力作用下，产生永久变形而不破坏的性能称为塑性（plasticity 或 ductility）。常用的塑性指标有伸长率（δ）和断面收缩率（ψ）。

在拉伸试验中，试样拉断后，标距的伸长与原始标距的百分比称为伸长率（percentage

elongation)。用符号 δ 表示，即

$$\delta = \frac{l_1 - l_0}{l_0} \times 100\% \qquad (1\text{-}4)$$

式中，l_0 为试样的原始标距长度，mm；l_1 为试样拉断后的标距长度，mm。

同一材料的试样长短不同，测得的伸长率略有不同。长试样（$l_0 = 10d_0$，d_0 为试样原始横截面积）和短试样（$l_0 = 5d_0$）测得的伸长率分别记作 δ_{10}（也常写成 δ）和 δ_5。

试样拉断后，缩颈处截面积的最大缩减量与原横截面积的百分比称为断面收缩率（contraction of cross sectional area），用符号 ψ 表示，即

$$\psi = \frac{A_0 - A_1}{A_0} \times 100\% \qquad (1\text{-}5)$$

式中，A_1 为试样拉断后细颈处最小横截面积，mm^2；A_0 为试样的原始横截面积，mm^2。

金属材料的伸长率（δ）和断面收缩率（ψ）数值越大，表示材料的塑性越好。塑性好的金属可以发生大量塑性变形而不破坏，便于通过各种压力加工获得形状复杂的零件。铜、铝、铁的塑性很好。如工业纯铁的 δ 可达 50%，ψ 可达 80%，可以拉成细丝、压成薄板，进行深冲成形。铸铁塑性很差，δ 和 ψ 几乎为零，不能进行塑性变形加工。塑性好的材料，在受力过大时，由于首先产生塑性变形而不致发生突然断裂，因此比较安全。

金属最重要的特性之一就是具有优良的塑性。塑性为金属零件的成形提供了经济而有效的途径，各种金属的板材、棒材、线材和型材都是通过轧制、锻造、挤压、冷拔、冲压等压力加工方法制造而成的，这些加工方法的特点是金属材料在外力的作用下按一定的形状和尺寸发生永久性的塑性变形。塑性金属经塑性变形后，不仅改变了外观和尺寸，内部组织和结构也发生了变化，而且通过塑性变形所伴随的硬化过程还使材料强度获得提高。因此，塑性变形也是改善金属材料性能的一个重要手段。此外，金属的常规力学性能，如强度、塑性等，也是根据其变形行为来评定的。但是，在工程上也常常要求消除塑性变形给金属造成的不良影响，也就是说必须在加工过程中及加工后对金属进行加热，使其发生再结晶，恢复塑性变形以前的性能。

因此，研究金属塑性变形以及变形金属在加热过程中所发生的变化，对充分发挥金属材料的力学性能具有非常重要的理论意义和实际意义。它一方面可以揭示金属材料强度和塑性的本质，并由此探索强化金属材料的方法和途径；另一方面对处理生产上各种有关的塑性变形问题提供重要的线索和参考，或作为改进加工工艺和提高加工质量的依据。

1.2 材料的硬度

硬度（hardness）是材料受压时抵抗局部塑性变形的能力。通常，材料越硬，其耐磨性越好。同时通过硬度值可估计材料的近似 σ_b 值。硬度试验方法比较简单、迅速，可直接在原材料或零件表面上测试，因此被广泛应用。常用的硬度测量方法是压入法，主要有布氏硬度（HB）、洛氏硬度（HR）、维氏硬度（HV）等。陶瓷等材料还常用克努普氏显微硬度（HK）和莫氏硬度（划痕比较法）作为硬度指标。

扫码看视频课

2

1.2.1 布氏硬度 (Brinell hardness)

图 1-4 为布氏硬度测试原理图。即用直径为 D 的淬火钢球或硬质合金球，在一定载荷作用下压入试样表面，保持规定的时间后卸除载荷，在试样表面留下球形压痕，测量其压痕直径，计算硬度值。布氏硬度值是用球冠压痕单位表面积上所承受的平均压力来表示，符号为 HBS（当用钢球压头时）或 HBW（当用硬质合金时）。

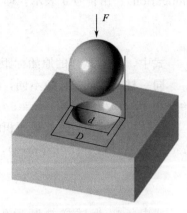

$$HBS（HBW）=0.102\frac{2F}{\pi D(D-\sqrt{D^2-d^2})} \quad (1\text{-}6)$$

图 1-4 布氏硬度测试原理图

式中，F 为荷载，N；D 为球体直径，mm；d 为压痕平均直径，mm。

在试验中，硬度值不需计算，是用刻度放大镜测出压痕直径 d，然后对照有关附录查出相应的布氏硬度值。

布氏硬度记为 200HBS10/1000/30，表示用直径为 10mm 的钢球，在 9800N（1000kgf）的载荷下保持 30s 时测得布氏硬度值为 200。

淬火钢球用以测定硬度 HB<450 的金属材料，如灰铸铁、有色金属及经退火、正火和调质处理的钢材，其硬度值以 HBS 表示。布氏硬度为 450~650 的材料，压头用硬质合金球，其硬度值用 HBW 表示。

布氏硬度的优点是具有较高的测量精度，因其压痕面积大，比较真实地反映出材料的平均性能。另外，布氏硬度与 σ_b 之间存在一定的经验关系，如热轧钢的 σ_b 约为布氏硬度的 3.4~3.6 倍，冷变形铜合金的 σ_b 约为布氏硬度的 4.0 倍，灰铸铁的 σ_b 约为布氏硬度的 2.7~4.0 倍，因此得到广泛的应用。缺点是不能测定高硬度材料。

1.2.2 洛氏硬度 (Rockwell hardness)

图 1-5 为洛氏硬度测量原理图。将金刚石压头（或钢球压头）在先后施加两个载荷（预载荷 F_0 和总载荷 F）的作用下压入金属表面。总载荷 F 为预载荷 F_0 和主载荷 F_1 之和。卸去主载荷 F_1 后，测量其残余压入深度 h 来计算洛氏硬度值。残余压入深度 h 越大，表示材料硬度越低，实际测量时硬度可直接从洛氏硬度计表盘上读得。根据压头的种类和总载荷

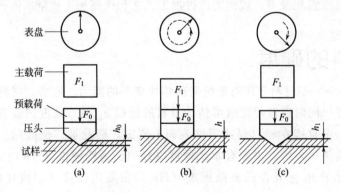

图 1-5 洛氏硬度测量原理图

的大小，洛氏硬度常用的表示方式有 HRA、HRB、HRC 三种（见表 1-1）。如洛氏硬度表示为 62HRC，表示用金刚石圆锥压头，总载荷为 1470N 测得的洛氏硬度值。

用于试验各种钢铁原材料、有色金属、经淬火后工件、表面热处理工件及硬质合金等。

洛氏硬度试验的优点是压痕小、直接读数、操作方便，可测量较薄工件的硬度，还可测低硬度、高硬度材料，应用最广泛；其缺点是精度较差、硬度值波动较大，通常应在试样不同部位测量数次，取平均值为该材料的硬度值。

表 1-1　常用洛氏硬度的符号、试验条件与应用

标度符号	压　头	总载荷/N	表盘上刻度颜色	常用硬度示值范围	应用实例
HRA	金刚石圆锥	588	黑线	70～85	碳化物、硬质合金、表面硬化合金工件等
HRB	1/16 钢球	980	红线	25～100	软钢、退火钢、铜合金等
HRC	金刚石圆锥	1470	黑线	20～67	淬火钢、调质钢等

1.2.3　维氏硬度 (Vickers hardness)

布氏硬度不适用检测较高硬度的材料。洛氏硬度虽可检测不同硬度的材料，但不同标尺的硬度值不能相互直接比较，而维氏硬度可用同一标尺来测定从极软到极硬的材料。

维氏硬度试验原理与布氏法相似，也是以压痕单位表面积所承受压力大小来计算硬度值的。它是用对面夹角为 136° 的金刚石四棱锥体，在一定压力作用下，在试样试验面上压出一个正方形压痕，如图 1-6 所示。通过设在维氏硬度计上的显微镜来测量压痕两条对角线的长度，根据对角线的平均长度，从相应表中查出维氏硬度值。

维氏硬度试验所用压力可根据试样的大小、厚薄等条件来选择。压力按标准规定有 49N、98N、196N、294N、490N、980N 等。压力保持时间：黑色金属 10～15s，有色金属为 (30±2)s。

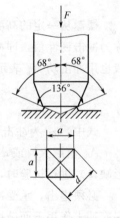

图 1-6　维氏硬度试验原理图

维氏硬度可测定很软到很硬的各种材料。由于所加压力小，压入深度较浅，故可测定较薄材料和各种表面渗层，且准确度高，但维氏硬度试验时需测量压痕对角线的长度，测试手续较繁琐，不如洛氏硬度试验法那样简单、迅速。

各种不同方法测得的硬度值之间可通过查表的方法进行互换。如 61HRC＝82HRA＝627HBW＝803HV30。

铝合金和铜合金的硬度较低，铝合金的硬度一般低于 150HBS，铜合金的硬度范围大致为 70～200HBS。退火态的低碳钢、中碳钢、高碳钢的硬度大致为 120～180HBS、180～250HBS、250～350HBS。中碳钢淬火后硬度可达 50～58HRC，高碳钢淬火后可达 60～65HRC。

1.3　材料的冲击韧性

许多机械零件在工件中往往受到冲击载荷的作用，如活塞销、锤杆、冲模和锻模等。制

造这类零件所用的材料不能单用在静载荷作用下的指标来衡量，而必须考虑材料抵抗冲击载荷的能力。材料抵抗冲击载荷而不被破坏的能力称为冲击韧性（impact toughness）。为了评定材料的冲击韧性，需进行冲击试验。

冲击试样的类型较多，常用为 U 形或 V 形缺口（脆性材料不开缺口）的标准试样。一次冲击试验通常是在摆锤式冲击试验机上进行的。试验时将带缺口的试样安放在试验机的机架上，使试样的缺口位于两支架中间，并背向摆锤的冲击方向，如图 1-7 所示。

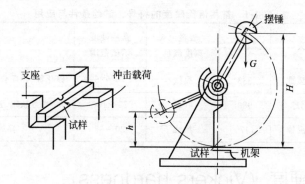

图 1-7　摆锤式一次冲击试验原理图

摆锤从一定的高度落下，将试样冲断。冲断时，在试样横截面的单位面积上所消耗的功称为冲击韧性值，即冲击韧度，用符号 α_k 表示。由于冲击试验采用的是标准试样，目前一般也用冲击功 A_k 表示冲击韧性值。

$$\alpha_k = \frac{A_k}{S} \qquad (1\text{-}7)$$

式中，α_k 为冲击韧度，J/m^2；A_k 为冲击吸收功，J；S 为试样缺口处截面积，m^2。

A_k 值越大，或 α_k 值越大，则材料的韧性越好。使用不同类型的试样（U 形缺口或 V 形缺口）进行试验时，其冲击吸收功分别为 A_{kU} 或 A_{kV}，冲击韧度则分别为 α_{kU} 或 α_{kV}。

必须指出，承受冲击载荷的机械零件很少用一次能量冲击而遭破坏，绝大多数是小能量多次冲击作用下而破坏的，如凿岩机风镐上的活塞、冲模的冲头等。所以上述的 α_k 值并不能代表这种零件抵抗多次小能量冲击的能力。不过研究表明：在冲击载荷不太大的情况下，金属材料承受多次重复冲击的能力，主要取决于强度，而不要求过高的冲击韧性。例如，用球墨铸铁制造的曲轴，只要强度足够，其冲击韧性达 $8\sim15J/cm^2$ 时，就能获得满意的使用性能。

还需指出，冲击值对组织缺陷很敏感，它能反映出材料品质、宏观缺陷和显微组织等方面的变化，因此，冲击试验是生产上用来检验冶炼、热加工、热处理等工艺质量的有效方法。

1.4　材料的疲劳强度

疲劳强度（fatigue strength）是指在大小和方向重复循环变化的载荷作用下材料抵抗断裂的能力。

许多机械零件，如曲轴、齿轮、轴承、叶片和弹簧等，在工作中各点承

扫码看视频课

3

受的应力随时间做周期性的变化，这种随时间做周期性变化的应力称为交变应力。在周期交变应力作用下，零件所承受的应力虽然低于其屈服强度，但经过较长时间的工作会产生裂纹或突然断裂，这种现象称为材料的疲劳。据统计，大约有 80％以上的机械零件失效是由疲劳失效造成的。

测定材料疲劳寿命的试验有许多种，最常用的一种是旋转梁试验，试样在旋转时交替承受大小相等的交变拉压应力。试验所得数据可绘成 σ-N 疲劳曲线（图 1-8），σ 为产生失效的应力，N 为应力循环次数。

图 1-9 所示为中碳钢和高强度铝合金的典型 σ-N 曲线（疲劳曲线）。对于碳钢，随着承受的交变应力越大，则断裂时应力循环次数越少。反之，则循环次数越大。随着应力循环次数的增加，疲劳强度逐渐降低，以后曲线逐渐变平，即循环次数再增加时，疲劳强度也不降低。

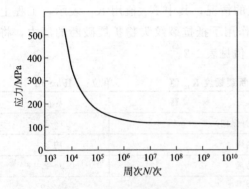

图 1-8 材料的 σ-N 疲劳曲线

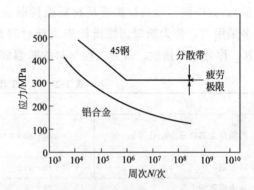

图 1-9 中碳钢和高强度铝合金的典型 σ-N 曲线

材料在规定次数应力循环后仍不发生断裂时的最大应力称为疲劳强度（疲劳极限），用 σ_r 表示。也就是 σ-N 曲线出现水平部分所对应的定值。对于应力对称循环的疲劳强度用 σ_{-1} 表示。实际上，材料不可能做无限次交变应力试验。对于黑色金属，一般规定应力循环 10^7 周次而不断裂的最大应力称为疲劳极限，对于有色金属、不锈钢等取 10^8 周次时的最大应力。许多铁合金的疲劳极限约为其抗拉强度的一半，有色合金（如铝合金）没有疲劳极限，它的疲劳强度可以低于抗拉强度的 1/3。

1.5 材料的断裂韧性 (fracture toughness)

桥梁、船舶、大型轧辊、转子等有时会发生低应力脆断，这种断裂的名义断裂应力低于材料的屈服强度。尽管在设计时保证了结构具有足够的伸长率、韧性和屈服强度，但仍不免发生破坏。其原因常常是构件或零件内部存在着或大或小、或多或少的裂纹和类似裂纹的缺陷。由式（1-8）

$$\sigma_c = \sqrt{\frac{E\gamma_p}{\pi a}} \tag{1-8}$$

推出：
$$\sigma_c \sqrt{\pi a} = \sqrt{E\gamma_p} = K_c$$

式中，σ_c 为临界应力；γ_p 为塑性功；K_c 为材料临界断裂韧度；a 为裂纹长度；E 为弹

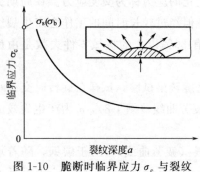

图 1-10　脆断时临界应力 σ_c 与裂纹
深度（半径）a 之间的关系

性模量。

对于一定的金属材料，其单位体积内的塑性功 γ_p 和正弹性模量 E 是常数，故其乘积 K 也是常数，所以上面右边等式成立，即 $K_c = \sigma_c \sqrt{\pi a}$。式（1-8）表明，引起脆断时的临界应力 σ_c 与裂纹深度（半径）a 的平方根成反比（见图 1-10）。各种材料的 K_c 值不同，在裂纹尺寸一定的条件下，材料 K_c 值越大，则裂纹扩展所需的临界应力 σ_c 就愈大。因此，常数 K_c 表示材料阻止裂纹扩展的能力，是材料抵抗脆性断裂的韧性指标，K_c 值与应力、裂纹的形状和尺寸等有关。含有裂纹的材料在外力作用下，裂纹的扩展方式一般有三种（Ⅰ：张开型，Ⅱ：滑开型，Ⅲ：撕开型），其中张开型裂纹扩展是材料脆性断裂最常见的情况，其中 K_c 值用 K_{Ic} 表示，工程上多采用 K_{Ic} 作为断裂韧性指标来表征材料在应力作用下抵抗裂纹失稳扩展破断的能力，将 K_{Ic} 称为断裂韧性。常见工程材料的断裂韧度 K_{Ic} 值见表 1-2。

表 1-2　常见工程材料的断裂韧度 K_{Ic} 值　　　单位：$MPa \cdot m^{1/2}$

材　　料	K_{Ic}	材　　料	K_{Ic}
纯塑性金属（Cu、Ni、Al 等）	100～350	木材（纵向）	11～13
		聚丙烯	约 3
转子钢	192～211	聚乙烯	0.9～2.9
压力容器钢	约 155	尼龙	约 2.9
高强钢	47～149	聚苯乙烯	约 2
低碳钢	约 140	聚碳酸酯	0.9～2.8
钛合金（Ti6Al4V）	50～118	有机玻璃	0.9～2.4
玻璃纤维复合材料	42～60	聚酯	约 0.5
铝合金	23～45	木材（横向）	0.5～0.9
碳纤维复合材料	32～45	Si_3N_4	3.7～4.7
中碳钢	约 50	SiC	约 3
铸铁	6～20	MgO 陶瓷	约 3
高碳工具钢	约 19	Al_2O_3 陶瓷	3～4.7
钢筋混凝土	9～16	水泥	约 0.1
硬质合金	12～16	钠玻璃	0.6～0.8

有了表示材料特性的 K_{Ic} 断裂韧性指标以后，出现了新的设计思想，即不再单纯从防止过量塑性变形出发，盲目提高过载安全系数而选用过高的材料强度值。因为如果材料内部有不可避免的、一定尺度大小的宏观裂纹，即使具有很高的强度，其断裂韧性值也不会很高。对于塑性材料来说，裂纹扩展时不仅要消耗表面能，而且还要做大量的塑性功，因此，其不易断裂。设计时要全面考虑材料的各项力学性能指标，才能做到既安全可靠，又节省材料。

思 考 题

1. 简答题

(1) 根据化学成分、结合键的特点，工程材料是如何分类的？主要差异表现在哪里？

(2) 什么是材料的力学性能？力学性能主要包括哪些指标？

(3) 什么是强度？什么是塑性？衡量这两种性能的指标有哪些？各用什么符号表示？

(4) 什么是硬度？HBS、HBW、HRA、HRB、HRC各代表用什么方法测出的硬度？各种硬度测试方法的特点分别是什么？

(5) 什么是冲击韧度？

(6) 什么是疲劳现象？什么是疲劳强度？

(7) 简述各力学性能指标是在什么载荷作用下测试的？

(8) 用标准试样测得的材料的力学性能能否直接代表材料制成零件的力学性能？为什么？

2. 计算题

现有标准圆柱形长、短试样各一根，原始直径 $d_0 = 10\text{mm}$，经拉伸试验测得其伸长率 δ_5、δ_{10} 均为 25%，求两试样拉断时的标距长度。这两试样中哪一个塑性较好？为什么？

第2章
金属材料的基础知识

实践和研究表明，金属的内部微观结构和组织状态是决定金属材料性能的基本因素。本章介绍金属材料的微观组织结构方面的基础知识。

扫码看视频课

4

2.1 金属的晶体结构

2.1.1 晶体与非晶体

一切物质都是由原子组成的，根据原子在物质内部排列的特征，固态物质可分为晶体和非晶体两大类。晶体与非晶体的根本区别在于原子（或分子）在三维空间的排列是否有规则。在晶体中，原子（或分子）按一定的几何规律做周期性的排列，如金刚石、石墨、雪花、食盐等；而在非晶体中，原子（或分子）无规则地堆积在一起，如玻璃、松香、沥青、石蜡、木材、棉花等。由于非晶体的原子（或分子）聚集结构与液态结构类似，所以，固态的非晶体实际上是一种过冷状态的液体，只是其物理性质不同于通常的液体而已。

晶体与非晶体的区别还表现在许多性能方面，如晶体由固态变为液态或由液态变为固态时，总是在固定的温度下发生转变的，即具有固定的熔点或凝固点。而非晶体则没有固定的熔点。随着加热温度的升高，固态非晶体物质将逐渐变软，最终变为液体；而冷却时，液体逐渐变稠，最终变为固体。此外，由于晶体原子排列的方式不同，晶体表现出各向异性，即沿着晶体的不同方向所测得的性能并不相同（如导电性、导热性、弹性等）；而非晶体则表现出各向同性，即沿任何方向测得的性能不因方向而异，所得到的结果是一致的。

晶体在一定的条件下可以转变成非晶体。近年来，采用特殊的制备方法已能获得非晶态的金属和合金。

2.1.2 金属的晶体结构

(1) 金属晶体结构的基本概念

金属的性能不仅决定于其组成原子的本性和原子间结合的类型，同时也取决于原子规则排列的方式。

按照金属键的概念，金属中的金属离子"沉浸"在自由运动的电子气中，成为均匀对称的离子，没有方向性，也不存在键的饱和性。所以，可以把金属离子设想为圆球，这些圆球呈高度对称、紧密和简单地排列［见图 2-1(a)］。金属离子的这种排列决定了金属具有密度大，强度高，塑性、韧性良好等优良的性能特征，使金属成为最重要的一类工程材料。

通常把原子（正离子）在晶体中呈有规则、重复排列的"队形"称为空间点阵，点阵中的结点称为阵点。用一些假想的几何线条将阵点的中心连接起来构成的空间格子称为晶格［见图 2-1(b)］。晶格的阵点为原子（离子）振动平衡中心的位置。

由于阵点周围的环境相同，晶体点阵具有周期重复性，因此可以从晶格中选取一个能够完全反映晶格特征的、具有代表性的最小的空间几何单元作为点阵的组成单元，这个基本单元称为晶胞［见图 2-1(c)］。晶胞在三维空间的重复排列构成晶体，研究晶体结构就是研究晶胞的基本特征。

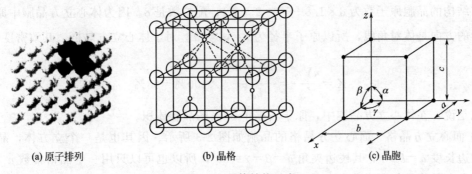

(a) 原子排列   (b) 晶格   (c) 晶胞

图 2-1　晶体结构示意

在三维空间中，晶胞的几何特征可以用晶胞三条棱边的边长 a、b、c 和三条棱边之间的夹角 α、β、γ 六个参数来描写。a、b、c 称为晶格常数。

关于金属的晶体结构特征，还有以下几个重要的基本概念。

① 晶格尺寸　虽然许多金属都具有一定的晶体结构，但它们的晶胞大小各不相同，每种金属在一定温度下都有其特有的晶格尺寸。晶格尺寸可用晶格常数表达，金属的晶格常数大都为 $(1\sim7)\times10^{-10}$ mm。

② 晶胞原子数　是指一个晶胞内包含的原子数目。晶胞原子数可通过计算每个原子在晶胞中所占的分数，然后进行加和获得。

③ 原子半径　通常是指晶胞中原子密度最大的方向上相邻两个原子之间平衡距离的一半，它与晶格常数有一定的关系，是金属原子行为中一个非常重要的参量。同一种金属原子处于不同类型的晶格中时，原子半径是不一样的。

④ 配位数　是晶格中与任一原子处于相等距离并相距最近的原子数目。配位数越大，原子排列的致密度就越高。

⑤ 致密度　晶胞中原子本身所占有的体积与该晶胞体积之比的百分数称为晶格的致密度，即

$$K=\frac{nV_{原}}{V_{晶}}$$

式中，K 为晶格的致密度；$V_{原}$ 为原子的体积，其值为 $\frac{4}{3}\pi r^{3}$（r 为该原子半径）；n 为晶胞实际包含的原子数；$V_{晶}$ 为晶胞的体积。

（2）典型的金属晶体结构

由于金属的原子之间是通过较强的金属键结合的，因而金属原子趋于紧密排列，构成少数几种具有高对称性的简单晶体结构。在金属元素中，约有 90% 以上的金属晶体结构都属于下面三种密排的晶格形式。

① 体心立方晶格　体心立方晶格的晶胞模型如图 2-2 所示。其晶胞是一个立方体，晶胞的三个棱边长度 $a=b=c$，棱边夹角 $\alpha=\beta=\gamma=90°$，所以体心立方结构的晶格尺寸用一个晶格常数 a 即可表达。具有体心立方结构的金属有 α-Fe、Cr、V、Mo、W 等，共约 30 种，占金属元素的一半左右，它们大多具有较高的强度和韧性。

体心立方晶胞的八个角上各有一个原子外，晶胞的中心还有一个原子，其每个角上的原子在空间同时属于八个相邻的晶胞，而立方体中心的原子则只属于一个晶胞所有。所以，体心立方结构的晶胞原子数为 8×1/8+1 = 2（个）；配位数是 8。因为体心立方晶胞中原子相邻最近的方向是体对角线，所以原子半径为 $r=\sqrt{3}/4a$。对于体心立方晶格，其致密度为

$$K=\frac{nV_{原}}{V_{晶}}=\frac{2\times\frac{4}{3}\pi r^{3}}{a^{3}}\times100\%=68\%$$

就是说，在体心立方晶胞中，原子占据了 68% 的晶胞体积。

② 面心立方晶格　面心立方晶格的晶胞如图 2-3 所示。因其也是一个立方体，晶胞的三个棱边长度 $a=b=c$，其棱边夹角 $\alpha=\beta=\gamma=90°$，所以也可以只用一个晶格常数 a 表示。在面心立方晶胞的每一个角上和晶胞的六个面的中心上都排列有一个原子，每个角上的原子为相邻的八个晶胞所共有，而每个面中心的原子却只为两个晶胞共有。所以，面心立方晶胞中的原子个数为 8×1/8+6×1/2=4（个）；配位数为 12。面心立方晶胞的原子 $r=\sqrt{2}/4a$，致密度为 74%。

(a) 晶胞原子数

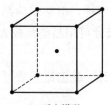
(b) 质点模型

图 2-2　体心立方晶格的晶胞模型

(a) 晶胞原子数

(b) 刚球模型

(c) 质点模型

图 2-3　面心立方晶格的晶胞模型

具有面心立方晶格结构的金属有 γ-Fe、Al、Cu、Ag、Au、Pb、Ni 等，它们大多具有较高的塑性。

③ 密排六方晶格　密排六方晶格的晶胞如图 2-4 所示。密排六方结构也是原子排列最

密集的晶体结构之一，它是一个正六棱柱，晶胞的三个棱边长度 $a=b\neq c$，其棱边夹角 $\alpha=\beta=90°$、$\gamma=120°$，其晶格常数有两个：一个是柱体的高度 c，另一个是底面六边形的边长 a，c/a 称为轴比。在理想情况下，轴比 c/a 的值为 1.633。

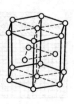

(a) 晶胞原子数　　(b) 刚球模型　　(c) 质点模型

图 2-4　密排六方晶胞

在密排六方晶胞的两个底面的中心处和十二角上都排列有一个原子，柱体内部还包含着三个原子。每个角上的原子同时为相邻的六个晶胞所共有，面中心的原子同时属于相邻的两个晶胞所共有，而体中心的三个原子为该晶胞所独有，所以，密排六方晶胞原子数为 $1/6\times12+1/2\times2+3=6$（个），配位数为 12。最邻近的原子间距为 a，故可计算出密排六方晶胞的致密度为 74%。具有密排六方晶格结构的金属有 Mg、Zn、Be、α-Ti 等，它们大多具有较大的脆性，塑性较差。

2.1.3　金属的同素异构转变

大多数金属在结晶之后，直至冷却到室温，其晶格类型都将保持不变。但铁及锰、锡、钛、钴等金属在结晶之后，在不同温度范围内将呈现出不同晶格。这称为同素异构性。这种随温度的改变，固态金属晶格也改变的现象，称为同素异构转变。

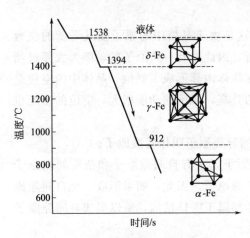

图 2-5　纯铁的冷却曲线图

图 2-5 为纯铁的冷却曲线图，该图表明纯铁在结晶后继续冷却至室温的过程中，会发生两次晶格结构转变，其转变过程如下：

$$\underset{\text{体心立方晶格}}{\delta\text{-Fe}} \longrightarrow \underset{\text{面心立方晶格}}{\gamma\text{-Fe}} \longrightarrow \underset{\text{体心立方晶格}}{\alpha\text{-Fe}}$$

液态纯铁在 1538℃进行结晶，得到具有体心立方晶格的 δ-Fe。δ-Fe 继续冷却到 1394℃时发生同素异构转变，成为面心立方晶格的 γ-Fe。γ-Fe 再冷却到 912℃时又发生一次同素异构转变，成为体心立方晶格。

同素异构转变具有十分重要的实际意义，钢的性能之所以是多种多样的，正是由于对其施加合适的热处理，从而利用同素异构转变来改变钢的性能。此外，在同素异构转变时，由于晶格结构的转变，原子排列的密度也随之改变。如面心立方晶格 γ-Fe 中铁原子的排列比 α-Fe 紧密，故由 γ-Fe 转变为 α-Fe 时，金属的体积将发生膨胀，反之，由 α-Fe 转变为 γ-Fe 时，金属的体积要收缩。这种体积变化使金属内部产生的内应力称为组织应力。当 γ-Fe 转变为 α-Fe 时产生的组织应力，易导致材料变形和裂纹的产生，须采取适当的工艺措施予以防止。

2.1.4　实际金属的晶体结构

一块晶体，如果其内部的晶格位向完全一致时，被称为单晶体。在工业生产中，只有经

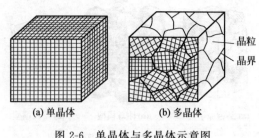

(a) 单晶体   (b) 多晶体
图 2-6 单晶体与多晶体示意图

过特殊制作才能获得内部结构相对完整的单晶体。实际使用的金属材料，即使体积很小，其内部仍包含了许许多多颗粒状的小单晶体。每个小单晶体内部的晶格位向是一致的，但各个小晶体彼此之间的位向是不一致的。一般把这些不规则多面体形的小单晶体称为晶粒，晶粒与晶粒之间的界面称为晶界（见图 2-6）。晶粒的尺寸通常很小，如钢的晶粒一般在 $10^{-3} \sim 10^{-1}$ mm 左右，故只有在金相显微镜下才能观察到。

这种由许多晶粒组成的晶体结构称为多晶体结构。一般金属都是多晶体结构，故通常测出的是各个位向不同晶粒的平均性能，结果使实际金属表现出的是各向同性，而不是各向异性。

理想状态的金属晶体结构认为金属的整个晶体都是晶胞规则重复地排列，但实际金属的晶体结构由于受许多因素的影响，晶体内部某些区域中原子的规则排列往往会受到外界干扰而被破坏，金属晶体结构中存在的这种不完整的区域称为晶体缺陷。按照几何特性，晶体缺陷主要分为点缺陷、线缺陷和面缺陷。

（1）点缺陷

点缺陷是指在三维尺度上都很小、尺寸范围不超过几个原子直径的缺陷。主要有空位、置换原子和间隙原子三种（见图 2-7）。

① 空位 在晶格中没有原子的结点称为空位。这是由于晶格中的原子在其平衡的位置上做高频率的热振动，振动能量按统计规律随机分布，因此总有一些原子的动能大大超过给定温度下的平均动能，脱离原来的结点位置，于是在晶体内部形成了空位。晶体中的空位总是处在不断地产生和消失的过程中，而且随着温度的升高，原子的动能增大，空位的密度也增大。

② 置换原子 占据晶格的结点位置上金属原子的异类原子叫作置换原子。

③ 间隙原子 位于晶格间隙中的原子叫作间隙原子，它有自间隙原子和杂质间隙原子两种。自间隙原子是指从晶格结点转移到晶格间隙中的原子，因此，如果形成一个自间隙原子，必然同时会产生一个空位。由于多数金属的晶体都属于密排结构，所以形成自间隙原子是比较困难的。

金属中存在的间隙原子主要是杂质间隙原子。当杂质（例如硼、碳、氢、氮、氧等）的原子半径比较小时，间隙原子的密度甚至可以达到 10%（原子百分数）以上。

在空位、置换原子和间隙原子的附近，由于原子间作用力的平衡被破坏，使其周围的原子离开了原来的平衡位置，发生了靠拢和被撑开的不规则排列，这种现象称为晶格畸变。点缺陷是金属扩散和固溶强化的理论基础。

（2）线缺陷

线缺陷是指在三维空间中二维尺度很小而另一维尺度很长的缺陷。这类缺陷主要是指在晶体中某处有一列或若干列原子发生有规律错排的现象，这类现象称为位错。晶体中的位错主要有刃型位错和螺型位错两种。

① 刃型位错（见图 2-8） 刃型位错是指在晶体的某一水平面（ABCD）以上，多出了

一个垂直方向的原子面（*EFGH*），它中断于 *ABCD* 面上的 *EF* 处，使 *ABCD* 面以上与以下的两部分晶体之间产生了原子错排，*EF* 线称为刃型位错线 [见图 2-8(a)]。半原子面在晶体的上半部时，形成的位错称正刃型位错，用"⊥"表示 [见图 2-8(b)]；半原子面在下半部时，形成负刃型位错，用"⊤"表示。

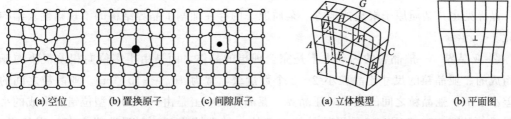

| (a) 空位 | (b) 置换原子 | (c) 间隙原子 | (a) 立体模型 | (b) 平面图 |

图 2-7　晶体中的点缺陷　　　　　　　图 2-8　晶体结构中的刃型位错

　　刃型位错线是晶格畸变的中心线，在 *ABCD* 晶面的上方位错线附近的区域，晶体受到压应力；而在 *ABCD* 晶面的下方位错线附近的区域，晶体则受到拉应力。离位错线越远，晶格畸变越小，应力也就越小。

　　② 螺型位错　将晶体沿 *ABCD* 面局部地切开，使上下两部分晶体相对地移动（即"撕开"）一个原子距离，而在 *BC* 和 *aa'* 之间形成了一个上下原子不相吻合的过渡区域，这个区域里的原子平面被扭成了螺旋面，所以称为螺型位错，如图 2-9 所示。*BC* 线为螺型位错线。螺型位错有左、右之分，原子沿右螺纹旋转方向前进的位错叫右螺型位错；沿左螺纹旋进方向前进的叫左螺型位错。

　　位错最重要的性质之一是它可以在晶体中运动。刃型位错的运动可有两种方式：一种是位错线沿着滑移面移动，称为位错的滑移；另一种是位错线垂直于滑移面移动，称为位错的攀移。对螺型位错来说，它只做滑移而不存在攀移。用透射电子显微镜可以观察到位错线（见图 2-10）和位错的运动。

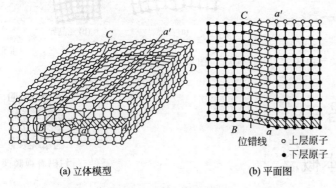

| (a) 立体模型 | (b) 平面图 |

位错线　○ 上层原子　● 下层原子

图 2-9　螺型位错示意图

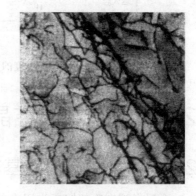

图 2-10　钛合金中的位错线

　　位错能够在金属的结晶、相变和塑性变形等过程中形成。晶体中的位错密度（单位体积中位错线的总长度）对金属的性能有着极其重要的影响。图 2-11 所示为金属的强度与位错密度的关系曲线。由图从 ρ-σ 关系可以看出，减少或增加位错密度都可以提高金属的强度。

　　(3) 面缺陷

　　面缺陷是指二维尺度很大而第三维尺度很小的缺陷。金属晶体中的面缺陷主要有晶界和亚晶界两种。

① 晶界　实际的金属是由大量外形不规则的小晶粒组成的。晶粒与晶粒之间的接触面叫作晶界 [见图 2-12(a)]。随着相邻晶粒位向差的不同，其晶界宽度为 5～10 倍原子间距。晶界上原子的排列呈不规则排列，晶格畸变比较大，其原子排列总的特点是采取相邻晶粒的折中位置，即从一个晶粒的位向，通过晶界的协调，逐步过渡为相邻晶粒的位向。

晶界处也是杂质原子聚集的地方。杂质原子的存在加剧了晶界结构的不规则性及结构复杂化。

② 亚晶界　一般晶粒的内部也不是完全理想的晶体，而是由很多位向相差很小的亚晶粒组成的。亚晶粒的尺寸比晶粒小 2～3 个数量级，常为 10^{-6}～10^{-4} cm。亚晶粒之间的位向差小于 1°。亚晶粒之间的边界叫亚晶界，亚晶界实际上是由一系列刃型位错所形成的小角度晶界 [见图 2-12(b)]。亚晶界是晶粒内部的一种面缺陷，对金属性能也有一定的影响。例如，在晶粒大小一定时，亚晶界越细，金属的屈服强度就越高。

在实际金属的晶体结构中，上述晶体缺陷并不是静止不变的，而是随着一定的温度和加工过程等各种条件的改变而不断变动的。它们可以产生、发展、运动和交互作用，而且也能合并或消失。晶体缺陷对金属晶体的塑性、强度、扩散以及其他的结构敏感性问题中起着重要的作用。还需指出，上述缺陷都存在于晶体的周期性结构之中，它们都不能取消晶体的点阵结构。既要注意晶体点阵结构的特点，又要注意到其非完整性的一面，才能对晶体结构有一个比较全面的认识。

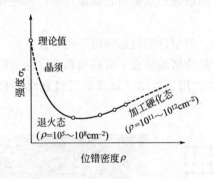

图 2-11　金属强度与位错密度的关系曲线

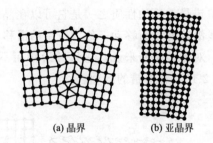

(a) 晶界　　(b) 亚晶界

图 2-12　晶界原子排列示意图

2.2　纯金属的结晶

2.2.1　金属结晶的基本概念

扫码看视频课

5

金属自液态冷却转变为固态的过程是原子从不规则排列向规则排列的晶态转变的过程，此过程称为金属的结晶。研究金属结晶过程的基本规律，对改善金属材料的组织和性能都具有重要的意义。

研究表明，液态下的金属内部，原子可以在小范围内呈近似于固态结构的规则排列，即存在一些短程有序的原子集团。这种原子集团是不稳定的，而且是随机分布的，瞬时出现又瞬时消失。金属由液态转变为固态的结晶过程，实质上就是原子由不稳定的短程有序状态过渡为稳定的长程有序状态的过程。广义地讲，金属从一种原子排列状态过渡为另一种原子排列状态的转变都属于结晶过程。金属从液态过渡为固体晶态的转变称为一次结晶；而金属从一种固体晶态过渡为另一种固体晶态的转变称为二次结晶。

2.2.2　金属的冷却曲线和过冷现象

纯金属都有一个固定的熔点（或结晶温度），因此纯金属的结晶过程总是在一个恒定的温度下进行。金属的结晶温度可用热分析法来测定。图 2-13 为热分析装置示意。

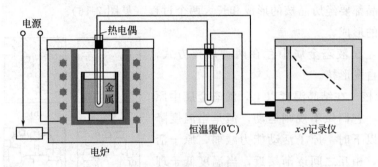

图 2-13　热分析装置示意

将液体纯金属放在坩埚中以极其缓慢的速度进行冷却，在冷却过程中每隔一段时间测量一次温度，并记录下来，这样就可获得如图 2-14 所示的纯金属结晶时的冷却曲线。

由此曲线可见，液态金属从高温开始冷却时，由于周围环境的吸热，温度均匀下降，状态保持不变。当温度下降到 T_0 后，金属开始结晶，放出结晶潜热，抵消了金属向四周散出的热量，因而冷却曲线上出现了"平台"。持续一段时间之后，结晶完毕，固态金属的温度继续均匀下降直至室温。曲线上平台所对应的温度 T_0 为理论结晶温度，如图 2-14(a)。

在实际生产中，金属自液态向固态结晶时都有较快的冷却速度，液态金属的结晶过程将在低于理论结晶温度的某一温度 T_n 下进行，如图 2-14(b)。金属的实际结晶温度低于理论结晶温度的现象称为过冷，理论结晶温度与实际结晶温度的差 ΔT 叫作过冷度，过冷度 $\Delta T = T_0 - T_n$。

金属的结晶之所以必须要在一定的过冷度下才开始进行，是因为金属的液态和固态之间存在一个自由能差 ΔF（见图 2-15）。在自然界，一切自发转变的过程总是从一种能量较高的状态趋向能量较低的状态。所以，只有当结晶温度小于 T_0 后，固态金属的自由能才能小

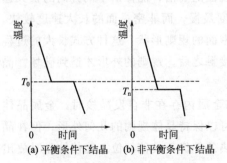

(a) 平衡条件下结晶　(b) 非平衡条件下结晶

图 2-14　纯金属结晶时的冷却曲线

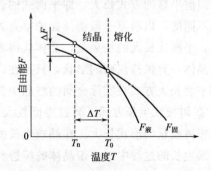

图 2-15　金属在不同状态下自由能与温度的关系曲线

于液态金属的自由能，即 $\Delta F = F_{固} - F_{液} < 0$，这时结晶过程才能自发进行。而且 ΔT 越大，液态与固态之间能量状态的差就越大，促使液体结晶的驱动力就越大，结晶越容易进行。

实际上金属总是在过冷的情况下进行结晶的，但同一种金属结晶时的过冷度不是一个恒定值，它与冷却速度有关。结晶时的冷却速度越大，过冷度就越大，金属的实际结晶温度也就越低。

2.2.3 纯金属的结晶过程

金属的结晶都要经历晶核的形成和长大两个过程（见图 2-16）。

（1）晶核的形成

研究表明，在液态金属中存在两种形核方式，自发形核和非自发形核。

① 自发形核 在结晶温度以上，液态金属中原子是不稳定的，它们做不规则运动，但是当温度降低到结晶温度以下时，原子活动能力减弱，原子活动范围也缩小，相互之间逐渐接近，当温度低于理论结晶温度时，液体中一些超过一定尺寸的原子集团开始变得比较稳定，不再消失，成为稳定的结晶核心，称为晶核，这种形核是自发形核。

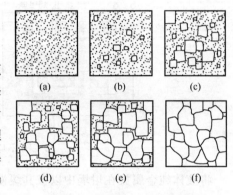

图 2-16 金属结晶过程示意图

② 非自发形核 在实际金属溶液中总是存在某些未熔微粒，以这些粒子为核心形成晶核称为非自发形核。这些未熔微粒可能是液态金属中原来就存在的杂质，也可能是人为加入的物质。

按照形核时能量有利的条件分析，只有当这些未熔微粒的晶体结构和晶格参数与金属的晶体结构相似或相当时，才能成为非自发形核的基底，液态金属容易在其上结晶长大。

虽然在液态金属中自发形核和非自发形核是同时存在的，但在实际金属的结晶过程中，非自发形核比自发形核更重要，往往起优先和主导的作用。

（2）晶核的长大

晶核形成以后即开始长大。晶核长大的实质是原子由液体向固体的表面转移。由于结晶条件的不同，晶体主要按两种方式生长。

① 平面生长方式 在平衡条件下或在过冷度较小的情况下，纯金属晶体主要以其结晶表面向前平移的方式长大，即平面式的长大。在结晶表面的前沿，晶体沿不同方向的长大速度是不同的，以沿原子最密排面的垂直方向的长大速度最慢，而非密排面的长大速度较快。所以，平面式长大的结果是，晶体获得表面为原子最密面的规则形状。这种方式长大的过程中，晶体一直保持规则的形状，只是在许多晶体彼此接触之后，规则的外形才遭到破坏。晶体的平面长大方式在实际金属的结晶中是比较少见的。

② 树枝状生长方式 当过冷度较大，特别是液态金属内存在非自发晶核时，金属晶体往往按树枝状的形式长大。在晶核生长的初期，晶粒可以保持晶体规则的几何外形；但在晶体继续生长的过程中，由于晶体的棱边和顶角处的散热条件优于其他部位，能使结晶时放出的结晶潜热迅速逸出，此处晶体优先长大并沿一定方向生长出空间骨架。这种骨架如同树干，称为一次晶轴。在一次晶轴伸长和变粗的同时，在一次晶轴的棱边又生成二次晶轴、三

次晶轴、四次晶轴等，从而形成一个树枝状晶体，称为树枝状晶，简称枝晶（见图2-17）。

在金属结晶过程中，由于晶核是按树枝状骨架方式长大的，当其发展到与相邻的树枝状骨架相遇时，就停止扩展。但是此时的骨架仍处于液体中，故骨架内将不断长出更高次的晶轴。同时，早先生长的晶轴也在逐渐加粗，使剩余的液体越来越少，直至晶轴之间的液体结晶完毕，各次晶轴互相接触形成一个充实的晶粒。

实际金属的结晶多为枝晶结构。在结晶过程中，如果液体的供应不充分，金属最后凝固的枝晶之间的间隙不会被填满，晶体的树枝状就很容易显露出来。例如，在许多金属的铸锭表面常能见到树枝状的浮雕。

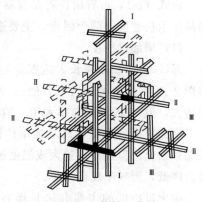

图 2-17　枝晶示意图

2.2.4　金属晶粒的大小与控制

结晶后的金属是由许多晶粒组成的多晶体，晶粒的大小可以用晶粒度来表示。通常在放大100倍的金相显微镜下观测金属试样，并同标准晶粒度图（见图2-18）进行对比。标准晶粒度一般分八级，级数越高晶粒越细。实验证明，在一般的情况下，晶粒越细，金属的强度、塑性和韧性就越好。因此，细化晶粒是提高金属力学性能最重要的途径之一。

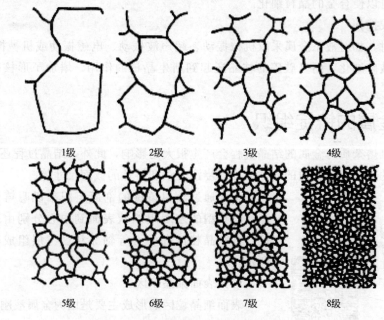

1级　　　2级　　　3级　　　4级

5级　　　6级　　　7级　　　8级

图 2-18　标准晶粒度等级示意图（100×）

金属结晶后单位体积中的晶粒数目 Z，与结晶时的形核率 N（单位时间、单位体积中形成的晶核数目）和晶核的长大速度 v 存在着以下的关系：

$$Z \propto \sqrt{\frac{N}{v}} \tag{2-1}$$

由式（2-1）可看出，若要控制金属结晶后晶粒的大小，必须控制结晶过程中的形核率和晶体生长速度这两个因素，主要途径如下。

（1）增加过冷度

形核率 N 和晶粒长大速度 v 与过冷度 ΔT 的关系如图 2-19 所示。由图可见，随过冷度的增大，N 和 v 值增大，但 N 的增长速率大于 v 的增长速率。

因此提高过冷度可以增加单位体积内晶粒的数目，使晶粒细化。但过冷度过大或温度过低时，原子的扩散能力降低，形核率反而减小。

增大过冷度的主要办法是提高液体金属的冷却速度。在铸造生产中，为了提高铸件的冷却速度，可以用热导率大的金属铸型代替砂型。

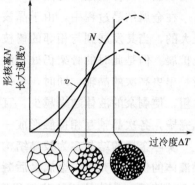

图 2-19　形核率 N 和晶粒长大速度 v 与过冷度 ΔT 的关系

（2）变质处理

当金属的体积比较大时，难以获得较大的过冷度，而且对于形状复杂的铸件，冷却速度也不能过快。在实际生产中为了得到细晶粒的铸件，多采用变质处理。变质处理是在液体金属中加入能非自发形核的物质，这种物质称为变质剂。变质剂的作用在于增加晶核的数量或者阻碍晶核长大。例如，在冶金过程中，用钛、锆、铝等元素作为脱氧剂的同时，也能起到细化晶粒的作用。在铸造铝硅合金时，加入钠盐，使钠附着在硅的表面，阻碍粗大片状硅晶体的形成，也可以使合金的晶粒细化。

（3）振动或搅拌

金属结晶时，如对液态金属采取机械振动、超声波振动、电磁振动或机械搅拌等措施，可以造成枝晶破碎细化，而且破碎的枝晶还起到新生晶核的作用，增加了形核率 N，使晶粒得到细化。

2.2.5　金属的铸锭组织

过冷度和难熔杂质对金属的结晶过程会产生很大的影响，此外，结晶过程还可能受其他各种各样因素的影响。如金属的浇注温度、浇注方法和铸件的截面尺寸等。

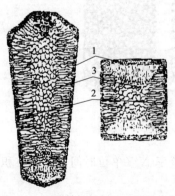

图 2-20　金属铸锭的剖面组织示意图
1—表面细晶粒区；2—柱状晶粒区；
3—中心等轴晶粒区

下面通过金属铸锭的剖面组织来说明铸件的组织特点。其典型的宏观组织从表面到中心分别由表面细晶粒区、柱状晶粒区和中心等轴晶粒区三层组成，如图 2-20 所示。

（1）表面细晶粒区

表面细晶粒区的形成主要是因为金属液刚浇入铸锭模时，模壁温度较低，表层金属受到剧烈的冷却，造成了较大的过冷所致。此外，模壁的人工晶核作用也是这层晶粒细化的原因之一。

（2）柱状晶粒区

柱状晶粒区是紧接表面细晶粒区向铸锭中心长出的一层长轴形晶粒，它们的轴向是垂直于模壁的。柱状晶粒的形成主要是由于铸锭垂直于其模壁散热。在表层细晶粒形成时，随着模壁温度的升高，铸锭的冷却速度便有所降低，晶核的形核率不如长大速度大，各晶粒便可得到较快的成长，此时所有枝轴垂直于模壁的晶粒，因为其沿着枝轴向模壁传热比较有利，同时，它们的成长也不致因相互抵触而受到限制，所以只有这些晶粒才可能优先得到成长，从而形成柱状晶粒。

（3）中心等轴晶粒区

随着柱状晶区的发展，液体金属的冷却速度很快降低，过冷度大大减小，温度差不断降低，散热的方向性已不明显，而趋于均匀冷却的状态；同时由于种种原因，如液体金属的流动可能将一些未熔杂质推至铸锭中心，或将柱状晶粒的枝晶分枝冲断，飘移到铸锭中心，它们都可以成为剩余液体的晶核，这些晶核由于在不同方向上的长大速度相同，因而便形成较粗大的等轴晶粒区。

铸锭组织从表层到心部是不均匀的。通过改变结晶条件可以改变这三层晶区的相对大小和晶粒的粗细，甚至可以获得只有两层或单独一个晶区所组成的铸锭。

钢锭一般不希望得到柱状晶粒组织，因为这时钢的塑性较差，而且柱状晶粒平行排列呈现各向异性，在锻造或轧制时容易发生裂纹，尤其在柱状晶粒区的前沿及柱状晶粒彼此相通处，若存在低熔点杂质，则可形成一个明显的脆弱界面，更容易发生开裂。所以生产中经常采用振动浇注或变质处理等方法来抑制结晶时柱状晶粒区的扩展。而对于某些铸件则常希望获得柱状晶粒，如涡轮叶片，常采用定向凝固法有意使整个叶片由同一方向、平行排列的柱状晶粒构成。因为这种结构沿一定方向能承受较大的负荷而使涡轮叶片具有良好的使用性能。此外，对于具有良好塑性的有色金属（如铜、铝等）也希望得到柱状晶粒组织。因为这种组织较致密，对力学性能有利，而在压力加工时，由于这些金属本身具有良好的塑性，而不至于发生开裂。

在金属铸锭中，除组织不均匀外，还经常存在有各种铸造缺陷，如缩孔、缩松、气孔及偏析等。

2.3 合金的相结构

6

2.3.1 合金的基本概念

由于纯金属性能的局限性，不能满足各种使用场合的要求，所以，目前使用的金属材料绝大多数都是合金。

由两种或两种以上的金属或金属与非金属，经熔炼、烧结或其他方法组合而成，并具有金属特性的物质称为合金。例如，应用最普遍的碳钢和铸铁就是由铁和碳所组成的铁碳合金。

组成合金的最基本、独立的物质叫作组元。组元通常是纯元素，也可以是稳定的化合物。根据组成合金组元数目的多少，合金可分成二元合金、三元合金或多元合金等。

合金中具有同一化学成分且结构相同的均匀部分称为相。合金在固态下可以形成均匀的单相合金，也可以是由几种不同的相组成的多相合金。合金中相与相之间有明显的界面。相结构指的是相中原子的具体排列规律。

通常人眼看到或借助于显微镜观察到的材料内部的微观形貌（图像）称为组织。人眼（或放大镜）看到的组织为宏观组织；用显微镜所观察到的组织为显微组织。组织是与相有紧密联系的概念。相是构成组织的最基本组成部分。但当相的大小、形态与分布不同时会构成不同的微观形貌（图像），各自成为独立的单相组织，或与别的相一起形成不同的复相组织。组织是材料性能的决定性因素。相同条件下，材料的性能随其组织的不同而变化。因此在工业生产中，控制和改变材料的组织具有相当重要的意义。

2.3.2 合金的相结构

合金在熔点以上，通常各组元相互溶解成为均匀的溶液，成为液相。当合金溶液凝固后，由于各组元之间的相互作用不同，可能出现两种基本相：固溶体和金属化合物。

（1）固溶体

有些合金的组元在固态时，具有一定的相互溶解能力。例如，一部分碳原子能够溶解到铁的晶格内，此时，铁是溶剂，碳是溶质，合金的晶格仍保持铁的原有晶格类型，这种溶质原子溶入溶剂晶格而仍保持溶剂晶格类型的金属晶体，称为固溶体。固溶体是均匀的固态物质，所溶入的溶质即使在显微镜下也不能区别出来，因此固溶体属于单相组织。

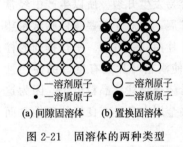

○—溶剂原子
●—溶质原子

○—溶剂原子
●—溶质原子

(a) 间隙固溶体　(b) 置换固溶体

图 2-21　固溶体的两种类型

按照溶质原子在溶剂中分布情况的不同，固溶体可分为间隙固溶体和置换固溶体两种类型。

① 间隙固溶体　溶质原子处于溶剂晶格空隙中的固溶体称为间隙固溶体，如图 2-21(a) 所示。实验证明，当溶质元素与溶剂元素的原子直径比 $D_{质}/D_{剂}<0.59$ 时才能形成间隙固溶体。因此形成间隙固溶体的溶质元素都是一些原子半径小于 $0.1\mu m$ 的非金属元素，如 H、C、O、N 等。在金属材料的相结构中，形成间隙固溶体的例子很多，如碳钢中碳原子溶入 α-Fe 晶格间隙中形成的间隙固溶体，称为铁素体。碳原子溶入 γ-Fe 晶格间隙中形成的间隙固溶体，称为奥氏体。

溶质原子溶入溶剂的数量越多，溶剂的晶格畸变就越大，如图 2-22 所示。当溶质的溶入超过一定数量时，溶剂的晶格就会变得不稳定，于是溶质原子就不能继续溶解，所以间隙固溶体永远是有限固溶体。

② 置换固溶体　溶剂晶格中的某些结点位置被溶质原子取代的固溶体称为置换固溶体，如图 2-21(b) 所示。在合金中，如锰、铬、硅、镍、铝等金属元素都能与铁形成置换固溶体。形成置换固溶体时，溶质原子在溶剂中的溶解度主要取决于两者在周期表中的相互位置、晶格类型和原子半径的差。一般说来，在周期表中位置靠近、晶格类型相同的元素，原子半径的差越小，溶解度就越大，甚至可以在任何比例下均能互溶形成无限固溶体。例如，铜和镍都是面心立方晶格，铜的原子直径为 $2.55\times10^{-10}m$，镍的原子直径为 $2.49\times10^{-10}m$，它们是处于同一周期并且相邻的两个元素，所以铜和镍可以形成无限固溶体；而铜和锌、铜和锡只能形成有限固溶体。

由于溶质原子与溶剂原子的直径不可能完全相同，因此，置换固溶体也会造成固溶体中晶格常数的变化和晶格畸变，如图 2-22 所示。

③ 固溶强化　由于溶质原子的溶入，使固溶体的晶格发生畸变，位错的移动受到阻力，

结果使金属材料的强度、硬度升高。这种通过溶入溶质元素形成固溶体，使金属材料的变形抗力增大，强度、硬度升高的现象称为固溶强化，它是金属材料强化的重要途径之一。实践证明，适当提高固溶体中的溶质含量，可以在显著提高金属材料强度、硬度的同时，仍能保持金属材料良好的塑性和韧性。例如，往铜中加入质量分数为 19％的镍，可使合金的抗拉强度 σ_b 由 220MPa 提高到 380～400MPa，硬度由 44HBW 提高到 70HBW，而断后伸长率仍然保持在 50％左右。所以对力学性能要求较高的结构材料，几乎都是以固溶体作为最基本的组成相。

（2）金属化合物

当溶质的含量超过溶剂的溶解度时，溶质元素与溶剂元素相互作用形成一种不同于任一组元、具有金属特性的新物质，即金属化合物。一般可用分子式表示其组成，如碳钢中的渗碳体（Fe_3C）。

这种化合物的结合力除了离子键和共价键外，金属键也起不同的作用，使这种化合物具有一定程度的金属性质（如导电性），所以把这种化合物称为金属化合物。没有金属键结合，也没有金属特性的化合物，称为非金属化合物。例如，碳钢中依靠离子键结合的 FeS 和 MnS 都是非金属化合物。

金属化合物一般具有复杂的晶体结构，Fe_3C 的晶体结构如图 2-23 所示。金属化合物的特点是熔点高、硬而脆。金属化合物很少单独使用。当金属化合物细小而均匀地分布在合金中时，可以提高合金的强度、硬度和耐磨性，但合金的塑性和韧性会明显下降。因而不能单纯通过增加金属化合物的数量来提高合金的性能。

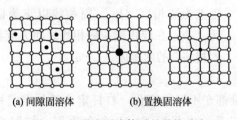

(a) 间隙固溶体　　　(b) 置换固溶体

图 2-22　形成固溶体时的晶格畸变

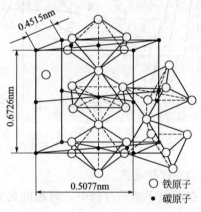

○ 铁原子
· 碳原子

图 2-23　Fe_3C 的晶体结构

2.4　合金的结晶

2.4.1　二元合金相图的基本知识

（1）相图的基本概念

由两种或两种以上组元按不同比例配制成的一系列不同成分的所有合金称为合金系，如 Al-Si 系合金、Fe-C-Si 系合金等。为了研究合金组织与性能之间的关系，就必须了解合金中各种组织的形成及变化规律。合金相图就是用图解的方法表示合金系中合金的状态、组织、温度和成分之间的关系。

相图又称为平衡相图或状态图，它是表明合金系中不同成分合金在不同温度下的组成相以及这些相之间平衡关系的图形。利用合金相图可以知道各种成分的合金在不同的温度下有哪些相，各相的相对含量、成分以及温度变化时可能发生哪些变化。掌握合金相图的分析和使用方法，有助于了解合金的组织状态和预测合金的性能，也可按要求研究配制新的合金。在生产实践中，合金相图是制定合金熔炼、锻造和热处理工艺的重要依据。

（2）二元合金相图的建立

二元合金相图是通过实验建立的，常用的实验方法是热分析法，现以 Cu-Ni 合金为例，说明用热分析法建立相图的步骤。

① 配制不同成分的 Cu-Ni 合金。

② 作出各成分合金的冷却曲线，并找出各冷却曲线上临界点（即转折点和平台）的温度值。

③ 画出温度、成分坐标系，在相应成分垂直线上标出临界点温度。

④ 将物理意义相同的点连成曲线，并根据已知条件和实际分析结果写上数字、字母和各区域内的组织或相的名称，即可得到完整的 Cu-Ni 二元合金平衡相图。图 2-24 为按上述步骤建立的 Cu-Ni 二元合金相图的示意图。

相图上的每个点、线、区均有一定的物理意义。例如 A、B 点分别为 Cu 和 Ni 的熔点。

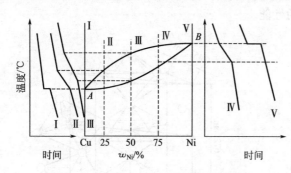

图 2-24　Cu-Ni 二元合金相图的示意图

图 2-24 中有两条曲线，上面的曲线为液相线，代表各种成分的铜-镍合金在冷却过程中开始结晶的温度；下面的曲线为固相线，代表各种成分的铜-镍合金在冷却过程中结晶终了的温度。液相线和固相线将整个相图分为三个区域，液相线以上为液相区（L）；固相线以下为固相区（α）；在液相线与固相线之间为液相与固相共存的两相区（L+α）。

（3）杠杆定律

在两相区结晶过程中，两相的成分和相对量都在不断地变化，杠杆定律就是确定相图中两相区内平衡相的成分和相对质量的重要工具。现仍以 Cu-Ni 合金为例，如图 2-25 所示。

由图 2-25(a) 可知，合金 x 在 θ_x 温度时，由 L+α 两个平衡相组成。求 L 相和 α 相的成分时，可通过 x 点（即 θ_x 温度）做水平线，此水平线与液相线的交点 x' 即为 L 相的成分（含镍 $x'\%$）；与固相线的交点 x'' 即为 α 相的成分（含镍 $x''\%$）。

设合金的总质量为 Q_0，θ_x 温度时，液相的质量为 Q_L，固相的质量为 Q_α，如图 2-25(b) 所示，液、固两相的质量和应等于合金的总质量 Q_0，即

$$Q_0 = Q_L + Q_\alpha \tag{2-2}$$

液相中镍的质量应为 $Q_L x'\%$，固相中镍的质量为 $Q_\alpha x''\%$，合金中镍的质量为 $Q_0 x\%$，由此而得

$$Q_0 x\% = Q_L x'\% + Q_\alpha x''\%$$

$$(2\text{-}3)$$

联立式（2-2）、式（2-3），解方程得

$$Q_L = \frac{x'' - x}{x'' - x'} \qquad Q_\alpha = \frac{x - x'}{x'' - x'}$$

$$(2\text{-}4)$$

将分子与分母都换成相图中的线段，并将 Q_L 和 Q_α 的相对质量用百分数表示时，则

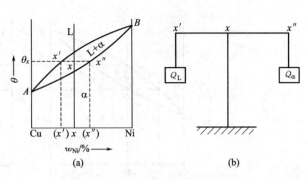

图 2-25　杠杆定律证明及力学比例

$$Q_L = \frac{xx''}{x'x''} \times 100\% \qquad Q_\alpha = \frac{x'x}{x'x''} \times 100\% \qquad (2\text{-}5)$$

两相质量比为

$$\frac{Q_L}{Q_\alpha} = \frac{xx''}{x'x} \qquad (2\text{-}6)$$

可以看出，以上所得两相质量间的关系和力学中的杠杆原理十分相似，因此称为杠杆定律。杠杆定律不仅适用于液、固两相区，也适用于其他类型的二元合金的两相区。但是，杠杆定律仅适用于两相区。

（4）枝晶偏析

在实际生产中，一般合金的冷却速度都很大。由于合金中固相内部的原子来不及充分扩散，使先结晶的树枝状晶含 Ni 量高于后结晶的含 Ni 量，造成晶粒中心部位与表层的成分不均匀。这种晶粒内部化学成分不均匀的现象称为晶内偏析或枝晶偏析。

合金的冷却速度越大，实际结晶温度就越低，枝晶偏析也越严重。枝晶偏析的存在使晶粒内部的性能不一致，严重影响合金的力学性能和耐腐蚀性能。枝晶偏析一般可以用均匀化退火的热处理方法消除。

2.4.2　二元相图的基本类型

（1）二元匀晶相图

二元合金系中两组元在液态和固态下均能无限互溶，并由液相结晶出单相固溶体的相图称为二元匀晶相图。

扫码看视频课
8

现以 $w_{Ni} = 40\%$ 的 Cu-Ni 合金为例，说明匀晶合金的结晶过程（见图 2-26）。

当合金由液态缓冷至与液相线相交于 t_1 时，开始从液相中结晶出固溶体 α 相。在继续冷却过程中，α 相的量不断增多，液相的量不断减少，最后冷至固相线 t_4 时，液相消失，全部成为单相 α 固溶体。在整个结晶过程中，液相和固相的成分也通过原子的扩散不断改变，液相的成分沿液相线变化，固相的成分沿固相线变化。但是只有在极其缓慢的冷却条件下，使原子有足够的时间扩散才能得到成分均匀的固溶体，否则将会产生化学成分的偏析现象。

（2）二元共晶相图

通常把在一定温度下，由一定成分的液相同时结晶出成分一定的两个固相的过程称为共晶转变。合金系的两组元在液态下无限互溶、在固态下有限互溶，并在凝固过程中发生共晶

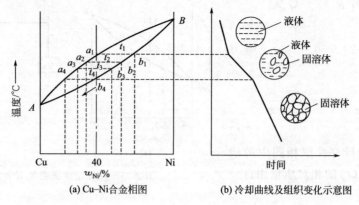

(a) Cu-Ni合金相图　　　　(b) 冷却曲线及组织变化示意图

图 2-26　Cu-Ni 合金的结晶过程

转变的相图称为二元共晶相图。

图 2-27 所示的 Pb-Sn 合金相图为典型的二元合金共晶相图。图中 A 点为 Pb 的熔点，B 点为 Sn 的熔点。AEB 线为液相线，$AMENB$ 线为固相线。MF 线表示 Sn 溶于 Pb 中形成 α 固溶体的溶解度曲线；NG 线表示 Pb 溶于 Sn 中形成 β 固溶体的溶解度曲线。

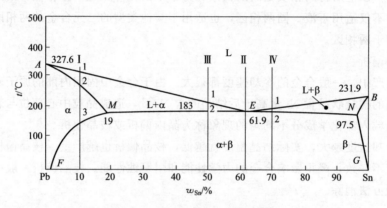

图 2-27　Pb-Sn 二元合金共晶相图

L、α、β 相是该合金系的三个基本相。α 相是以 Pb 组元为溶剂、Sn 组元为溶质所形成的有限固溶体，β 相是以 Sn 组元为溶剂、Pb 组元为溶质所形成的有限固溶体。相图中有三个单相区 L、α、β；三个两相区 L+α、L+β 及 α+β；还有一个三相共存区（即 MEN 线，L+α+β）。

MEN 线为三相平衡线。在该恒定温度下，E 点成分的液相发生共晶反应，同时结晶出两种成分和结构不同的 α、β 固相。其反应式为

$$L_E \xrightleftharpoons{t_E} \alpha_M + \beta_N$$

共晶转变的产物是两个固相的机械混合物，称为共晶体或共晶组织。E 点称为共晶点，成分对应于共晶点的合金称为共晶合金，E 点对应的温度称为共晶温度，水平线称为共晶线。成分位于 E 点左边的合金称为亚共晶合金；位于 E 点右边的合金称为过共晶合金。

（3）二元包晶相图

通常把在一定温度下，已结晶的一定成分的固相与剩余的一定成分的液相发生转变生成

另一固相的过程称为包晶转变。两组元在液态下无限互溶、固态下有限互溶，并发生包晶转变构成的相图，称为二元包晶相图，如图 2-28 所示。

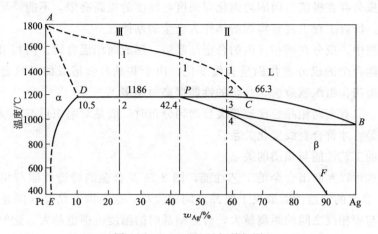

图 2-28　Pt-Ag 二元包晶相图

在图 2-28 中，ACB 为液相线，DE 和 PF 线分别为 Ag 在 Pt 中的 α 固液体和 Pt 在 Ag 中的 β 固溶体的溶解度曲线。水平线 DPC 就是包晶转变线，P 点是包晶点，所有的成分在 DC 范围内的合金在此温度都会发生三相平衡包晶转变，即

$$L_C + \alpha_D \longleftrightarrow \beta_P$$

（4）共析转变相图

在恒定的温度下，一个有特定成分的固相分解成另外两个与母相成分不相同的固相的转变称为共析转变，发生共析转变的相图称为共析相图，如图 2-29 所示。相图中 C 点为共析点，DCE 线为共析线。当具有 C 点成分的母相冷至共析线温度时，则发生如下反应

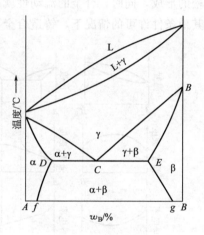

图 2-29　共析相图

$$\gamma_c \xrightarrow{\text{共析温度}} \alpha_d + \beta_e$$

与共晶反应相比，由于母相是固相而不是液相，所以共析反应具有以下特点。

① 由于固态中的原子扩散比液态困难得多，故共析反应比共晶反应需要更大的过冷倾向，因而使得成核率较高，得到的两相机械混合物（共析体）也比共晶体更为弥散和细小。

② 共析反应常因母相与子相的比体积不同而产生容积的变化，从而引起较大的内应力。

2.4.3　相图与合金性能的关系

合金的使用性能取决于它们的成分和组织，而合金的某些工艺性能取决于其结晶特点，因此通过相图可以判断合金的性能和工艺性，为正确地配制合金、选材和制订相应的工艺提供依据。

扫码看视频课

9

（1）合金的使用性能与相图的关系

二元合金的室温平衡组织主要有两种类型，即固溶体和两相混合物。图 2-30 为具有匀

晶相图和共晶相图合金的力学性能和物理性能随成分变化的一般规律。

由图 2-30 可见，固溶体合金与作为溶剂的纯金属相比，其强度、硬度升高，导电率降低，并在某一成分存在极值。因固溶强化对强度与硬度的提高有限，不能满足工程结构对材料性能的要求，所以工程上经常将固溶体作为合金的基体。

在共晶相图中，成分在两相区内的合金结晶后，形成两相混合物。两相组织的力学性能和物理性能将随合金的成分变化而呈直线变化，由于共晶合金形成的是致密的组织，其强度、硬度明显提高。组织越致密，合金的性能提高得越多。

应当指出，只有当两相晶粒比较粗大且均匀分布时，或是对组织形态不敏感的一些性能如密度、电阻等，才符合直线变化关系。

（2）合金的工艺性能与相图的关系

从相图上也可以判断出合金的工艺性能，图 2-31 是合金的铸造性能与相图的关系。由图 2-31 可见，合金的铸造性能取决于结晶区间的大小，这是因为结晶区间越大，就意味着相图中液相线与固相线之间的距离越大，合金结晶时的温度范围也越大，这使得形成枝晶偏析的倾向增大，且容易使先结晶的枝晶阻碍未结晶的液体的流动，从而增加了分散缩孔或缩松的形成，同时，合金的流动性就越差，使铸造性能变差。共晶合金的铸造性能最好，故在其他条件许可的情况下，铸造合金尽量选用共晶成分的合金。

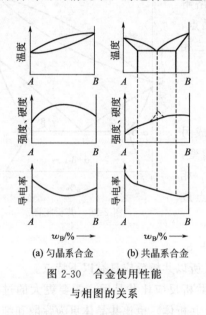

图 2-30　合金使用性能
与相图的关系

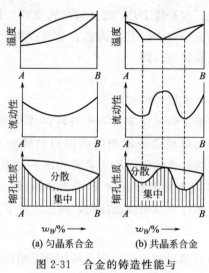

图 2-31　合金的铸造性能与
相图的关系

单相固溶体合金具有较好的塑性，其压力加工性能良好，但其切削性能较差。当合金形成两相混合物时，合金的加工性能要好于单相合金，但压力加工性能却不如单相固溶体。

2.5　铁碳合金相图

碳钢和铸铁是现代机械制造工业中应用最广泛的金属材料，它们是由铁和碳为主构成的铁碳合金。合金钢和合金铸铁实际上是有目的地加入一些合金元素的铁碳合金。为了合理地选用钢铁材料，必须掌握铁碳合金的成分、组织结构与性能之间的关系。

铁碳合金相图是研究平衡状态下铁碳合金成分、组织和性能之间的关系及其变化规律的重要工具。掌握铁碳相图对热加工工艺的制订及工艺废品原因的分析都有重要的指导意义。

2.5.1 铁碳合金的基本相和组织

Fe 和 Fe_3C 是组成 $Fe-Fe_3C$ 相图的两个基本组元。由于铁与碳之间的相互作用不同，使铁碳合金固态下的相结构也有固溶体和金属化合物两类，属于固溶体相的有铁素体与奥氏体，属于金属化合物相的有渗碳体。

（1）铁素体（Ferrite）

纯铁在 912℃ 以下为具有体心立方晶格的 α-Fe。碳溶于 α-Fe 中形成的间隙固溶体称为铁素体，以符号 F 表示。由于 α-Fe 是体心立方晶格结构，它的晶格间隙很小，因而溶碳能力极低，在 727℃ 时溶碳量最大，可达 0.0218%。随着温度的下降，铁素体的溶碳量逐渐减小，在室温时溶碳量几乎等于零。因此其性能几乎和纯铁相同，即铁素体的强度、硬度不高，但具有良好的塑性与韧性。表 2-1 是铁素体的力学性能指标。

表 2-1　铁素体的力学性能指标

力学性能	指　　标	力学性能	指　　标
抗拉强度 σ_b/MPa	180～280	断面收缩率 ψ/%	70～80
条件屈服强度 $\sigma_{0.2}$/MPa	100～170	冲击韧性 α_K/(J/cm²)	160～200
断后伸长率 δ/%	30～50	硬度 HBW	50～80

铁素体的显微组织与纯铁相同，呈明亮的多边形晶粒组织，如图 2-32（a）所示。有时因各晶粒位向不同，受腐蚀程度略有差异，因而明暗稍显不同。

铁素体在 770℃ 以下具有铁磁性，而在 770℃ 以上则失去铁磁性。

（2）奥氏体（Austenite）

碳溶于 γ-Fe 中的间隙固溶体称为奥氏体，以符号 A 表示。γ-Fe 是面心立方晶格结构，由于 γ-Fe 晶格间的最大空隙要比 α-Fe 大，所以溶碳能力比较大。γ-Fe 在 1148℃ 时溶碳量最大，可达 2.11%。随着温度的下降，溶碳量逐渐减少，在 727℃ 时溶碳量最低，为 0.77%。

图 2-32　铁素体和奥氏体的显微组织

奥氏体的性能与其溶碳量及晶粒大小有关，一般奥氏体的硬度为 170～220HBW，断面伸长率 δ 为 40%～50%，易于锻压成形。

高温下奥氏体的显微组织如图 2-32（b）所示，其晶粒也呈多边形。一般情况下，其晶界较平直，且晶粒内常有孪晶出现。奥氏体为非铁磁性相组织。

（3）渗碳体（Cementite）

渗碳体的分子式为 Fe_3C，是一种具有复杂晶格结构的间隙化合物（图 2-23）。渗碳体中碳的质量分数为 6.69%；熔点为 1227℃ 左右；没有同素异构转变。

Fe_3C 有磁性转变，它在 230℃ 以下具有弱铁磁性，而在 230℃ 以上则失去铁磁性。Fe_3C

的硬度很高（最高可达 800HBW），而塑性和冲击韧度几乎等于零，脆性极大。

渗碳体不易受硝酸乙醇溶液腐蚀，在显微镜下呈白亮色，但在磁性苦味酸钠溶液下腐蚀呈黑色。渗碳体的显微组织形态很多，在钢和铸铁中与其他相共存时呈片状、粒状、网状或板条状。渗碳体是碳钢中主要的强化相，它的形状与分布对钢的性能有很大的影响。

（4）珠光体（Pearlite）

珠光体是铁素体和渗碳体两相组成的机械混合物，常用符号"P"表示。碳的质量分数为 0.77%。常见的珠光体形态是铁素体与渗碳体片层相间分布的，片层越细密，强度越高。

（5）莱氏体（Ledeburite）

莱氏体是由奥氏体（或珠光体）和渗碳体组成的机械混合物，常用符号"Ld"表示。碳的质量分数为 4.3%，莱氏体中的渗碳体较多。因此，莱氏体具有脆性大、硬度高、塑性很差的特点。

2.5.2 铁碳合金相图分析

铁碳合金相图是研究铁碳合金的基础。由于 $w_C > 6.69\%$ 的铁碳合金脆性极大，没有使用价值。另外，渗碳体中 $w_C = 6.69\%$，是个稳定的金属化合物，可以作为一个组元。因此，研究的铁碳合金相图实际上是 $Fe\text{-}Fe_3C$ 相图，如图 2-33 所示。

扫码看视频课

11

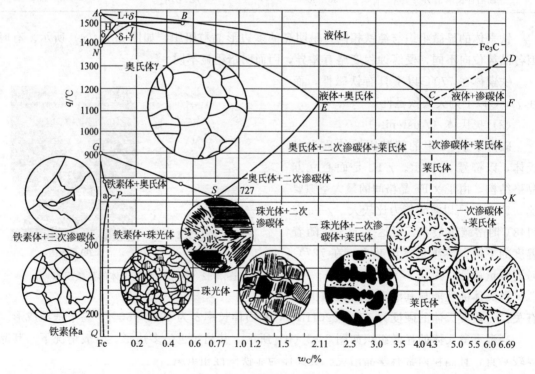

图 2-33 $Fe\text{-}Fe_3C$ 相图

（1）相图中的点、线、区

相图中各主要点的温度、含碳量及含义见表 2-2。相图中各主要线的意义如下。

ABCD 线——液相线，该线以上的合金为液态，合金冷却至该线以下便开始结晶。

表 2-2　Fe-Fe₃C 相图中各主要点的温度、含碳量及含义

点的符号	温度/℃	含碳量/%	说　明
A	1538	0	纯铁的熔点
B	1495	0.53	包晶转变时液态合金成分
C	1148	4.3	共晶点
D	1227	6.69	渗碳体的熔点
E	1148	2.11	碳在 γ-Fe 中的最大溶解度
F	1148	6.69	渗碳体的成分
G	912	0	α-Fe $\Longleftrightarrow$ γ-Fe 转变温度
H	1495	0.09	碳在 δ-Fe 中的最大溶解度
J	1495	0.17	包晶点
K	727	6.69	渗碳体的成分
N	1394	0	γ-Fe $\Longleftrightarrow$ δ-Fe 转变温度
P	727	0.0218	碳在 α-Fe 中的最大溶解度
S	727	0.77	共析点
Q	室温	0.0008	室温时碳在 α-Fe 中的溶解度

$AHJECF$ 线——固相线，该线以下合金为固态。加热时温度达到该线后合金开始融化。

HJB 线——包晶线，含碳量为 $0.09\%\sim0.53\%$ 的铁碳合金，在 1495℃的恒温下均发生包晶反应，即

$$L_B + \delta_H \longleftrightarrow \gamma_J$$

ECF 线——共晶线，碳的质量分数大于 2.11% 的铁碳合金当冷却到该线时，液态合金均要发生共晶反应，即

$$L_C \longleftrightarrow \gamma_E + Fe_3C$$

共晶反应的产物是奥氏体与渗碳体（或共晶渗碳体）的机械混合物，即莱氏体（Ld）。

PSK——共析线。当奥氏体冷却到该线时发生共析反应，即

$$\gamma_S \longleftrightarrow \alpha_P + Fe_3C$$

共析反应的产物是铁素体与渗碳体（或共析渗碳体）的机械混合物，即珠光体（P）。共晶反应所产生的莱氏体冷却至 PSK 线时，内部的奥氏体也要发生共析反应转变成为珠光体，这时的莱氏体叫低温莱氏体（或变态莱氏体），用 Ld′ 表示。PSK 线又称 A_1 线。

NH、NJ 和 GS、GP 线——固溶体的同素异构转变线。在 NH 与 NJ 线之间发生 δ-Fe $\longleftrightarrow$ γ-Fe 转变，NJ 线又称 A_4 线，在 GS 与 GP 之间发生 γ-Fe $\longleftrightarrow$ α-Fe 转变，GS 线又称 A_3 线。

ES 和 PQ 线——溶解度曲线，分别表示碳在奥氏体和铁素体中的极限溶解度随温度的变化线，ES 线又称 A_{cm} 线。当奥氏体中碳的质量分数超过 ES 线时，就会从奥氏体中析出渗碳体，称为二次渗碳体，用 Fe_3C_{II} 表示。同样，当铁素体中碳的质量分数超过 PQ 线时，就会从铁素体中析出渗碳体，称为三次渗碳体，用 Fe_3C_{III} 表示。

此外，CD 线是从液体中结晶出渗碳体的起始线，从液体中结晶出的渗碳体称为一次渗

碳体（Fe_3C_I）。

相图中有 5 个基本相，相应有 5 个单相区：液相区 L、固相区 δ、奥氏体（A）相区、铁素体（F）相区、渗碳体（Fe_3C）相区。

相图中有 7 个两相区：$L+δ$、$L+A$、$L+Fe_3C_I$、$δ+A$、$A+F$、$A+Fe_3C_{II}$、$F+Fe_3C_{III}$。

相图中三相共存区：HJB 线（$L+δ+A$）、ECF 线（$L+A+Fe_3C$）、PSK 线（$A+F+Fe_3C$）。

（2）图中铁碳合金的分类

Fe-Fe_3C 相图中不同成分的铁碳合金，在室温下将得到不同的显微组织，其性能也不同。通常根据相图中的 P 点和 E 点将铁碳合金分为工业纯铁、钢及白口铸铁三类。

① 工业纯铁　是指室温下为铁素体和少量三次渗碳体的铁碳合金，P 点以左（含碳量小于 0.0218%）。

② 钢　是指高温固态组织为单相固溶体的一类铁碳合金，P 点成分与 E 点成分之间（含碳量 0.0218%～2.11%），具有良好的塑性，适于锻造、轧制等压力加工，根据室温组织的不同又分为以下三种。

a. 亚共析钢　是 P 点成分与 S 点成分之间（含碳量 0.0218%～0.77%）的铁碳合金。室温平衡组织为铁素体＋珠光体，随含碳量的增加，组织中珠光体的量增多。

b. 共析钢　是 S 点成分（含碳量 0.77%）的铁碳合金，室温平衡组织全部是珠光体的铁碳合金。

c. 过共析钢　是 S 点成分与 E 点成分之间（含碳量 0.77%～2.11%）的铁碳合金。室温平衡组织为珠光体＋渗碳体，渗碳体分布于珠光体晶粒的周围（即晶界），在金相显微镜下观察呈网状结构，故又称网状渗碳体。含碳量越高，渗碳体层越厚。

③ 白口铸铁　是指 E 点成分以右（含碳量 2.11%～6.69%）的铁碳合金。有较低的熔点，流动性好，便于铸造，脆性大。根据室温组织的不同又分为以下三种。

a. 亚共晶白口铸铁　是 E 点成分与 C 点成分之间（含碳量 2.11%～4.3%）的铁碳合金。室温平衡组织为低温莱氏体＋珠光体＋二次渗碳体。

b. 共晶白口铸铁　是 C 点成分（含碳量 4.3%）的铁碳合金。室温平衡组织为低温莱氏体。

c. 过共晶白口铸铁　是 C 点成分以右（含碳量 4.3%～6.69%）的铁碳含金。室温平衡组织为低温莱氏体＋一次渗碳体。

（3）典型铁碳合金结晶过程分析

为了认识工业纯铁、钢和白口铸铁组织的形成规律，现选几种典型的合金，分析其平衡结晶过程及组织变化。图 2-34 中标有①～⑦的 7 条垂直线（即成分线），分别是工业纯铁、钢和白口铸铁三类铁碳合金中的典型合金所在位置。

① $w_C=0.01%$的工业纯铁　此合金为图 2-34 中的①，结晶过程如图 2-35 所示。合金在 1 点温度以上为液态，在 1 点至 2 点温度间，按匀晶转变结晶出 δ 铁素体。δ 铁素体冷却到 3 点至 4 点间发生同素异构转变 δ-γ，这一转变在 4 点结束，合金全部转变成单相奥氏体 γ。冷却到 5 点至 6 点间又发生同素异构转变 γ-α，6 点以下全部是铁素体。冷却到 7 点时，碳在铁素体中的溶解量达到饱和。在 7 点以下，随着温度的下降，从铁素体中析出三次渗碳体。工业纯铁的室温组织为铁素体和少量三次渗碳体。其显微组织如图 2-32（a）所示。

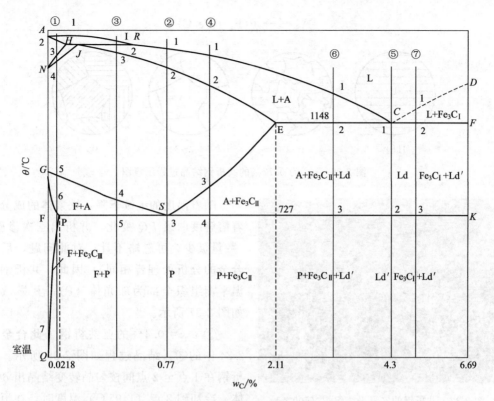

图 2-34　简化的 Fe-Fe₃C 相图

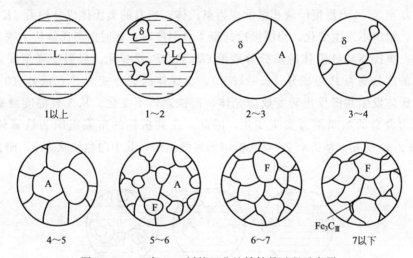

图 2-35　w_C 为 0.01% 的工业纯铁结晶过程示意图

② $w_C-0.77\%$ 的共析钢　此合金为图 2-34 中的②，结晶过程如图 2 36 所示。S 点成分的液态钢合金缓冷至 1 点温度时，其成分垂线与液相线相交，于是从液体中开始结晶出奥氏体。在 1 点至 2 点温度间，随着温度的下降，奥氏体量不断增加，其成分沿 JE 线变化，而液相的量不断减少，其成分沿 BC 线变化。当温度降至 2 点时，合金的成分垂线与固相线相交，此时合金全部结晶成奥氏体，在 2 点至 3 点之间是奥氏体的简单冷却过程，合金的成分、组织均不发生变化。当温度降至 3 点（727℃）时，将发生共析反应，即

$$A_S \longleftrightarrow P(F_P + Fe_3C)$$

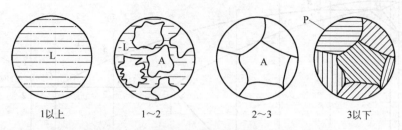

1以上   1~2   2~3   3以下

图 2-36 w_C 为 0.77% 的共析钢结晶过程示意图

图 2-37 共析钢的室温平衡组织（500×）

随着温度的继续下降，铁素体的成分将沿着溶解度曲线 PQ 变化，并析出三次渗碳体。（数量极少，可忽略不计，对此问题，后面各合金的分析处理皆相同）。因此，共析钢的室温平衡组织全部为珠光体（P），其显微组织如图 2-37 所示。

③ $w_C = 0.4\%$ 的亚共析钢 此合金为图 2-34 中的③，结晶过程如图 2-38 所示。亚共析钢在 1 点至 2 点间按匀晶转变结晶出 δ 铁素体。冷却到 2 点（1495℃）温度时，在恒温下发生包晶反应。包晶反应结束时还有剩余的液

相存在，冷却至 2~3 点温度间液相继续变为奥氏体，所有的奥氏体成分均沿 JE 线变化。3 点至 4 点间，组织不发生变化。当缓慢冷却至 4 点温度时，此时由奥氏体析出铁素体。随着温度的下降，奥氏体和铁素体的成分分别沿 GS 和 GP 线变化。当温度降至 5 点（727℃）时，铁素体的成分变为 P 点成分（0.0218%），奥氏体的成分变为 S 点成分（0.77%），此时，剩余奥氏体发生共析反应转变成珠光体，而铁素体不变化。从 5 点温度继续冷却至室温，可以认为合金的组织不再发生变化。因此，亚共析钢的室温组织为铁素体和珠光体（F+P）。图 2-39 是 w_C 为 0.4% 的亚共析钢的显微组织，其中白色块状为 F，暗色的片层状为 P。

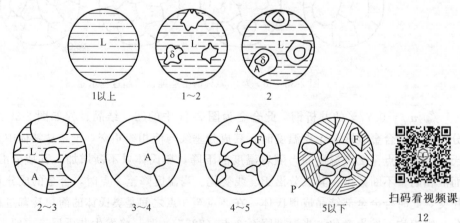

1以上   1~2   2

2~3   3~4   4~5   5以下

扫码看视频课

12

图 2-38 w_C 为 0.4% 的亚共析钢的结晶过程示意图

④ $w_C = 1.2\%$ 的过共析钢 此合金为图 2-34 中的④，结晶过程如图 2-40 所示。过共析钢在 1 点至 3 点温度间的结晶过程与共析钢相似。当缓慢冷却至 3 点温度时，合金的成分垂线与 ES 线相交，此时由奥氏体开始析出二次渗碳体。随着温度的下降，奥氏体成分沿 ES 线变化，且奥氏体的数量愈来愈少，二次渗碳体的相对量不断增加。当温度降至 4 点（727℃）时，奥氏体的成分变为 S 点成分（0.77%），此时，剩余奥氏体发生共析反应转变成珠光体，而二次渗碳体不变化。从 4 点温度继续冷却至室温，合金的组织不

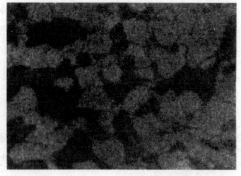

图 2-39 w_C 为 0.4% 的亚共析钢的室温平衡组织（500×）

再发生变化。因此，过共析钢的室温组织为二次渗碳体和珠光体（$Fe_3C_{II} + P$）。

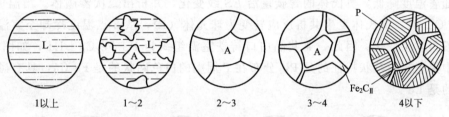

| 1以上 | 1~2 | 2~3 | 3~4 | 4以下 |

图 2-40 w_C 为 1.2% 的过共析钢的结晶过程示意图

图 2-41 是 w_C 为 1.2% 的过共析钢的显微组织，其中 Fe_3C_{II} 呈白色的细网状，它分布在片层状的 P 周围。

⑤ $w_C = 4.3\%$ 的共晶白口铸铁 此合金为图 2-34 中的⑤，结晶过程如图 2-42 所示。

图 2-41 w_C 为 1.2% 的过共析钢的室温平衡组织（400×）

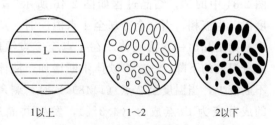

| 1以上 | 1~2 | 2以下 |

图 2-42 w_C 为 4.3% 共晶白口铸铁的结晶过程示意图

共晶铁碳合金冷却至 1 点共晶温度（1148℃）时，将发生共晶反应，生成莱氏体（Ld），在 1 点至 2 点温度间，随着温度降低，莱氏体中的奥氏体的成分沿 ES 线变化，并析出二次渗碳体（它与共晶渗碳体连在一起，在金相显微镜下难以分辨）。随着二次渗碳体的析出，奥氏体的含碳量不断下降，当温度降至 2 点（727℃）时，莱氏体中奥氏体的含碳量达到 0.77%，此时，奥氏体发生共析反应转变为珠光体，于是莱氏体也相应转变为低温莱

图 2-43 w_C 为 4.3% 共晶白口
铸铁室温平衡组织（250×）

氏体 Ld′（P+Fe$_3$C$_{II}$+Fe$_3$C）。因此，共晶白口铸铁的室温组织为低温莱氏体（Ld′）。

图 2-43 是 w_C 为 4.3% 共晶白口铸铁的显微组织，其中珠光体（P）呈黑色的斑点状或条状，渗碳体（Fe$_3$C）呈白色的基体。

⑥ $w_C=3.0\%$ 的亚共晶白口铸铁 此合金为图 2-34 中的⑥，结晶过程如图 2-44 所示。1 点温度以上为液相，当合金冷却至 1 点温度时，从液体中开始结晶出初生奥氏体。在 1 点至 2 点温度间，随着温度的下降，奥氏体不断增加，液体的量不断减少，液相的成分沿 BC 线变化。奥氏体的成分沿 JE 线变化。当温度至 2 点（1148℃）时。剩余液体发生共晶反应，生成 Ld（A+Fe$_3$C），而初生奥氏体不发生变化。从 2 点至 3 点温度间，随着温度降低，奥氏体的含碳量沿 ES 线变化，并析出二次渗碳体。当温度降至 3 点（727℃）时，奥氏体发生共析反应转变为珠光体（P），从 3 点温度冷却至室温，合金的组织不再发生变化。因此，亚共晶白口铸铁室温组织为 P+Fe$_3$C$_{II}$+Ld′，如图 2-45 所示，图中黑色带树枝状特征的是 P，分布在 P 周围的白色网状的是 Fe$_3$C$_{II}$，具有黑色斑点状特征的是 Ld′。

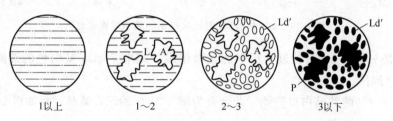

1以上 1~2 2~3 3以下

图 2-44 w_C 为 3.0% 的亚共晶白口铸铁的结晶过程示意图

⑦ $w_C=5.0\%$ 的过共晶白口铸铁 此合金为图 2-34 中的⑦，结晶过程如图 2-46 所示。1 点温度以上为液相，当合金冷却至 1 点温度时，从液体中开始结晶出一次渗碳体。在 1 点至 2 点温度间，随着温度的下降，一次渗碳体不断增加，液体的量不断减少，当温度至 2 点（1148℃）时，剩余液体的成分变为 C 点成分（4.3%），发生共晶反应，生成 Ld（A+Fe$_3$C），而一次渗碳体不发生变化。从 2 点至 3 点温度间，莱氏体中的奥氏体的含碳量沿 ES 线变化，并析出二次渗碳体。当温度降至 3 点（727℃）时，奥氏体的含碳量达到 0.77%，发

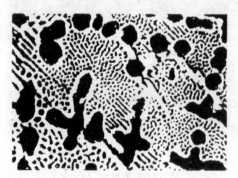

图 2-45 w_C 为 3.0% 的亚共晶白口
铸铁室温平衡组织（200×）

生共析反应转变为珠光体（P），从 3 点温度冷却至室温，合金的组织不再发生变化。因此，过共晶白口铸铁的室温组织为 Fe$_3$C+Ld′。图 2-47 是 w_C 为 5.0% 的过共晶白口铸铁的显微组织，图中白色带状的是 Fe$_3$C$_I$，具有黑色斑点状特征的是 Ld′。

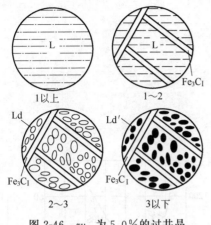

图 2-46 w_C 为 5.0% 的过共晶
白口铸铁的结晶过程示意图

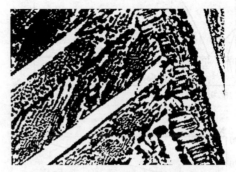

图 2-47 w_C 为 5.0% 的过共晶
白口铸铁室温平衡组织（400×）

2.5.3 铁碳合金的成分、组织和性能的变化规律

扫码看视频课
13

（1）碳对平衡组织的影响

由上面的讨论可知，随碳的质量分数增高，铁碳合金的组织发生如下变化：

工业纯铁→亚共析钢→共析钢→过共析钢→亚共晶白口铁→共晶白口铁→过共晶白口铁。

根据杠杆定律可以计算出铁碳合金中相组成物的相对质量和组织组成物的相对质量与碳的质量分数的关系。如图 2-48 铁碳合金的成分-组织-性能的对应关系。

当碳的质量分数增高时，不仅其组织中的渗碳体数量增加，而且渗碳体的分布和形态发生如下变化：

Fe_3C_{III}（沿铁素体晶界分布的薄片状）→共析 Fe_3C（分布在铁素体内的片层状）→Fe_3C_{II}（沿奥氏体晶界分布的网状）→共晶 Fe_3C（为莱氏体的基体）→Fe_3C_I（分布在莱氏体上的粗大片状）。

（2）碳对力学性能的影响

室温下铁碳合金由铁素体和渗碳体两个相组成。铁素体为软、韧相；渗碳体为硬、脆相。当两者以层片状组成珠光体时，则兼具两者的优点，即珠光体具有较高的硬度、强度和良好的塑性、韧性。

图 2-49 是碳的质量分数对缓冷碳钢力学性能的影响。由图可知，随碳的质量分数增加，钢的强度、硬度增加，塑性、韧性降低。当 w_C 大于 0.9% 时，由于网状 Fe_3C_{II} 出现，导致钢的强度下降。为了保证工业用钢具有足够的强度和适宜的塑性、韧性，其 w_C 一般不超过 1.3%~1.4%。w_C 大于 2.11% 的铁碳合金（白口铸铁），由于其组织中存在大量渗碳体，具有很高硬度，但性脆，难以切削加工，已不能锻造，故除可作少数耐磨零件外，应用很少。

2.5.4 铁碳合金相图的应用

（1）选材料方面的应用

根据铁碳合金成分、组织、性能之间的变化规律，可以根据零件的工作条件来选择材料。

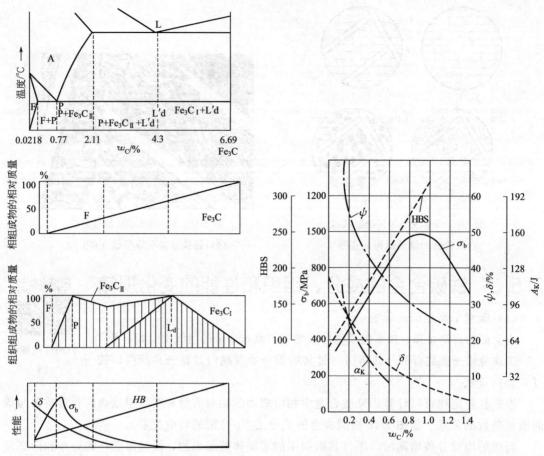

图 2-48 铁碳合金的成分-组织-性能的对应关系　　图 2-49 碳的质量分数对缓冷碳钢力学性能的影响

如果要求有良好的焊接性能和冲压性能的机件，应选用组织中铁素体较多、塑性好的低碳钢（$w_C < 0.25\%$）制造，如冲压件、桥梁、船舶和各种建筑结构；对于一些要求具有综合力学性能（强度、硬度和塑性、韧性都较高）的机器构件，如齿轮、传动轴等应选用中碳钢（$0.25\% < w_C < 0.6\%$）制造；高碳钢（$w_C > 0.6\%$）主要用来制造弹性零件及要求高硬度、高耐磨性的工具、磨具、量具等；对于形状复杂的箱体、机座等可选用铸造性能好的铸铁来制造。

（2）制定热加工工艺方面的应用

在铸造生产方面，根据 Fe-Fe$_3$C 相图可以确定铸钢和铸铁的浇注温度。浇注温度一般在液相线以上 150℃ 左右。另外，从相图中还可看出接近共晶成分的铁碳合金，熔点低、结晶温度范围窄，因此它们的流动性好、分散缩孔少，可能得到组织致密的铸件。所以，铸造生产中，接近共晶成分的铸铁得到较广泛的应用。

在锻造生产方面，钢处于单相奥氏体时，塑性好、变形抗力小，便于锻造成形。因此，钢材的热轧、锻造时要将钢加热到单相奥氏体区。始轧和始锻温度不能过高，以免钢材氧化严重和发生奥氏体晶界熔化（称为过烧）。一般控制在固相线以下 100～200℃。而终轧和终锻温度也不能过高，以免奥氏体晶粒粗大，但又不能过低，以免塑性降低，导致产生裂纹。一般对亚共析钢的终轧和终锻温度控制在稍高于 GS 线即 A_3 线；过共析钢控制在稍高于

PSK 线即 A_1 线。实际生产中各种碳钢的始轧和始锻温度为 $1150\sim1250℃$，终轧和终锻温度为 $750\sim850℃$。

在焊接方面，由焊缝到母材在焊接过程中处于不同温度条件，因而整个焊缝区会出现不同组织，引起性能不均匀，可以根据 $Fe\text{-}Fe_3C$ 相图来分析碳钢的焊接组织，并用适当的热处理方法来减轻或消除组织不均匀性和焊接应力。

对热处理来说，$Fe\text{-}Fe_3C$ 相图更为重要。热处理的加热温度都以相图上的 A_1、A_3、A_{cm} 线为依据，这将在后续章节详细讨论。

思 考 题

1. 名词解释

①晶格；②过冷度；③同素异构转变；④相；⑤组织；⑥固溶强化；⑦相图；⑧枝晶偏析；⑨共晶反应；⑩共析反应。

2. 简答题

(1) 常见的金属晶格结构有哪几种？Cr、Mg、Zn、W、V、Fe、Al、Ca 等各具有哪种晶格结构？

(2) 实际金属晶格中存在哪些晶体缺陷？它们对金属的性能有哪些影响？

(3) 简述固溶体、金属化合物在晶格结构与力学性能方面的特点。

(4) 二元合金相图表达了合金的哪些关系？各有哪些实际意义？

(5) 试分析共晶反应、包晶反应和共析反应的异同点。

(6) 说明珠光体和莱氏体在含碳量、相结构及其相对量、显微组织和性能上有何不同。

(7) 说明下列各渗碳体的生成条件：一次渗碳体、二次渗碳体、三次渗碳体、共晶渗碳体、共析渗碳体。

(8) 为什么铸造合金常选用接近共晶成分的合金，而压力加工合金常选用单相固溶体成分合金？

(9) 铁碳合金相图在生产实践中有何指导意义？

3. 根据铁碳合金相图，说明产生下列现象的原因

(1) 含碳量 w_C 为 1.0% 的钢比含碳量 w_C 为 0.5% 的钢的硬度高。

(2) 在室温下，含碳量 w_C 为 0.8% 的钢其强度比含碳量 w_C 为 1.2% 的钢高。

(3) 莱氏体的塑性比珠光体的塑性差。

(4) 在 1100℃，含碳量为 0.4% 的钢能进行锻造，含碳量为 4.0% 的白口铸铁不能锻造。

(5) 钢适宜于通过压力加工成形，而铸铁适宜于通过铸造成形。

4. 计算题

一堆钢材由于混杂，不知道化学成分，现抽出一根进行金相分析，其组织为铁素体和珠光体，其中珠光体的面积大约占 40%，问此钢材的含碳量大约为多少？

第3章
钢的热处理

热处理（heat treatment）是将固态金属或合金在一定介质中加热、保温和冷却，以改变材料整体或表面组织，从而获得所需性能的工艺（见图 3-1）。热处理区别于其他加工工艺（如铸造、压力加工等）的特点是，只通过改变工件的组织结构来改变性能，而不改变其形状。

扫码看视频课
14

热处理可大幅度地改善金属材料的工艺性能。如 T10 钢经球化处理后，切削性能大大改善；而经淬火处理后，其硬度可从处理前的 20HRC 提高到 62～65HRC。因此热处理是一种非常重要的加工方法，绝大部分机械零件必须经过热处理。但热处理只适用于固态下发生相变的材料，不发生固态相变的材料不能用热处理强化。

随着科学技术的飞速发展，人们对材料性能要求越来越高，特别是钢铁材料尤为突出。为了满足这一需要，一般采用两种方法，即研制新材料和对钢及其他材

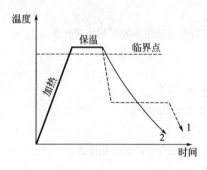

图 3-1　热处理工艺曲线示意图
1—等温处理；2—连续冷却

料进行热处理。热处理是一种重要的金属热加工工艺，在机械制造工业中被广泛地应用。例如，在机床制造中 60%～70% 的零件都要经过热处理；在汽车、拖拉机等制造中，70%～80% 的零件都要进行热处理；至于模具和轴承等，则要 100% 地进行热处理。正确的热处理工艺还可消除钢材经铸造、锻造、焊接等热加工工艺造成的各种缺陷，细化晶粒、消除偏析、降低内应力，使组织和性能更加均匀。总之，重要的零件都必须经过适当的热处理才能使用。由此可见，热处理在机械制造中具有重要的地位和作用。

根据 Fe-Fe_3C 相图，共析钢加热到 A_1 线以上，亚共析钢和过共析钢加热到 A_3 线和 A_{cm} 线以上时才能完全转变为奥氏体。在实际的热处理过程中，按热处理工艺的要求，加热或冷却都是按一定的速度进行，因此相变是在非平衡条件下进行的，必然要产生滞后现象，即有一定的过热度或过冷度。在加热时，钢发生奥氏体转变的实际温度比相图中的 A_1、

044　工程材料及其成形技术（第3版）

A_3、A_{cm} 点高，分别用 A_{c_1}、A_{c_3}、$A_{c_{cm}}$ 表示。同样，在冷却时奥氏体分解的实际温度要比 A_1、A_3、A_{cm} 点低，分别用 A_{r_1}、A_{r_3}、$A_{r_{cm}}$ 表示，如图 3-2 所示。一般热处理手册中的数值都是以 $30\sim50℃/h$ 加热（或冷却）速度所测得的结果，供参考使用。

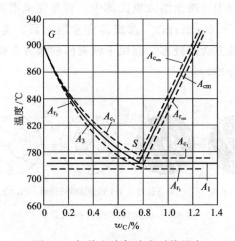

图 3-2　加热和冷却速度对临界点
A_1、A_3 和 A_{cm} 的影响（加热和冷却速度为 $0.125℃/min$）

3.1　钢在加热时的组织转变

为了在热处理后获得所需性能，大多数热处理工艺（如退火、正火、淬火等）都要将工件加热到临界温度以上，获得全部或部分奥氏体组织，并使其成分均匀化，这一过程也称为奥氏体化。加热时形成的奥氏体的质量（奥氏体化的程度、成分均匀性及晶粒大小等），对其冷却转变过程及最终的组织和性能都有极大的影响。因此了解奥氏体形成的规律，是掌握热处理工艺的基础。

3.1.1　奥氏体形成的基本过程

钢在加热时，奥氏体的形成过程符合相变的普遍规律，也是通过形核及核心长大来完成的。以共析钢为例，原始组织为珠光体，当加热到温度以上时，发生珠光体向奥氏体的转变：

$$F_{w_c=0.0218\%} + Fe_3C_{w_c=6.69\%} \longrightarrow A_{w_c=0.77\%}$$

这一转变是由化学成分、晶格类型都不相同的两个相转变成为另一个成分和晶格类型的新相，在转变过程中要发生晶格改组和碳原子的重新分布，这一变化均需要通过原子的扩散来完成，所以奥氏体的形成是属于扩散型转变。奥氏体的形成一般分为四个阶段，如图 3-3 所示。

① 奥氏体晶核的形成（formation）　奥氏体晶核一般优先在铁素体和渗碳体相界处形成。这是因为在相界处，原子排列紊乱，能量较高，能满足晶核形成的结构、能量和浓度条件。

② 奥氏体晶核的长大（growth）　奥氏体晶核形成后，它一面与铁素体相接，另一面和渗碳体相接，并在浓度上建立起平衡关系。由于和渗碳体相接的界面碳浓度高，而和铁素体相接的界面碳浓度低，这就使得奥氏体晶粒内部存在着碳的浓度梯度，从而引起碳不断从渗碳体界面通过奥氏体晶粒向低碳浓度的铁素体界面扩散，为了维持原来相界面碳浓度的平衡

关系，奥氏体晶粒不断向铁素体和渗碳体两边长大，直至铁素体全部转变为奥氏体为止。

③ 残余渗碳体的溶解（solution） 在奥氏体形成过程中，奥氏体向铁素体方向成长的速度远大于渗碳体的溶解，因此在奥氏体形成之后，还残留一定量的未溶渗碳体。这部分渗碳体只能在随后的保温过程中，逐渐溶入奥氏体中，直至完全消失。

④ 奥氏体成分的均匀化（uniform） 渗碳体完全溶解后，奥氏体中碳浓度的分布并不均匀，原来属于渗碳体的地方含碳较多，而属于铁素体的地方含碳较少，必须继续保温，通过碳的扩散，使奥氏体成分均匀化。

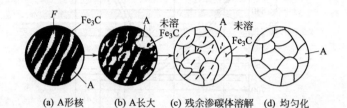

(a) A形核   (b) A长大   (c) 残余渗碳体溶解   (d) 均匀化

图 3-3   奥氏体形成过程示意图

亚共析钢和过共析钢中奥氏体的形成过程与共析钢基本相同，当温度加热到 A_{c_1} 线以上时，首先发生珠光体向奥氏体的转变。对于亚共析钢在 $A_{c_1} \sim A_{c_3}$ 的升温过程中先共析铁素体逐步向奥氏体转变，当温度升高到 A_{c_3} 以上时，才能得到单一的奥氏体组织。对于过共析钢在 $A_{c_1} \sim A_{c_{cm}}$ 的升温过程中先共析相二次渗碳体逐步溶入奥氏体中，只有温度升高到 $A_{c_{cm}}$ 以上时，才能得到单一的奥氏体组织。

3.1.2 影响奥氏体形成的因素

钢的奥氏体形成主要是通过形核和长大实现的，凡是影响形核和长大的因素都影响奥氏体的形成速度。

① 加热温度 随着加热温度的提高，相变驱动力增大，碳原子扩散能力加大，原子在奥氏体中的扩散速度加快，提高了形核率和长大速度，加快奥氏体的转变速度；同时温度高时 GS 和 ES 线间的距离大，奥氏体中碳原子浓度梯度大，所以奥氏体化速度加快。

② 加热速度 在实际热处理中，加热速度越快，产生的过热度就越大，可使转变终了温度和转变温度范围越宽，完成的时间也越短。

③ 钢中碳的质量分数 随着钢中碳的质量分数的增加，铁素体和渗碳体的相界面增多，因而奥氏体的核心增多，奥氏体的转变速度加快。

④ 合金元素 钢中的合金元素不改变奥氏体形成的基本过程，但显著影响奥氏体的形成速度。钴、镍等增大碳在奥氏体中的扩散速度，因而加快奥氏体化过程；铬、钼、钒等对碳的亲和力较大，能与碳形成较难溶解的碳化物，显著降低碳的扩散能力，所以减慢奥氏体化过程；硅、铝、锰等对碳的扩散速度影响不大，不影响奥氏体化过程。因为合金元素可以改变钢的临界点，并影响碳的扩散速度，它自身也在扩散和重新分布，且合金元素的扩散速度比碳慢得多，所以在热处理时，合金钢的热处理加热温度一般都高些，保温时间要长些。

⑤ 原始组织 原始珠光体中的渗碳体有两种形式：片状和粒状。原始组织中渗碳体为片状时奥氏体形成速度快，因为它的相界面积大，并且渗碳体片间距愈小，相界面积愈大，同时奥氏体晶粒中碳浓度梯度也大，所以长大速度更快。

3.1.3　影响奥氏体晶粒大小的因素

奥氏体晶粒大小对后续的冷却转变及转变所得的组织与性能有着重要的影响。如图 3-4 所示，奥氏体晶粒细时，退火组织珠光体亦细，则强度、塑性、韧性较好；淬火组织马氏体也细，因而韧性得到改善。因此获得细小的晶粒是热处理过程中始终要注意的问题。

奥氏体晶粒越细，其冷却产物的强度、塑性和韧性越好。影响奥氏体晶粒大小的主要因素如下。

① 加热温度和保温时间　加热温度是影响奥氏体晶粒长大最主要的因素。奥氏体刚形成时晶粒是细小的，但随着加热温度的升高，奥氏体将逐渐长大。温度越高，奥氏体晶粒长大越剧烈；在一定温度下，保温时间越长，奥氏体晶粒越粗大。

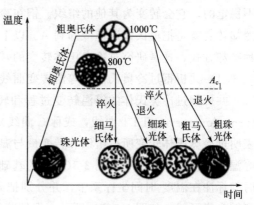

图 3-4　奥氏体晶粒大小对转变产物晶粒大小的影响示意

② 钢的化学成分　增加奥氏体中的碳含量，将增大奥氏体的晶粒长大倾向。当钢中含有形成稳定碳化物、氮化物的合金元素（如铬、钒、钛、钨、钼等）时，这些碳化物和氮化物弥散分布于奥氏体晶界上，阻碍奥氏体晶粒长大。而磷、锰则有加速奥氏体晶粒长大的倾向。

3.2　钢在冷却时的组织转变

扫码看视频课

热处理工艺中，钢在奥氏体化后，接下来是进行冷却。冷却条件也是热处理的关键工序，它决定钢在冷却后的组织和性能。表 3-1 列出 40Cr 钢经 850℃加热到奥氏体后，在不同冷却条件下对其性能的影响。

表 3-1　40Cr 钢在不同冷却条件下的力学性能

冷却方式	σ_b /MPa	σ_s /MPa	δ /%	ψ /%	A_K /(J/cm²)
炉冷	574	289	22	58.4	61
空冷	678	387	19.3	57.3	80
油冷并经 200℃回火	1850	1590	8.3	33.7	55

由 Fe-Fe₃C 相图可知，当温度处于临界点 A_1 以下时，奥氏体就变得不稳定，要发生分解和转变。但在实际冷却过程中，处在临界点以下的奥氏体并不立即发生转变，这种在临界点以下存在的奥氏体，称为过冷奥氏体（过冷 A）。过冷奥氏体的冷却方式通常有两种：

① 等温处理（isothermal treatment）　将钢迅速冷却到临界点以下的给定温度进行保温，使其在该温度下恒温转变，如图 3-1 曲线 1 所示；

② 连续冷却（continuous cooling）　将钢以某种速度连续冷却，使其在临界点以下变温连续转变，如图 3-1 曲线 2 所示。

现以共析钢为例讨论过冷奥氏体的等温转变和连续冷却转变。

3.2.1 过冷奥氏体的等温转变曲线

从铁碳相图可知，当温度在 A_1 以上时，奥氏体是稳定的，能长期存在。过冷奥氏体是不稳定的，它会转变为其他的组织。钢在冷却时的转变，实质上是过冷奥氏体的转变。等温冷却转变就是把奥氏体迅速冷却到 A_{r1} 以下某一温度保温，待其转变完成后再冷到室温的一种冷却方式，这是研究过冷奥氏体转变的基本方法。

（1）共析钢过冷奥氏体的等温转变曲线

共析钢过冷奥氏体的等温转变过程和转变产物可用其等温转变曲线（isothermal transformation curve，TTT 曲线，或称 C 曲线）来分析（见图 3-5）。过冷奥氏体等温转变曲线表明过冷奥氏体转变所得组织和转变量与温度和转变时间之间的关系，是钢在不同温度下的等温转变动力学曲线 ［见图 3-5(a)］ 的基础上测定的。即将各温度下的转变开始时间和终了时间标注在温度-时间坐标系中，并分别把开始点和终了点连成两条曲线，得到转变开始线和转变终了线，如图 3-5(b) 所示。根据曲线的形状一般也称为 C 曲线。

在 C 曲线的下面还有两条水平线：M_s 线和 M_f 线，它们为过冷奥氏体发生马氏体转变（低温转变）的开始温度线（以 M_s 表示）和终了温度线（以 M_f 表示）。

由共析钢的 C 曲线可以看出，在 A_1 以上是奥氏体的稳定区，不发生转变，能长期存

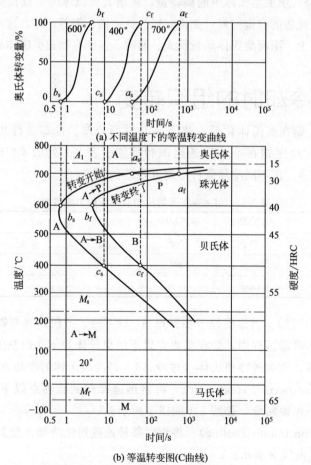

(a) 不同温度下的等温转变曲线

(b) 等温转变图(C曲线)

图 3-5 共析钢等温转变图 （C 曲线）

在。在 A_1 以下，奥氏体不稳定，要发生转变，但在转变之前奥氏体要有一段稳定存在的时间（处于过冷状态），这段时间称为过冷奥氏体的孕育期，也就是奥氏体从过冷到转变开始的时间。孕育期的长短反映了过冷奥氏体的稳定性大小。在曲线的"鼻尖"处（约 550℃）孕育期最短，过冷奥氏体稳定性最小。"鼻尖"将曲线分为两部分，"鼻尖"的以上部分，随着温度下降（即过冷度增大），孕育期变短，转变速度加快；"鼻尖"的以下部分，随着温度下降（即过冷度增大），孕育期增长，转变速度就变慢。过冷奥氏体转变速度随温度变化的规律，是由两种因素造成的：一个是转变的驱动力（即奥氏体与转变产物的自由能差 ΔF），它随温度的降低而增大，从而加快转变速度；另一个是原子的扩散能力（扩散系数 D），温度越低，原子的扩散能力就越弱，使转变速度变慢。因此，在"鼻尖"点以上的温度，原子扩散能力较大，主要影响因素是驱动力（ΔF）；而在 550℃ 以下的温度，虽然驱动力足够大，但原子的扩散能力下降，此时的转变速度主要受原子扩散速度的制约，使转变速度变慢。所以在 550℃ 时的转变条件最佳，转变速度最快。

(2) 非共析钢过冷奥氏体的等温转变

亚共析钢的过冷奥氏体等温转变曲线见图 3-6（以 45 钢为例）。与共析钢 C 曲线不同的是，在其上方多了一条过冷奥氏体转变为铁素体的转变开始线。亚共析钢随着含碳量的减少，C 曲线位置往左移，同时 M_s、M_f 线往上移；随着含碳量的增加，C 曲线位置往右移，同时 M_s、M_f 线往下移。亚共析钢的过冷奥氏体等温转变过程与共析钢的相类似。只是在高温转变区过冷奥氏体将先有一部分转变为铁素体 F，剩余的过冷奥氏体再转变为珠光体组织。如 45 钢过冷 A 在 650～600℃ 等温转变后，其产物为铁素体 F＋索氏体 S。

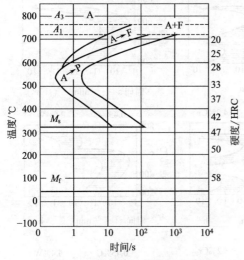

图 3-6　45 钢过冷 A 等温转变曲线

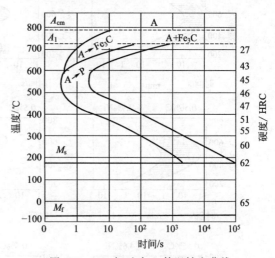

图 3-7　T10 钢过冷 A 等温转变曲线

过共析钢过冷 A 的 C 曲线见图 3-7（以 T10 钢为例）。C 曲线的上部为过冷 A 中析出二次渗碳体（Fe_3C_{II}）开始线。在一般热处理加热条件下，过共析钢随着含碳量的增加，C 曲线位置往左移，同时 M_s、M_f 线往下移；随着含碳量的减少，C 曲线位置往右移，同时 M_s、M_f 线往上移。

过共析钢的过冷奥氏体在高温转变区，将先析出 Fe_3C_{II}，剩余的过冷奥氏体再转变为珠光体组织。如 T10 钢过冷 A 在 A_1～650℃ 等温转变后，将得到 Fe_3C_{II}＋珠光体 P。

（3）影响过冷奥氏体等温转变曲线的因素

过冷奥氏体等温转变曲线的形状和位置对奥氏体的稳定性、分解转变特性和转变产物的性能以及热处理工艺具有十分重要的意义。影响 C 曲线形状和位置的因素主要是奥氏体的成分和加热条件。

① 碳的质量分数　对于亚共析钢和过共析钢的 C 曲线如图 3-6 和图 3-7 所示，与共析钢（见图 3-5）相比，其 C 曲线的"鼻尖"上部区域分别多一条先共析铁素体和渗碳体的析出线。它表示非共析钢在过冷奥氏体转变为珠光体前，有先共析相析出。

在一般热处理加热条件下，亚共析碳钢的 C 曲线随着碳的质量分数的增加而向右移，过共析碳钢的 C 曲线随着碳的质量分数的增加而向左移。所以在碳钢中，以共析钢过冷奥氏体最稳定，C 曲线最靠右边。

② 合金元素　除了钴以外，所有的合金元素溶入奥氏体中都增大过冷奥氏体的稳定性，使 C 曲线右移。其中非碳化物形成元素或弱碳化物形成元素（如硅、镍、铜、锰等），只改变 C 曲线的位置，即使 C 曲线的位置右移，不改变其形状［见图 3-8(a)］。而碳化物形成元素（如铬、钼、钨、钒、钛等），因对珠光体型转变和贝氏体型转变推迟作用的影响不同，不仅使 C 曲线的位置发生变化，而且使其形状发生改变，产生两个"鼻子"，整个 C 曲线分裂成上下两条。上面的 C 曲线为转变珠光体的曲线；下面的 C 曲线为转变贝氏体的曲线。两条曲线之间有一个过冷奥氏体的亚稳定区，如图 3-8(b)、(c) 所示。需要指出的是，合金元素只有溶入奥氏体后，才能增强过冷奥氏体的稳定性，而未溶的合金化合物因有利于奥氏体

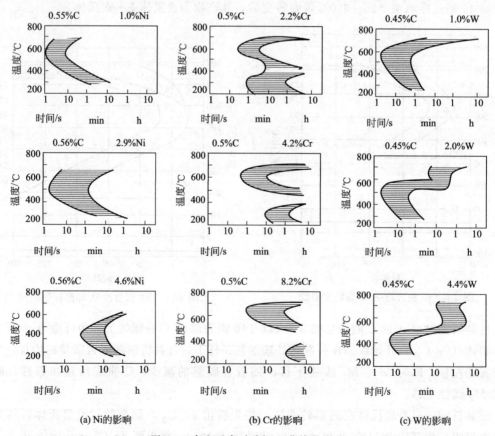

(a) Ni的影响　　　　　(b) Cr的影响　　　　　(c) W的影响

图 3-8　合金元素对碳钢 C 曲线的影响

的分解，则降低过冷奥氏体的稳定性。

③ 加热温度和保温时间　加热温度越高，保温时间越长，碳化物溶解得越完全，奥氏体的成分越均匀，同时晶粒粗大，晶界面积越小。这一切都有利于降低奥氏体分解时的形核率，增长转变的孕育期，从而有利于过冷奥氏体的稳定性，使 C 曲线向右移。

3.2.2　过冷奥氏体等温转变产物的组织和性能

扫码看视频课
16

根据过冷奥氏体在不同温度下转变产物的不同，可分为三种不同类型的转变：A_1 至 C 曲线"鼻尖"区间的高温转变，其转变产物为珠光体，所以又称为珠光体型转变；C 曲线"鼻尖"至 M_s 线区间的中温转变，其转变产物为贝氏体，所以又称为贝氏体型转变；在 M_s 线以下区间的低温转变，其转变产物为马氏体，所以又称为马氏体型转变。

（1）珠光体型转变（pearlite tansformation）——高温转变（A_1～550℃）

共析成分的奥氏体过冷到珠光体转变区内等温停留时，将发生共析转变，形成珠光体。珠光体转变可写成如下的共析反应式：

$$\gamma \longrightarrow \alpha + Fe_3C$$

0.77%C　　0.0218%C　　6.69%C

面心立方　　体心立方　　复杂斜方

可见，珠光体型转变是一个由单相固溶体分解为成分和晶格都截然不同的两相混合组织，因此，转变时必须进行碳的重新分布和铁的晶格重构。这两个过程是依靠碳原子和铁原子的扩散来完成的，所以珠光体型转变是典型的扩散型转变。

① 珠光体的形成　奥氏体向珠光体的转变是一种扩散型转变，它们也是由形核和核心长大，并通过原子扩散和晶格重构的过程来完成。图 3-9 示出片状珠光体的等温形成过程。首先，新相的晶核优先在奥氏体的晶界处形成，然后向晶粒内部长大。同时，又不断有新的晶核形成和长大。每个晶核发展成一个珠光体领域，其片层大致平行。这样不断交替地形核长大直到各个珠光体领域相互接触，奥氏体全部消失，转变即完成。

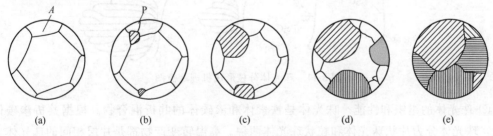

(a)　　　　　(b)　　　　　(c)　　　　　(d)　　　　　(e)

图 3-9　共析钢奥氏体向珠光体等温转变过程示意图

珠光体形核需要一定的能量起伏、结构起伏和浓度起伏。在奥氏体晶界处，同时出现这三种起伏的概率比晶粒内部大得多，所以珠光体晶核总是优先在奥氏体晶界处形成。如果奥氏体中有未溶碳化物颗粒存在，这些碳化物颗粒便可作为现成的晶核而长大起来。

关于珠光体的形成机理有两种不同的说法：一种是"分片形成机理"，另一种是"分枝形成机理"。现简要介绍如下。分片形成机理如图 3-10 所示。假定形成珠光体的领先相是渗碳体，首先在奥氏体晶界上形成一个 Fe_3C 晶核。由于渗碳体的含碳量（$w_C = 6.69\%$）比奥氏体（$w_C = 0.77\%$）高得多，因此它的形成和长大，必然要从周围的奥氏体中吸收碳原子才能长大，这样就造成附近的奥氏体局部贫碳，为形成铁素体（F）创造了条件，于是铁素体晶核在渗碳体两侧通过晶格改组形成，即形成一个珠光体晶核。而在铁素体长大的过程中，不断向周围奥氏体排出碳，形成局部富碳区，又促进了另一片渗碳体的形成，随即向晶粒内部长大。珠光体的纵向长大是依靠 Fe_3C 片和铁素体片的向前增长，横向长大则是依靠两者的交替形核与增厚而进行的。Fe_3C 片的侧向增厚使相邻奥氏体贫碳，促使铁素体形核；铁素体侧向增厚又使相邻奥氏体富碳，促使 Fe_3C 的形核。所以，在长大过程中，铁素体和 Fe_3C 相互促进又相互制约，结果就形成了片层相间的两相混合物。其中，铁素体是连成一体的基体相，Fe_3C 则是分散相，一片一片地平行分布在铁素体中，成为片状珠光体。

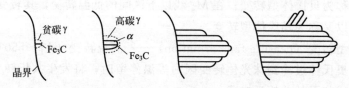

图 3-10　珠光体分片形成机理示意图

分枝形成机理如图 3-11 所示。首先在奥氏体晶界上形成 Fe_3C 晶核，然后向晶粒内部长大。长大时，主要依靠 Fe_3C 片的不断分枝，平行长大。Fe_3C 片分枝长大的同时，使相邻奥氏体贫碳，促使铁素体在其侧面随之长大，结果也形成片层相间的两相混合物。Fe_3C 片的分枝主要发生在根部，在片的中间部分也可能分枝。分枝处不一定是片状连接，而可能是由片的某一点分枝，连接处很小，因此在金相试样表面上容易恰好切剖到 Fe_3C 片的分枝处，因而误认为 Fe_3C 是一片一片孤立形成的。实际上，由一个晶核发展起来的珠光体领域中，Fe_3C 片是连接在一起的一个单晶体，铁素体片也是一个连在一起的单晶体。近年来利用扫描电子显微镜深入研究表明，过去认为是分片孤立形成的片状组织、针状组织或柱状组织，实际上都是以分枝机理形成的。所以，珠光体的分枝形成机理可能是比较符合实际的。

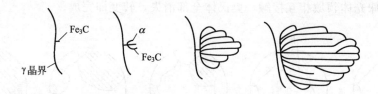

图 3-11　珠光体分枝形成机理示意图

② 珠光体的组织和性能　珠光体是铁素体和渗碳体的共析混合物。根据共析渗碳体的形状，珠光体分为片状珠光体和粒状珠光体两种。高温转变产物都是片层相间的珠光体，但由于转变温度不同，原子扩散能力及驱动力不同，其片层间距差别很大，一般转变温度愈低，层间距愈小，共析渗碳体愈小。根据共析渗碳体的大小，习惯上把珠光体型组织分为珠光体、索氏体（细珠光体）和屈氏体（极细珠光体）三种，如图 3-12 所示。在光学显微镜下，放大 400 倍以上便能看清珠光体，放大 1000 倍以上便能看清索氏体，而要看清屈氏体的片层结构，必须用电子显微镜放大几千倍以上。需指出的是，珠光体（P）、索氏体（S）和屈氏体（T）三者从组织上并没有本质的区别，也没有严格的界限，实质是同一种组织，只是渗碳体片的厚度不同，在形态上片层间距不同而已。片层间距是片状珠光体的一个主要

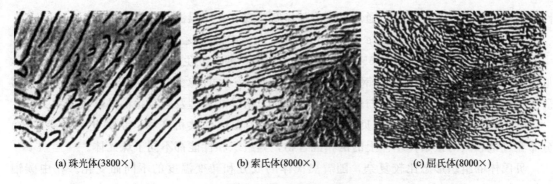

| (a) 珠光体(3800×) | (b) 索氏体(8000×) | (c) 屈氏体(8000×) |

图 3-12　共析钢过冷奥氏体高温转变组织

指标，指珠光体中相邻两片渗碳体的平均距离。片层间距的大小主要取决于过冷度，而与奥氏体的晶粒度和均匀性无关。表 3-2 为它们大致形成的温度和性能。由表 3-2 可见，转变温度较高即过冷度较小时，铁、碳原子易扩散，获得的珠光体片层较粗大。转变温度越低，过冷度越大，获得的珠光体组织就越细，片层间距越小，硬度越高。

表 3-2　珠光体型组织的形成温度和性能

组织类型	形成温度/℃	片层间距/μm	硬度/HRC
珠光体(P)	$A_1 \sim 650$	>0.4	15~27
索氏体(S)	650~600	0.4~0.2	27~38
屈氏体(T)	600~550	<0.2	38~43

　　片状珠光体的性能主要取决于片层间距，如图 3-13 所示。片层间距越小，则珠光体的强度和硬度越高，同时塑性和韧性得以改善。这是因为，珠光体的基体相是铁素体，塑性好，易变形，主要靠渗碳体片分散在其中来强化，渗碳体的强化作用是与它本身的硬度和其相界面结构有关。特别是后者属于位错运动的主要障碍，因而能提高强度和硬度。共析渗碳体片越厚，则片层间距越大，相界面积越小，强化作用也越小。同时，渗碳体越厚，越不容易变形，而容易脆裂，形成大量微裂纹，降低塑性和韧性。所以，珠光体的片层间距越大，则强度越低，塑性越差。反之渗碳体越薄，越容易随同铁素体一起变形而不破脆，同时，相界面积越大，强度越高。这就是冷拔钢丝必须具有索氏体组织才容易变形而不致拔断的原因。

　　对于珠光体的形成规律、组织、性能特点，主要应当掌握"过冷度-片层间距-性能"之间的关系。在实际生产中，就是通过控制奥氏体的过冷度，来控制珠光体组织的片层间距，从而控制其

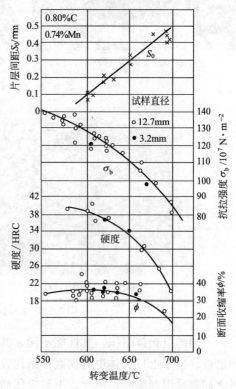

图 3-13　片状珠光体的力学性能与片层间距和转变温度的关系

性能。而过冷度的改变，则是通过改变冷却速度，或改变等温温度来实现的。

（2）贝氏体型转变（bainite tansformation）——中温转变（550℃～M_s）

共析成分的奥氏体过冷到550℃～M_s的中温区保温，发生奥氏体向贝氏体的等温转变，形成贝氏体，用符号B表示。钢在等温淬火过程中发生的转变就是贝氏体型转变。因此，研究贝氏体的形成规律、组织与性能的特点，对于指导热处理及合金化都具有重要意义。

① 贝氏体的组织和性能　贝氏体是奥氏体在中温区的共析产物，是碳化物（渗碳体）分布在过饱和碳的铁素体基体上的两相混合物，其组织和性能都不同于珠光体。

贝氏体的组织形态比较复杂，随着奥氏体的成分和转变温度的不同而变化。在中碳钢（45钢）和高碳钢（T8钢）中具有两种典型的贝氏体形态：一种是在550～350℃范围内（中温区的上部）形成的羽毛状的上贝氏体（$B_上$），如图3-14(a)、(b)所示。在上贝氏体中，过饱和铁素体呈板条状，在铁素体之间，断断续续地分布着细条状渗碳体，如图3-14(c)所示。另一种是在350℃～M_s范围内（中温区的下部）形成的针状的下贝氏体（$B_下$），如图3-15(a)所示。在下贝氏体中，过饱和铁素体呈针片状，比较混乱地呈一定角度分布。在电子显微镜下观察发现，在铁素体内部析出许多极细的$\varepsilon\text{-}Fe_{2.4}C$小片，小片平行分布，与铁素体片的长轴呈50°～60°取向，如图3-15(b)所示。

  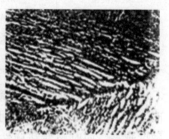

(a) 光学显微照片(400×)　　(b) 光学显微照片(1300×)　　(c) 电子显微照片(5000×)

图3-14　上贝氏体的形态（以45钢为例）

(a) 光学显微照片(400×)　　　　(b) 电子显微照片(12000×)

图3-15　下贝氏体的形态（以T8钢为例）

不同的贝氏体组织，其性能不同，其中以下贝氏体的性能最好，具有高的强度、韧性和耐磨性。由于上贝氏体中的铁素体条比较宽，抗塑性变形能力比较低，渗碳体分布在铁素体条之间容易引起脆断。因此，上贝氏体的强度较低，塑性和韧性都很差，这种组织一般不适用于机械零件。而在中温区下部形成的下贝氏体，硬度、强度和韧性都很高。由于下贝氏体组织中的针状铁素体细小且无方向性，碳的过饱和度大，碳化物分布均匀，弥散度大，所以它的强度和硬度高（50～60HRC），并且具有良好的塑性和韧性。因此，许多机械零件常选用等温淬火热处理，就是为了得到综合力学性能较好的下贝氏体组织。

② 贝氏体的形成过程　在中温转变区，由于转变温度低，过冷度大，只有碳原子有一定的扩散能力（铁原子不扩散），这种转变属于半扩散型转变。在这个温度下，有一部分碳原子在铁素体中已不能析出，形成过饱和的铁素体，碳化物的形成时间增长，渗碳体已不能呈片状析出。因此，转变前的孕育期和进行转变的时间都随温度的降低而延长。

上贝氏体的形成过程如图 3-16 所示。首先在奥氏体晶界碳质量分数较低的地方形成铁素体晶核，然后向晶内沿一定方向成排长大。上贝氏体形成于中温区上部，碳原子有一定的扩散能力，铁素体片长大时，它能从铁素体中扩散出去，使周围的奥氏体富碳。当铁素体片间的奥氏体的碳达到一定浓度时，便从中析出小条状或小片状渗碳体，断续地分布在铁素体片之间，形成羽毛状的上贝氏体。

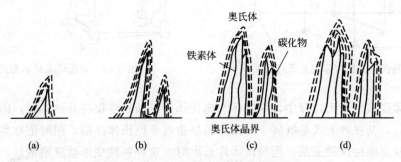

图 3-16　上贝氏体形成过程示意图

下贝氏体的形成过程如图 3-17 所示。铁素体晶核首先在奥氏体晶界、孪晶界或晶内某些畸变较大的地方生成，然后沿奥氏体的一定方向呈针状长大。由于下贝氏体转变温度较低，碳原子扩散能力较小，已不能长距离穿过铁素体扩散，只能在铁素体中沿一定晶面以细碳化物粒子的形式析出。在光学显微镜下，下贝氏体为黑色针状组织，很像回火马氏体。

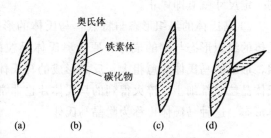

图 3-17　下贝氏体形成过程示意图

（3）马氏体型转变（martensite transformation）——低温转变（M_s～M_f）

过冷奥氏体以某一冷却速度（大于临界冷却速度 v_k）冷却到 M_s 点以下（230℃）时，将转变为马氏体（M）。与珠光体型转变和贝氏体型转变不同，马氏体型转变不能在恒温下完成，而是在 M_s～M_f 之间的一个温度范围内连续冷却完成。由于转变温度很低，铁和碳原子都失去了扩散能力，因此马氏体型转变属于非扩散型转变。

扫码看视频课

17

① 马氏体的形成　马氏体的形成也存在一个形核和长大的过程。马氏体晶核一般在奥氏体晶界、孪晶界、滑移面或晶内晶格畸变较大的地方形成，因为转变温度低，铁、碳原子不能扩散，而转变的驱动力极大，所以马氏体是以一种特殊的方式即共格切变的方式形成并

瞬时长大到最终尺寸。所谓共格切变是指沿着奥氏体的一定晶面，铁原子集体地、不改变相互位置关系地移动一定的距离（不超过一个原子间距），并随即进行轻微的调整，将面心立方晶格改组成体心立方晶格（见图3-18）。碳原子原地不动留在新组成的晶胞中，由于溶解度的不同，钢中的马氏体含碳总是过饱和的，这些碳原子溶于新组成晶格的间隙位置，使轴伸长，增大其正方度c/a，形成体心正方晶格，如图3-19所示。马氏体碳的质量分数越高，其正方度c/a越大。马氏体就是碳在α-Fe中的过饱和固溶体。过饱和碳使α-Fe的晶格发生很大畸变，产生很强的固溶强化。

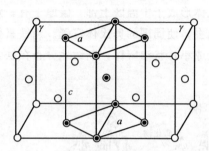

图3-18　马氏体晶胞与母相奥氏体的关系

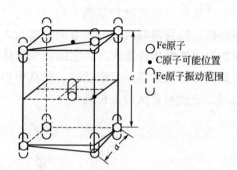

图3-19　马氏体晶格示意图

　　在马氏体形核与长大过程中，马氏体和奥氏体的界面始终保持共格关系，即界面上的原子为两相共有，其排列方式是既属于马氏体晶格也属于奥氏体晶格，同时依靠奥氏体晶格中产生弹性应变来维持这种关系。当马氏体片长大时，这种弹性变形就急剧增加，一旦与其相应的应力超过奥氏体的弹性极限，就会发生塑性变形，从而破坏其共格关系，使马氏体长大到一定尺寸就立即停止。

　　② 马氏体的组织形态与特点　马氏体的形态一般分为板条和片状（或针状）两种。马氏体的组织形态与钢的成分、原始奥氏体晶粒的大小以及形成条件等有关。奥氏体晶粒愈粗，形成的马氏体片愈粗大。反之形成的马氏体片就愈细小。在实际热处理加热时得到的奥氏体晶粒非常细小，淬火得到的马氏体片也非常细，以至于在光学显微镜下看不出马氏体晶体形态，这种马氏体也称为隐晶马氏体。

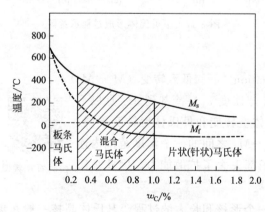

图3-20　马氏体形态与含碳量的关系

马氏体的形态主要取决于奥氏体的碳质量分数。图3-20表明，碳的质量分数在0.6%以下时，基本上是板条马氏体；碳的质量分数低于0.25%时，为典型的板条马氏体；碳的质量分数大于1.0%，几乎全是片状马氏体；碳的质量分数在0.25%～1.0%之间时，是板条状和片状两种马氏体的混合组织。

板条马氏体又称为低碳马氏体（low carbon martensite），在光学显微镜下它是一束束许多尺寸大致相同并几乎平行排列的细板条组织，马氏体板条束之间的角度较大，如图 3-21(a) 所示。在一个奥氏体晶粒内，可以形成不同位向的许多马氏体区（共格切变区），如图 3-21(b) 所示。高倍透射电镜观察表明，在板条马氏体内有大量高密度位错（$\rho = 10^{12}/cm^2$）缠结的亚结构，所以板条马氏体也称为位错马氏体图 3-21(c)。

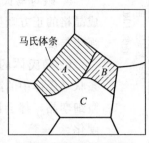

(a) 显微组织(500×)　　　(b) 板条马氏体组织示意图　　　(c) 电子显微组织

图 3-21　低碳马氏体的组织形态

　　片状马氏体又称为高碳马氏体（high carbon martensite），在光学显微镜下呈针状、竹叶状或双凸透镜状，在空间形同铁饼。马氏体片多在奥氏体晶体内形成，一般不穿越奥氏体晶界，并限制在奥氏体晶粒内。最先形成的马氏体片较粗大，往往横贯整个奥氏体晶粒，并将其分割。随后形成的马氏体片受到限制只能在被分割了的奥氏体中形成，因而马氏体片愈来愈细小。相邻的马氏体片之间一般互不平行，而是互成一定角度排列（60°或 120°），如图 3-22(a) 所示。最先形成的马氏体容易被腐蚀，颜色较深。所以，完全转变后的马氏体为大小不同、分布不规则、颜色深浅不一的针状组织，如图 3-22(b) 所示。高倍透射电镜观察表明，马氏体片内有大量细孪晶带的亚结构，所以片状马氏体也称为孪晶马氏体［见图 3-22(c)］。

(a) 显微组织(400×)　　　(b) 针状马氏体组织示意图　　　(c) 电子显微组织(10000×)

图 3-22　高碳马氏体的组织形态

　　③ 马氏体的性能　马氏体的强度和硬度主要取决于马氏体的碳质量分数，如图 3-23 所示。由图可见，在碳质量分数小于 0.5% 的范围内，马氏体的硬度随着碳质量分数升高而急剧增大。碳质量分数为 0.2% 的低碳马氏体便可达到 50HRC 的硬度；碳质量分数提高到 0.4%，硬度就能达到 60HRC 左右。研究指出，对于要求高硬度、耐磨损和耐疲劳的工件，淬火马氏体的碳质量分数为 0.5%～0.6% 最为适宜；对于要求强韧性高的工件，马氏体碳质量分数在 0.2% 左右为宜。

　　马氏体中的合金元素对于硬度影响不大，但可提高强度。所以，碳质量分数相同的碳素

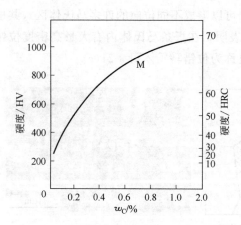

图 3-23　马氏体的硬度与其碳质量分数的关系

钢与合金钢淬火后，其硬度相差很小，但合金钢的强度显著高于碳素钢。导致马氏体强化的原因主要有以下几方面。

a. 碳对马氏体的固溶强化作用。由于碳造成晶格的正方畸变，阻碍位错的运动，因而造成强化与硬化。

b. 马氏体的亚结构对强化和硬化的作用。条状马氏体中的高密度位错网，片状马氏体中的微细孪晶，都会阻碍位错的运动，造成强化和硬化。

c. 马氏体形成后，碳及合金元素向位错和其他晶体缺陷处偏聚或析出，使位错难以运动，造成时效硬化。

d. 马氏体条或马氏体片的尺寸较小，则马氏体的强度越高，这实质上是由于相界面阻碍位错运动造成的，属于界面结构强化。

由于马氏体是含碳过饱和的固溶体，其晶格畸变、严重歪扭，内部又存在大量的位错或孪晶亚结构，各种强化因素综合作用后，其硬度和强度大幅度提高，而塑性、韧度急剧下降，碳的质量分数愈高，强化作用愈显著。

马氏体的塑性和韧性主要取决于它的亚结构。片状马氏体中的微细孪晶不利于滑移，使脆性增大。条状马氏体中的高密度位错是不均匀分布的，存在低密度区，为位错运动提供了条件，所以仍有相当好的韧性。

此外，高碳片状马氏体的碳质量分数高，晶格的正方畸变严重，淬火应力较大，这也使塑性降低而脆性增大；同时，片状马氏体中存在许多显微裂纹，其内部的微细孪晶破坏了滑移系，这些也都使脆性增大，所以，片状马氏体的塑性和韧性都很差，但隐晶马氏体的韧性比前者为好，故片状马氏体的性能特点是硬而脆。

低碳条状马氏体则不然。由于碳质量分数低，再加上自回火，所以晶格正方度很小（碳的过饱和度小）或没有，淬火应力很小，不存在显微裂纹，而且其亚结构为分布不均匀的位错，低密度的位错区为位错提供了活动余地，这些都使得条状马氏体的韧性相当好。同时，其强度和硬度也足够高。所以板条马氏体具有高的强韧性，得到了广泛的应用。

例如，含碳 0.10%～0.25% 的碳素钢及合金钢淬火形成条状马氏体的性能大致如下：

$$\sigma_b = (100 \sim 150) \times 10^7 \, \text{N/m}^2, \ \sigma_{0.2} = (80 \sim 130) \times 10^7 \, \text{N/m}^2, \ \text{HRC35} \sim 50,$$
$$\delta = 9\% \sim 17\%, \ \psi = 40\% \sim 65\%, \ \alpha_k = (60 \sim 180) \text{J/cm}^2$$

共析碳钢淬火形成的片状马氏体的性能为：

$$\sigma_b = 230 \times 10^7 \, \text{N/m}^2, \ \sigma_{0.2} = 200 \times 10^7 \, \text{N/m}^2, \ \text{HV900},$$
$$\delta \approx 1\%, \ \psi = 30\%, \ \alpha_k \approx 10 \text{J/cm}^2$$

可见，高碳马氏体很硬很脆，而低碳马氏体又强又韧，两者性能大不相同。

④ 马氏体型转变的特点

a. 奥氏体向马氏体的转变是非扩散型相变，马氏体是碳在 α-Fe 中的过饱和固溶体。过饱和的碳在铁中造成很大的晶格畸变，产生很强的固溶强化效应，使马氏体具有很高的硬度。马氏体中含碳越多，其硬度越高。

b. 马氏体以极快的速度（小于 10^{-7}m/s）形成。过冷奥氏体在 M_s 点以下瞬间形核并长大成马氏体，转变是在 $M_s \sim M_f$ 范围内连续降温的过程中进行的，即随着温度的降低不断有新的马氏体形核并瞬间长大。停止降温，马氏体的增长也停止。由于马氏体的形成速度很快，后形成的马氏体会冲击先形成的马氏体，造成微裂纹，使马氏体变脆，这种现象在高碳钢中尤为严重。

c. 马氏体型转变是不完全的，总要残留少量奥氏体。残留奥氏体的质量分数与马氏体点（M_s 和 M_f）的位置有关。由图 3-23 可知，随奥氏体中碳质量分数的增加，M_s 和 M_f 点降低，碳的质量分数高于 0.5% 以上时，M_f 点已降至室温以下，这时奥氏体即使冷至室温也不能完全转变为马氏体，被保留下来的奥氏体称为残留奥氏体（A'）。有时为了减少淬火至室温后钢中保留的残留奥氏体量，可将其连续冷到零度以下（通常冷到 $-78℃$ 或该钢的 M_f 点以下）进行处理，这种工艺称为冷处理。

另外，已生成的马氏体对未转变的奥氏体产生大的压应力，也使得马氏体型转变不能进行到底，而总要保留一部分不能转变的（残留）奥氏体。

d. 马氏体形成时体积膨胀。奥氏体转变为马氏体时，晶格由面心立方转变为体心正方晶格，结果使马氏体的体积增大，这在钢中造成很大的内应力。同时，形成的马氏体对残留奥氏体会施加大的压应力，在钢中引起较大的淬火应力，严重时导致淬火工件的变形和开裂。

3.2.3 过冷奥氏体的连续冷却转变

扫码看视频课

18

在实际生产中大多数热处理工艺都是在连续冷却过程中完成的，所以研究钢的过冷奥氏体的连续冷却转变过程更有实际意义。

（1）共析钢过冷奥氏体的连续冷却转变

① 共析钢过冷奥氏体的连续冷却转变曲线（CCT 曲线）　连续冷却转变曲线是用实验方法测定的。将一组试样加热到奥氏体状态后，以不同冷却速度连续冷却，测出其奥氏体转变开始点和终了点的温度和时间，并在温度-时间（对数）坐标系中，分别连接不同冷却速度的开始点和终了点，即可得到连续冷却转变曲线，也称 CCT 曲线。图 3-24 为共析钢过冷奥氏体连续冷却转变曲线，图中 P_s 和 P_f 分别为过冷奥氏体转变为珠光体型组织的开始线和终了线，两线之间为转变的过渡区，KK' 线为过冷 A 转变的终止线，当冷却到达此线时，过冷奥氏体便终止向珠光体的转变，一直冷到 M_s 点又开始发生马氏体型转变，不发生贝氏体型转变，因而共析钢在连续冷却过程中没有贝氏体组织出现。

由 CCT 曲线图可知，共析钢以大于 v_k 的速度冷却时，由于遇不到珠光体转变线，得到的组织全部为马氏体，这个冷却速度称为上临界冷却速度。v_k 愈小，钢越容易得到马氏体。冷却速度小于 v_k' 时，钢将全部转变为珠光体，v_k' 称为下临界冷却速度。v_k' 愈小，退火所需的时间愈长。冷却速度在 $v_k \sim v_k'$ 之间（如油冷），在到达 KK' 线之前，奥氏体部分转变为珠光体，从 KK' 线到 M_s 点，剩余奥氏体停止转变，直到 M_s 点以下，才开始马氏体转变。到 M_f 点后马氏体型转变完成，得到的组织为 M+T，若冷却 M_s 到 M_f 之间，则得到的组织为 M+T+A'。

② 转变过程及产物　现用共析钢的等温转变曲线来分析过冷 A 转变过程和产物。如

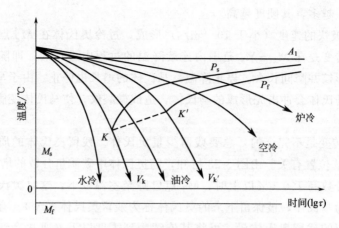

图 3-24 共析钢过冷奥氏体连续冷却转变曲线

图 3-25 中，以缓慢速度 v_1 冷却时，相当于炉冷（退火），过冷 A 转变产物为珠光体，其转变温度较高，珠光体呈粗片状，硬度为 170～220HB。以稍快速度 v_2 冷却时，相当于空冷（正火），过冷 A 转变产物为索氏体，为细片状组织，硬度为 25～35HRC。以较快速度 v_4 冷却时，相当于油冷，过冷 A 转变产物为屈氏体、马氏体和残余奥氏体，硬度为 45～55HRC。以很快的速度 v_5 冷却时，相当于水冷，过冷 A 转变产物为马氏体和残留奥氏体。

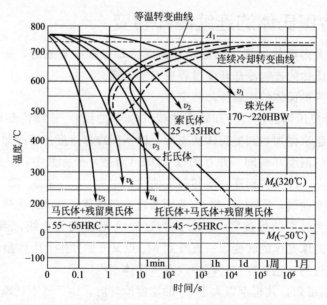

图 3-25 共析钢的 C 曲线和 CCT 曲线的比较及转变组织

③ CCT 曲线和 C 曲线的比较和应用　将相同条件奥氏体化冷却测得的共析钢 CCT 曲线和 C 曲线叠加在一起，就得到图 3-25，其中虚线为连续冷却转变曲线。从图中可以看出，CCT 曲线稍微靠右靠下一点，表明连续冷却时，过冷奥氏体的稳定性增加，奥氏体完成珠光体转变的温度更低，时间更长。根据实验，等温转变的临界冷却速度大约是连续冷却的 1.5 倍。另外共析钢过冷 A 在连续冷却过程中，没有贝氏体转变过程，即得不到贝氏体组

织，只有等温冷却才能得到。

连续冷却转变曲线能准确地反映在不同冷却速度下，转变温度、时间及转变产物之间的关系，可直接用于制定热处理工艺规范，一般手册中给出的 CCT 曲线中除有曲线的形状及位置外，还给出某钢的几种不同冷却速度时，所经历的各种转变以及应得到的组织和性能（硬度），还可以清楚地知道该钢的临界冷却速度等。这是制定淬火方法和选择淬火介质的重要依据。和 CCT 曲线相比，C 曲线更容易测定，并可以用其制定等温退火、等温淬火等热处理工艺规范。目前 C 曲线的资料比较充分，而有关 CCT 曲线则仍然缺乏，因此一般利用 C 曲线来分析连续转变的过程和产物，并估算连续冷却转变产物的组织和性能。在分析时要注意 C 曲线和 CCT 曲线的上述一些差异。

（2）非共析钢过冷奥氏体的连续冷却转变

图 3-26 表示了亚共析钢过冷 A 的连续冷却转变过程和产物。与共析钢不同，亚共析钢过冷 A 在高温时有一部分将转变为铁素体，亚共析钢过冷 A 在中温转变区会有很少量贝氏体（$B_{\perp}$）产生。如油冷的产物为 $F+T+B_{\perp}+M$，但 F 和 $B_{\perp}$ 转变量少，有时也可忽略。

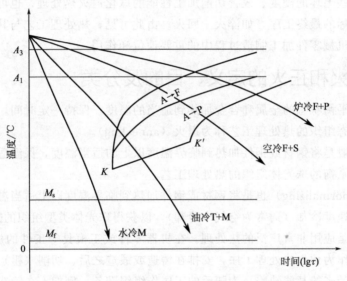

图 3-26　亚共析钢过冷奥氏体的连续冷却转变过程和产物

过共析钢过冷 A 的连续冷却转变过程和产物与亚共析钢一样。在高温区，过冷 A 将首先析出二次渗碳体，而后转变为其他组织组成物。由于奥氏体中碳含量高，所以油冷、水冷后的组织中应包括残余奥氏体。与共析钢一样，其冷却过程中无贝氏体型转变。

3.3　钢的退火与正火

热处理是将金属或合金在固态下经过加热、保温和冷却三个步骤，以改变其整体或表面的组织，从而获得所需性能的一种工艺。因而，热处理工艺过程可以用温度-时间关系曲线概括地表达，如图 3-1 所示。这种曲线称之为热处理工艺曲线。

扫码看视频课
19

通过热处理可以充分发挥材料性能的潜力，调整材料的工艺性能和使用性能，满足机械零件在加工和使用过程中对性能的要求，所以凡是重要的机械零部件都需要进行热处理。根据所要求的性能不同，热处理的类型有多种，但其工艺都包括加热、保温和冷却三个阶段。根据加热、冷却方式、钢组织性能变化特点及应用特点不同，常用的热处理工艺可大致分以下几类。

① 普通热处理　包括退火、正火、淬火和回火等。

② 表面热处理和化学热处理　表面热处理包括感应加热淬火、火焰加热淬火和电接触加热淬火等；化学热处理包括渗碳、渗氮、碳氮共渗、渗硼、渗硫、渗铝、渗铬等。

③ 其他热处理　包括可控气氛热处理、真空热处理、形变热处理和激光热处理等。

钢的热处理工艺还可以大致分为预先热处理和最终热处理两类，钢的淬火、回火和表面热处理，能使钢满足使用条件下的性能要求，一般称为最终热处理；而钢的退火与正火，往往是热处理的最初工序，一般称为预先热处理，但对于一些性能要求不高的零件，也常以退火，特别是正火作为最终热处理。

热处理工艺可以是零件加工过程中的一个中间工序，如改善铸、锻、焊毛坯组织的退火或正火，降低这些毛坯的硬度、改善切削加工性能的球化退火热处理，也可以是使工件性能达到规定技术指标的最终工序，如淬火＋回火。由此可见，热处理工艺与其他工艺过程的密切关系，以及在机械零件加工制造过程中的重要地位和作用。

3.3.1　退火和正火的定义、目的及分类

将组织偏离平衡状态的金属和合金加热到适当的温度，保持一定时间，然后缓慢冷却以达到接近平衡状态组织的热处理工艺称为退火（annealing）。

钢的退火一般是将钢材或钢件加热到临界温度以上的适当温度，保温适当时间后缓慢冷却，以获得接近平衡的珠光体组织的热处理工艺。

钢的正火（normalizing）也是将钢材或钢件加热到临界温度以上适当温度，保温适当时间后以较快冷却速度冷却（通常为空气中冷却），以获得珠光体类型组织的热处理工艺。

退火和正火是应用非常广泛的热处理。在机器零件或工模具等工件的加工制造过程中，退火和正火经常作为预先热处理工序，安排在铸造或锻造之后、切削（粗）加工之前，用以消除前一工序所带来的某些缺陷，为随后的工序作组织准备。例如，在铸造或锻造等热加工以后，钢件中不但存在残余应力，而且晶粒粗大、组织不均匀，成分也有偏析，这样的钢件，力学性能低劣，淬火时也容易造成变形和开裂。经过适当的退火或正火处理可使钢件的组织细化、成分均匀、应力消除，从而改善钢件的力学性，能并为随后最终热处理（淬火回火）做好组织上的准备。又如，在铸造或锻造等热加工以后，钢件硬度经常偏高或偏低，而且不均匀，严重影响切削加工。经过适当退火或正火处理，可使钢件的硬度达到 $180 \sim 250 \mathrm{HBS}$，而且比较均匀，从而改善钢件的切削加工性能。

退火和正火除了经常作为预先热处理工序外，在一些普通铸钢件、焊接件以及某些不重要的热加工工件上，还作为最终热处理工序。

综上所述，退火和正火的主要目的大致可归纳为如下几点：调整钢件硬度以便进行切削加工；消除残余应力，以防钢件的变形、开裂；细化晶粒，改善组织以提高钢的力学性能；为最终热处理（淬火、回火）做好组织上的准备。

钢件退火工艺种类很多，按加热温度可分为两大类：一类是在临界温度（A_{c_1} 或 A_{c_3}）

以上的退火，又称相变重结晶退火，包括完全退火、不完全退火、均匀化退火和球化退火等；另一类是在临界温度以下的退火，包括软化退火、再结晶退火及去应力退火等。碳钢各种退火和正火的加热温度范围和工艺曲线如图 3-27 所示，保温时间可参考经验数据。

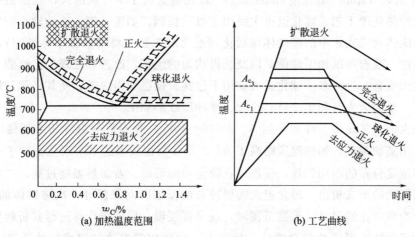

(a) 加热温度范围   (b) 工艺曲线

图 3-27   碳钢各种退火和正火的加热温度范围和工艺曲线

3.3.2   退火和正火操作及其应用

(1) 退火的操作及应用

① 完全退火(full annealing)与等温退火(isothermal annealing)   完全退火又称重结晶退火，一般简称为退火。这种退火主要用于亚共析的碳钢和合金钢的铸、锻件及热轧型材，有时也用于焊接结构。一般常作为一些不重要工件的最终热处理或作为某些重要件的预先热处理。

完全退火操作是将亚共析钢工件加热到 A_{c_3} 以上 30～50℃，保温一定时间后缓慢冷却（随炉冷却或埋入石灰和砂中冷却）至 500℃以下，然后在空气中冷却。

完全退火的"完全"是指工件被加热到临界点以上获得完全的奥氏体组织。它的目的在于，通过完全重结晶，使热加工造成的粗大、不均匀组织均匀化和细化；或使中碳以上的碳钢及合金钢得到接近平衡状态的组织，以降低硬度、改善切削加工性能；由于冷却缓慢，还可消除残余应力。

完全退火主要用于亚共析钢，过共析钢不宜采用，因为加热到 $A_{c_{cm}}$ 以上慢冷时，二次渗碳体会以网状形式沿奥氏体晶界析出，使钢的韧性大大下降，并可能在以后的热处理中引起裂纹。

完全退火全过程所需时间比较长，特别是对于某些奥氏体比较稳定的合金钢，往往需要数十小时，甚至数天的时间。如果在对应于钢的 TTT 曲线上的珠光体形成温度进行过冷奥氏体的等温转变处理，就有可能在等温处理之后稍快地进行冷却，以便大大缩短整个退火的过程。这种退火方法叫作"等温退火"。

等温退火是将钢件或毛坯加热到高于 A_{c_3}（或 A_{c_1}）温度，保温适当时间后，较快地冷却到珠光体转变温度区间的某一温度，并等温保持使奥氏体转变为珠光体型组织，然后在空气中冷却的退火工艺。

等温退火的目的及加热过程与完全退火相同，但转变较易控制，能获得均匀的预期组织。对于奥氏体较稳定的合金钢，可大大缩短退火时间，一般只需完全退火的一半时间左右。

② 球化退火（spheroidizing annealing）　球化退火属于不完全退火，是使钢中碳化物球状化而进行的热处理工艺。球化退火主要用于过共析钢，如工具钢、滚动轴承钢等，其目的是使二次渗碳体及珠光体中的渗碳体球状化（退火前先正火将网状渗碳体破碎），以降低硬度、提高塑性、改善切削加工性能，以及获得均匀的组织，改善热处理工艺性能，并为以后的淬火作组织准备。近年来，球化退火应用于过共析钢已获得成效，使其得到最佳的塑性和较低的硬度，从而大大有利于冷挤、冷拉、冷冲压成形加工。

球化退火的工艺是将工件加热到 $A_{c_1} \pm (30 \sim 50℃)$ 保温后等温冷却或缓慢冷却。球化退火一般采用随炉加热，加热温度略高于 A_{c_1}，以便保留较多的未溶碳化物粒子或较大的奥氏体中的碳浓度分布的不均匀性，促进球状碳化物的形成。若加热温度过高，二次渗碳体易在慢冷时以网状的形式析出。球化退火需要较长的保温时间来保证二次渗碳体的自发球化。保温后随炉冷却，在通过 A_{r_1} 温度范围时，应足够缓慢，以使奥氏体进行共析转变时，以未溶渗碳体粒子为核心形成粒状渗碳体。生产上一般采用等温冷却以缩短球化退火时间。如图 3-28 为 T12 钢两种球化退火工艺的比较及球化退火后的组织。图 3-28(b) 为 T12 钢球化退火后的显微组织：在铁素体基体上分布着细小均匀的球状渗碳体。

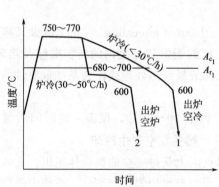

(a) 两种球化退火工艺的比较　　　　　(b) 球化退火后的显微组织(×500)

图 3-28　T12 钢两种球化退火工艺的比较及球化退火后的显微组织

1—普通球化退火工艺；2—等温球化退火工艺

③ 均匀化退火（uniform annealing）　均匀化退火又称扩散退火。将金属铸锭、铸件或锻坯，在略低于固相线的温度，消除或减少化学成分偏析及显微组织（枝晶）的不均匀性，以达到均匀化目的的热处理工艺称为均匀化退火。

均匀化退火是将钢加热到略低于固相线的温度（1050～1150℃），长时间保温（10～20h），然后缓慢冷却，以消除或减少化学成分偏析及显微组织（枝晶）的不均匀性，从而达到均匀化的目的。主要用于铸件凝固时要发生偏析，造成成分和组织的不均匀性。如果是钢锭，这种不均匀性则在轧制成钢材时，将沿着轧制方向拉长而呈方向性，最常见的如带状组织。低碳钢中所出现的带状组织，其特点为有的区域铁素体多，有的区域珠光体多，这两个区域并排地沿着轧制方向排列。产生带状组织的原因是锻锭中锰等合金元素（影响过冷奥氏体的稳定性）产生了偏析，由于这种成分和结构的不均匀性，需要长程均匀化才能消除，因而过程进行得很慢，消耗大量的能量，且生产效率低，只有在必要时才使用。所以，均匀化退火多用于高合金钢的钢锭、铸件和锻坯及偏析现象较为严重的合金。均匀化退火在铸锭开坯或铸造之后进行比较有效。因为此时铸态组织已被破坏，元素均匀化的障碍大为减少。

钢件均匀化退火的加热温度通常选择在 A_{c_3} 或 $A_{c_{cm}}$ 以上 150～300℃。根据钢种和偏析程度而异，碳钢一般为 1100～1200℃，合金钢一般为 1200～1300℃。均匀化退火时间一般为 10～15h。加热温度提高时，扩散时间可以缩短。

均匀化退火因为加热温度高，造成晶粒粗大，所以随后往往要经一次完全退火或正火处理来细化晶粒。

④ 去应力退火（relief annealing） 去应力退火是将工件随炉加热到 A_{c_1} 以下某一温度（一般是 500～650℃），保温后缓冷（随炉冷却）至 200～300℃以下出炉空冷。由于加热温度低于 A_{c_1}，钢在去应力退火过程中不发生组织变化。其主要目的是消除工件在铸、锻、焊和切削加工、冷变形等冷热加工过程中产生的残留内应力，稳定尺寸，减少变形。这种处理可以消除约 50%～80% 的内应力而不引起组织变化。

（2）正火的操作及应用

正火是将钢加热到 A_{c_3}（亚共析钢）或 $A_{c_{cm}}$（过共析钢）以上 30～50℃，保温后在自由流动的空气中均匀冷却的热处理工艺。与退火相比，正火冷却速度较快，目的是使钢的组织正常化，所以亦称常化处理；正火转变温度较低，因而发生伪共析组织转变，使组织中珠光体量增多，获得的珠光体型组织较细，钢的强度、硬度也较高。正火后的组织，通常为索氏体，对于含碳量低的亚共析碳钢还有部分铁素体，即为 F+S；而含碳量高的过共析碳钢则会析出一定量的碳化物，即为 $S+Fe_3C_{II}$。

正火的主要应用如下。

① 作为最终热处理 正火可细化晶粒，使组织均匀化，减少亚共析钢中铁素体含量，使珠光体含量增多并细化，从而提高钢的强度、硬度和韧性。对于普通结构钢零件，力学性能要求不很高时，正火可作为最终热处理使之达到一定的力学性能，在某些场合可以代替调质处理。

② 作为预先热处理 截面较大的合金结构钢件，在淬火或调质处理（淬火加高温回火）前常进行正火，以消除铸、锻、焊等热加工过程的魏氏组织、带状组织、晶粒粗大等过热组织缺陷，并获得细小而均匀的组织，消除内应力。对于过共析钢可减少二次渗碳体量，并使其不形成连续网状，为球化退火做组织准备。

③ 改善切削加工性能 低、中碳钢或低、中碳合金钢退火后硬度太低，不便于切削加工。正火可提高其硬度，改善切削加工性，并为淬火作组织准备。

（3）退火与正火的选择

综上所述，退火和正火目的相似，它们之间的选择，可以从下面几方面加以考虑。

① 切削加工性 一般来说，钢的硬度为 170～230HB，组织中无大块铁素体时，切削加工性较好；因此，对低、中碳钢宜用正火；高碳结构钢和工具钢，以及含合金元素较多的中碳合金钢，则以退火为好。

② 使用性能 对于性能要求不高，随后便不再淬火、回火的普通结构件，往往可用正

火来提高力学性能；但若形状比较复杂的零件或大型铸件，采用正火有变形和开裂的危险时，则用退火。如从减少淬火变形和开裂倾向考虑，正火不如退火。

③ 经济性　正火比退火的生产周期短，设备利用率高，节能省时，操作简便，故在可能的情况下，优先采用正火。

由于正火与退火在某种程度上有相似之处，实际生产中有时可以相互代替；而且正火与退火相比，力学性能高、操作方便、生产周期短、耗能少，所以在可能条件下，应优先考虑正火处理。

3.4　钢的淬火

淬火（quenching）是将钢件加热到 A_{c_3} 或 A_{c_1} 以上某一温度，保温一定

扫码看视频课
20

时间，然后快速冷却以获得马氏体组织的热处理工艺。

淬火的目的是提高钢的力学性能。如用于制作切削刀具的 T10 钢，退火态的硬度小于20HRC，适合于切削加工，如果将 T10 钢淬火获得马氏体后配以低温回火，硬度可提高到60～64HRC，同时具有很高的耐用性，可以切削金属材料（包括退火态的 T10 钢）；再如45 钢经淬火获得马氏体后高温回火，其力学性能与正火态相比：σ_s 由 320MPa 提高到450MPa，δ 由 18％ 提高到23％，α_k 由 70J/cm^2 提高到100J/cm^2，具有良好的强度与塑性和韧性的配合。可见淬火是一种强化钢件、更好地发挥钢材性能潜力的重要手段。

3.4.1　钢的淬火工艺

（1）淬火温度

淬火加热的目的是获得细小而均匀的奥氏体，从而使淬火后得到细小而均匀的马氏体或贝氏体。碳钢的淬火加热温度可根据 Fe-Fe$_3$C 相图来选择，如图 3-29 所示。

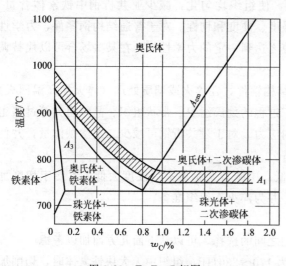

图 3-29　Fe-Fe$_3$C 相图

亚共析钢的淬火加热温度为 A_{c_3} 以上30～50℃，这时加热后的组织为细的奥氏体，淬火后可以得到细小而均匀的马氏体。淬火加热温度不能过高，否则，奥氏体晶粒粗化，淬火后会出现粗大的马氏体组织，使钢的脆性增大，而且使淬火应力增大，容易产生变形和开裂；淬火加热温度也不能过低（如低于 A_{c_3}），否则必然会残存一部分自由铁素体，淬火时这部分铁素体不发生转变，保留在淬火组织中，使钢的强度和硬度降低。但对于某些亚共析合金钢，在略低于 A_{c_3} 的温度进行亚温淬火，可利用少量细小残存分散的铁素体来提高钢的韧性。

共析钢、过共析钢的淬火加热温度为 A_{c_1} 以上 30～50℃，如 T10 的淬火加热温度为

760～780℃，这时的组织为奥氏体（共析钢）或奥氏体＋渗碳体（过共析钢），淬火后得到均匀细小的马氏体＋残余奥氏体或马氏体＋颗粒状渗碳体＋残余奥氏体的混合组织。对于过共析钢，在此温度范围内淬火的优点有：组织中保留了一定数量的未溶二次渗碳体，有利于钢的硬度和耐磨性；并由于降低了奥氏体中的碳含量，可改变马氏体的形态，从而降低马氏体的脆性。此外，使奥氏体的含碳量不致过多而保证淬火后残余奥氏体不致过多，有利于提高硬度和耐磨性，奥氏体晶粒细小，淬火后可以获得较高的力学性能；同时加热时的氧化脱碳及冷却时的变形、开裂倾向小。若淬火温度太高，会形成粗大的马氏体，使力学性能恶化；同时也增大淬火应力，使变形和开裂倾向增大。

对于合金钢，大多数合金元素（Mn、P 除外）有阻碍奥氏体晶粒长大的作用，因而淬火温度允许比碳素钢高，一般为临界温度以上 50～100℃，提高淬火温度有利于合金元素在奥氏体中充分熔解和均匀化，已取得较好的淬火效果。

（2）淬火加热时间

淬火加热时间包括升温和保温两个阶段的时间。通常以装炉后炉温达到淬火温度所需时间为升温阶段，并以此作为保温时间的开始，保温阶段是指钢件烧透并完成奥氏体化所需的时间。影响加热时间的因素很多，如加热介质、钢的成分、炉温、工件的形状及尺寸、装炉方式及装炉量等。通常根据经验公式估算或通过实验确定。生产中往往要通过实验确定合理的加热及保温时间，以保证工件质量。

（3）淬火介质

工件进行淬火冷却时所使用的介质称为淬火介质。

① 理想淬火介质的冷却特性　淬火要得到马氏体，淬火冷却速度必须大于 v_k，而冷却速度过快，总是会不可避免地造成很大的内应力，往往引起零件的变形和开裂。淬火时怎样才能既得到马氏体而又能减小变形并避免开裂呢？这是淬火工艺中要解决的一个主要问题。对此，可从两个方面入手：一是找到一种理想的淬火介质，二是改进淬火冷却方法。

由 C 曲线可知，要淬火得到马氏体，并不需要在整个冷却过程都进行快速冷却，理想淬火介质的冷却特性应如图 3-30 所示，在 650℃以上时，因为过冷奥氏体比较稳定，速度应慢些，以降低零件内部温度差而引起的热应力，防止变形；在 550～650℃（C 曲线"鼻尖"附近），过冷奥氏体最不稳定，应快速冷却，淬火冷却速度应大于 v_k，使过冷奥氏体不致发生分解形成珠光体；在 200～300℃之间，过冷奥氏体已进入马氏体转变区，应缓慢冷却，因为此时相变应力占主导地位，可防止内应力过大而使零件产生变形，甚至开裂。但目前为止，符合这一特性要求的理想淬火介质还没有找到。

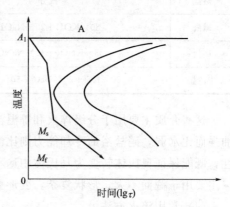

图 3-30　理想淬火介质的冷却特性

② 常用淬火介质　目前常用淬火介质有水、盐或碱的水溶液和各种矿物油、植物油等。

a. 水　水是应用最为广泛的淬火介质，这是因为水价廉易得，而且具有较强的冷却能力。但它的冷却特性并不理想，水在 500～600℃范围内冷却速度较大；在 200～300℃范围内也较大，而在 200～300℃需要慢冷，它的冷却速度比要求的大，所以容易使零件产生变形甚至开裂，这是它的最大缺点。提高水温能降低 $500 \sim 650 ℃$ 范围的冷却能力，但对 $200 \sim 300 ℃$ 的冷却能力几乎没有影响，而且不利于淬硬，也不能避免变形，所以淬火用水的温度常控制在 $30 ℃$ 以下。水在生产上主要用作尺寸较小、形状简单的碳钢零件的淬火介质。

b. 盐水　为提高水的冷却能力，在水中加入 $5 \% \sim 15 \%$ 的食盐成为盐水溶液，其冷却能力比清水更强，在 $500 \sim 650 ℃$ 范围内，冷却能力比清水提高近 1 倍，这对于保证碳钢件的淬硬来说是非常有利的。当用盐水淬火时，由于食盐晶体在工件表面的析出和爆裂，不仅能有效地破坏包围在工件表面的蒸汽膜，使冷却速度加快，而且还能破坏在淬火加热时所形成的氧化皮，使它剥落下来，所以用盐水淬火的工件，容易得到高的硬度和光洁的表面，不易产生淬不硬的弱点，这是清水无法相比的。但盐水在 $200 \sim 300 ℃$ 范围，冷速仍像清水一样快，使工件易产生变形，甚至开裂。生产上为防止这种变形和开裂，采用先盐水快冷，在 M_s 点附近再转入冷却速度较慢的介质中缓冷。所以盐水主要使用于形状简单、硬度要求较高而均匀、表面要求光洁、变形要求不严格的碳钢零件的淬火，如螺钉、销、垫圈等。

c. 油　也是广泛使用的一种冷却介质，淬火用油几乎全部为各种矿物油（如锭子油、机油、柴油、变压器油等）。它的优点是在 $200 \sim 300 ℃$ 范围内冷却能力低，有利于减少零件变形与开裂；缺点是在 $500 \sim 650 ℃$ 范围冷却能力也低，对防止过冷奥氏体的分解是不利的，因此不利于钢的淬硬。所以只能用于一些过冷奥氏体较稳定的合金钢或尺寸较小的碳钢件的淬火。

d. 其他　为了减少零件淬火时的变形，可用盐浴作淬火介质。常用碱浴和硝盐浴的成分、熔点及使用温度见表 3-3。

表 3-3　热处理常用碱浴和硝盐浴的成分、熔点及使用温度

熔盐	成分	熔点/℃	使用温度/℃
碱浴	$80 \% KOH + 20 \% NaOH$	130	$140 \sim 250$
硝盐	$55 \% KNO_3 + 45 \% NaNO_2$	137	$150 \sim 500$
中性盐	$30 \% KCl + 20 \% NaCl + 50 \% BaCl_2$	560	$580 \sim 800$

这些介质主要用于分级淬火和等温淬火。其特点是沸点高，在高温区碱浴的冷却能力比油强而比水弱，硝盐浴的冷却能力则比油弱；在低温区则都比油弱。碱浴和硝盐浴的冷却特性，既能保证奥氏体转变为马氏体中途不发生分解，又能大大降低工件变形、开裂倾向，所以主要用于截面不大，形状复杂，变形要求严格的碳钢、合金钢工件等。

(4) 常用淬火方法

由于淬火介质不能完全满足淬火质量要求，所以在热处理工艺上还应在淬火方法上加以解决。生产中应根据钢的化学成分、工件的形状和尺寸，以及技术要求等来选择淬火方法。选择合适的淬火方法可以获得所要求的淬火组织和性能前提条件下，尽量减少淬火应力，从而减少工件变形和开裂的倾向。

目前常用的淬火方法有单介质淬火、双介质淬火、马氏体分级淬火和贝氏体等温淬火等（见表 3-4），冷却曲线如图 3-31 所示。

表 3-4　常用淬火方法

淬火方法	冷却方式	特点和应用
单介质淬火	将奥氏体化后的工件放入一种淬火冷却介质中一直冷却到室温	操作简单，已实现机械化与自动化，适用于形状简单的工件
双介质淬火	将奥氏体化后的工件在水中冷却到接近 M_s 点时，立即取出放入油中冷却	防止低温马氏体转变时工件发生裂纹，常用于形状复杂的合金钢
马氏体分级淬火	将奥氏体化后的工件放入稍高于 M_s 点的盐浴中，使工件各部分与盐浴的温度一致后，取出空冷完成马氏体转变	大大减小热应力、变形和开裂，但盐浴的冷却能力较小，故只适用于截面尺寸小于 $10mm^2$ 的工件，如刀具、量具等
贝氏体等温淬火	将奥氏体化的工件放入温度稍高于 M_s 点的盐浴中等温保温，使过冷奥氏体转变为下贝氏体组织后，取出空冷	常用来处理形状复杂、尺寸要求精确、强韧性高的工具、模具和弹簧等
局部淬火	对工件局部要求硬化的部位进行加热淬火	
冷处理	将淬火冷却到室温的钢继续冷却到 $-80\sim-70℃$，使残余奥氏体转变为马氏体，然后低温回火，消除应力，稳定新生马氏体组织	提高硬度、耐磨性、稳定尺寸，适用于一些高精度的工件，如精密量具、精密丝杠、精密轴承等

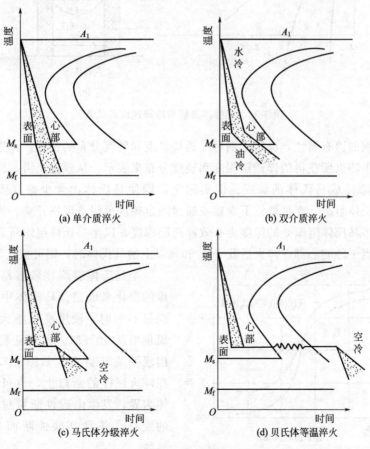

(a) 单介质淬火　　(b) 双介质淬火　　(c) 马氏体分级淬火　　(d) 贝氏体等温淬火

图 3-31　常用淬火冷却曲线示意图

3.4.2 钢的淬透性

扫码看视频课
21

（1）淬透性的基本概念

淬透性是指钢在淬火时获得马氏体的能力。淬火时，同一工件表面和心部的冷却速度是不同的，表面的冷却速度最大，愈到中心冷却速度愈小，如图 3-32(a)所示。淬透性低的钢，其截面尺寸较大时，由于心部不能淬透，因此表层与心部组织不同［见图 3-32(b)］。钢的淬透性主要决定于临界冷却速度。临界冷却速度愈小，过冷奥氏体愈稳定，钢的淬透性也就愈好。因此，除 Co 外，大多数合金元素都能显著提高钢的淬透性。

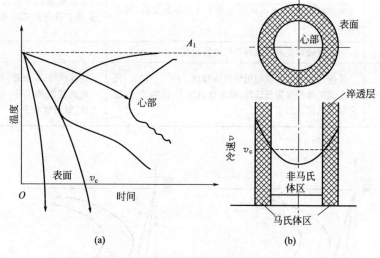

图 3-32　工件淬透层与冷却速度的关系

淬透性是钢的固有属性，决定了钢材淬透层深度和硬度分布的特性。淬透性的大小可用钢在一定条件下淬火所获得的淬透层深度和硬度分布来表示。从理论上讲，淬透层深度应为工件截面上全部淬成马氏体的深度；但实际上，即使马氏体中含少量（质量分数 5％～10％）的非马氏体组织，在显微镜下观察或通过测定硬度也很难区别开来。为此规定：从工件表面向里的半马氏体组织处的深度为有效淬透层深度，以半马氏体组织所具有的硬度来评定是否淬硬。当工件的心部在淬火后获得了 50％以上的马氏体时，则可被认为已淬透。

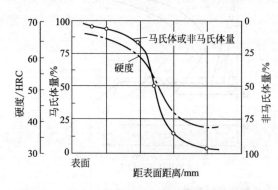

图 3-33　淬火试样断面上马氏体量和硬度的变化

半马氏体组织比较容易由显微镜或硬度的变化来确定。马氏体中含非马氏体组织量不多时，硬度变化不大；非马氏体组织量增至 50％时，硬度陡然下降，曲线上出现明显转折点，如图 3-33 所示。另外，在淬火试样的断口上，也可以看到半马氏体为界，发生由脆性断裂过渡为韧性断裂的变化，并且其酸蚀断面呈明显的明暗界线。

同样形状和尺寸的工件，用不同成分

的钢材制造，在相同条件下淬火，形成马氏体的能力不同，容易形成马氏体的钢淬透层深度越大，则反映钢的淬透性越好。如直径均为 30mm 的 45 钢和 40CrNiMo 试棒，加热到奥氏体区（840℃），然后都用水进行淬火。分析两根试棒截面的组织，测定其硬度，结果是 45 钢试棒表面组织为马氏体，而心部组织为铁素体＋索氏体。表面硬度为 55HRC，而心部硬度仅为 20HRC，表示 45 钢试棒心部未淬火。而 40CrNiMo 钢试棒则表面至心部均为马氏体组织，硬度都为 55HRC，可见 40CrNiMo 的淬透性比 45 钢要好。

这里需要注意的是，钢的淬透性与实际工件的淬透层深度是有区别的。淬透性是钢在规定条件下的一种工艺性能，是确定的、可以比较的，是钢材本身固有的属性；淬透层深度是实际工件在具体条件下获得的表面马氏体到半马氏体处的深度，是变化的，与钢的淬透性及外在因素（如淬火介质的冷却能力、工件的截面尺寸等）有关。淬透性好，工件截面小、淬火介质的冷却能力强，则淬透层深度就大。

（2）淬透性的评定方法

评定淬透性的方法常用的有临界淬透直径测定法及末端淬火试验法。

① 临界淬透直径测定法　用钢制截面较大的试棒进行淬火实验时，发现仅有表面一定深度获得马氏体，试棒截面硬度分布曲线呈 U 字形如图 3-34 所示，其中半马氏体深度 h 即为有效淬透深度。

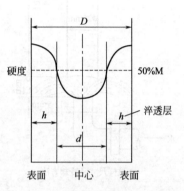

图 3-34　钢试棒截面硬度分布曲线

钢材在某种冷却介质中冷却后，心部能淬透（得到全部马氏体或 50% 马氏体组织）的最大直径称为临界淬透直径，以 D_c 表示。临界淬透直径测定法就是制作一系列直径不同的圆棒，淬火后分别测定各试样截面上沿直径分布的硬度 U 形曲线，从中找出中心恰为半马氏体组织的圆棒，该圆棒直径即为临界淬透直径。显然，冷却介质的冷却能力越大，钢的临界淬透直径就越大。在同一冷却介质中钢的临界淬透直径越大，则其淬透性越好。表 3-5 为常用钢材的临界淬透直径。

表 3-5　常用钢材的临界淬透直径

钢号	临界淬透直径 D_c/mm		钢号	临界淬透直径 D_c/mm	
	水冷	油冷		水冷	油冷
45	13～16.5	6～9.5	35CrMo	36～42	20～28
60	14～17	6～12	60Si2Mn	55～62	32～46
T10	10～15	<8	50CrVA	55～62	32～40
65Mn	25～30	17～25	38CrMoAlA	100	80
20Cr	12～19	6～12	20CrMnTi	22～35	15～24
40Cr	30～38	19～28	30CrMnSi	40～50	23～40
35SiMn	40～46	25～34	40MnB	50～55	28～40

② 末端淬火试验法　末端淬火试验法是将标准尺寸的试样（ϕ25mm×100mm），经奥氏体化后，迅速放入末端淬火试验机的冷却孔，并对一个端面进行喷水冷却。规定喷水管内径 12.5mm，水柱自由高度 65mm ±5mm，水温 20～30℃。图 3-35 为末端淬火法示意图。

显然，喷水端冷却速度最大，距末端沿轴向距离增大，冷却速度逐渐减少，其组织及硬度亦逐渐变化。在试样侧面沿长度方向磨一深度 0.2～0.5mm 的窄条平面，然后从末端开始，每隔一定距离测量一个硬度值，即可测得试样冷却后沿轴线方向硬度距水冷端距离的关系曲线称为淬透性曲线 [见图 3-35（b）]。这是淬透性测定常用方法，详细可参阅 GB 225—63《钢的淬透性末端淬火试验法》。

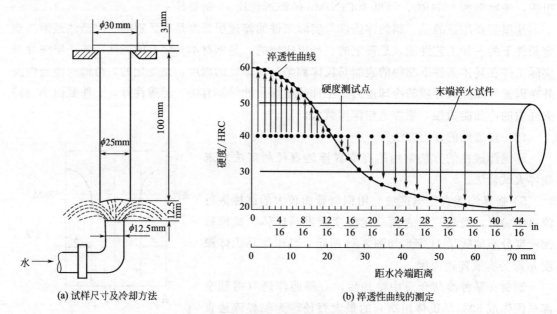

| (a) 试样尺寸及冷却方法 | (b) 淬透性曲线的测定 |

图 3-35　用末端淬火法测定钢的淬透性

实验测出的各种钢的淬透性曲线均收集在相关手册中。同一牌号的钢，由于化学成分和晶粒度的差异，淬透性实际上有一定波动范围的淬透性带。

根据 GB 225—2006 规定，钢的淬透性值用 JHRC/d 表示。其中 J 表示末端淬火的淬透性，d 表示距水冷端的距离，HRC 为该处的硬度。例如，淬透性值 42J/5，即表示距水冷端 5mm 试样硬度为 42HRC。

（3）影响淬透性的因素

由钢的连续冷却转变曲线可知，淬火时要想得到马氏体，冷却速度必须大于临界速度 v_k，所以钢的淬透性主要由其临界速度来决定。v_k 愈小，即奥氏体愈稳定，钢的淬透性愈好。因此，凡是影响奥氏体稳定的因素，均影响淬透性。

① 合金元素　除 Co 外，大多数合金元素溶于奥氏体后，均能降低 v_k，使 C 曲线右移，从而提高钢的淬透性。应该指出的是，合金元素是影响淬透性的最主要因素。

② 含碳量　对于碳钢来说，钢中的含碳量越接近共析成分，其 C 曲线越靠右；v_k 越小，淬透性越好。即亚共析钢的淬透性随含碳量增加而增大，过共析钢的淬透性随含碳量增加而减小。

③ 奥氏体化温度　提高奥氏体化温度，将使奥氏体晶粒长大，成分均匀化，从而减少珠光体的形核率，使奥氏体过冷奥氏体更稳定，C 曲线向右移，降低钢的 v_k，增大其淬透性。

④ 钢中未溶第二相　钢中未溶入奥氏体的碳化物、氮化物及其他非金属夹杂物，可成

为奥氏体分解的非自发形核的核心，进而促进奥氏体转变产物的形核，减少过冷奥氏体的稳定性，使 v_k 增大，降低淬透性。

（4）淬透性的应用

钢的淬透性是钢材选用的重要依据之一。淬透性对钢的力学性能影响很大，如将淬透性不同的钢调质处理后，沿截面的组织和力学性能差别很大。淬透性高的 40CrNiMo 钢棒的其力学性能沿截面是均匀分布的，而淬透性低的 40Cr、40 钢心部强度、硬度低，韧性更低，如图 3-36 所示。这是因为淬透性高的钢调质后其组织由表及里都是回火索氏体，有较高的韧性；而淬透性低的钢，心部为片状索氏体＋铁素体，表层为回火索氏体，心部强韧性差。因此，设计人员必须充分考虑钢的淬透性的作用，以便能根据工件的工作条件和性能要求进行合理选材、制订热处理工艺以提高工件的使用性能，具体应注意以下几点。

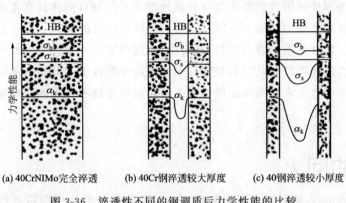

(a) 40CrNIMo完全淬透　　(b) 40Cr钢淬透较大厚度　　(c) 40钢淬透较小厚度

图 3-36　淬透性不同的钢调质后力学性能的比较

① 要根据零件不同的工作条件合理确定钢的淬透性要求。并不是所有场合都要求淬透，也不是在任何场合淬透都是有益的。截面较大、形状复杂及受力情况特殊的重要零件，如螺栓、拉杆、锻模、锤杆等都要求表面和心部力学性能一致，应选淬透性好的钢。当某些零件的心部力学性能对其寿命的影响不大时，如承受扭转或弯曲载荷的轴类零件，外层受力很大、心部受力很小，可选用淬透性较低的钢，获得一定的淬透层深度即可。有些工件则不能或不宜选用淬透性高的钢，如焊接件，若淬透性高，就容易在热影响区出现淬火组织，造成工件淬透开裂；又如承受强烈冲击和复杂应力的冷镦模，其工作部分常因全部淬透而脆断。

② 零件尺寸越大，其热容量越大，淬火时零件冷却速度越慢；因此淬透层越薄，性能越差。如 40Cr 钢经调质后，当直径为 30mm 时，$\sigma_b \geqslant 900MPa$；直径为 120mm 时，$\sigma_b \geqslant 750MPa$；直径为 240mm 时，$\sigma_b \geqslant 650MPa$。这种随工件尺寸增大而热处理强化效果减弱的现象称为钢材的"尺寸效应"，因此不能根据手册中查到的小尺寸试样的性能数据用于大尺寸零件的强度计算。但合金元素含量高淬透性大的钢，其尺寸效应则不明显。

③ 由于碳钢的淬透性低，在设计大尺寸零件时，有时用碳钢正火比调质更经济，而效果相似。如设计尺寸为 $\phi 100mm$ 时，用 45 钢调质时 $\sigma_b = 610MPa$，而正火时 σ_b 也能达到 600MPa。

④ 淬透层浅的大尺寸工件应考虑在淬火前先切削加工，如直径较大并具有几个台阶的传动轴，需经调质处理时，考虑淬透性的影响，应先粗车成形，然后调质。如果以棒料先调质，再车外圆，由于直径大、表面淬透层浅，阶梯轴尺寸较小部分调质后的组织，在粗车时

可能被车去，起不到调质作用。

3.4.3 钢的淬硬性

淬硬性（hardening capacity）是指钢在理想条件下进行淬火硬化（即得到马氏体组织）所能达到的最高硬度的能力。淬硬性与淬透性是两个不同的概念，淬硬性主要取决于马氏体中的含碳量（也就是淬火前奥氏体的含碳量），马氏体中的含碳量愈高，淬火后硬度愈高。合金元素的含量则对淬硬性无显著影响。所以，淬硬性好的钢淬透性不一定好，淬透性好的钢淬硬性也不一定高。例如，碳的质量分数为0.3%、合金元素的质量分数为10%的高合金模具钢3Cr2W8V淬透性极好，但在1100℃油冷淬火后的硬度约为50HRC；而碳的质量分数为1.0%的碳素工具钢T10钢的淬透性不高，但在760℃水冷淬火后的硬度大于62HRC。

淬硬性对于按零件使用性能要求选材及热处理工艺的制订同样具有重要的参考作用。对于要求高硬度、高耐磨性的各种工、模具，可选用淬硬性高的高碳、高合金钢；综合力学性能即强度、塑性、韧性要求都较高的机械零件可选用淬硬性中等的中碳及中碳合金钢；对于要求高塑性、韧性的焊接件及其他机械零件则应选用淬硬性低的低碳、低合金钢，当零件表面有高硬度、高耐磨性要求时则可配以渗碳工艺，通过提高零件表面的含碳量使其表面淬硬性提高。

3.5 钢的回火

扫码看视频课
22

回火（tempering）是把淬火钢加热到A_{c_1}以下的某一温度保温后进行冷却的热处理工艺。回火紧跟着淬火后进行，除等温淬火外，其他淬火零件都必须及时回火。

淬火钢回火的目的是：

① 降低脆性，减少或消除内应力，防止工件变形或开裂。

② 获得工件所要求的力学性能。淬火钢件硬度高、脆性大，为满足各种工件不同的性能要求，可以通过适当回火来调整硬度，获得所需的塑性和韧性。

③ 稳定工件尺寸。淬火马氏体和残余奥氏体都是不稳定组织，会自发发生转变而引起工件尺寸和形状的变化。通过回火可以使组织趋于稳定，以保证工件在使用过程中不再发生变形。

④ 改善某些合金钢的切削性能。某些高淬透性的合金钢，空冷便可淬成马氏体，软化退火也相当困难。因此常采用高温回火，使碳化物适当聚集，降低硬度，以利切削加工。

3.5.1 淬火钢在回火时的转变

不稳定的淬火组织有自发向稳定组织转变的倾向。淬火钢的回火正是促使这种转变较快地进行。在回火过程中，随着组织的变化，钢的性能也发生相应的变化。

（1）回火时组织转变

随回火温度的升高，淬火钢的组织大致发生下述四个阶段的变化。如图3-37所示。

① 马氏体分解。回火温度<100℃（本节的回火转变温度范围指碳钢而言，合金钢会有不同程度的提高）时，钢的组织基本无变化。马氏体分解主要发生在100～200℃，此时马

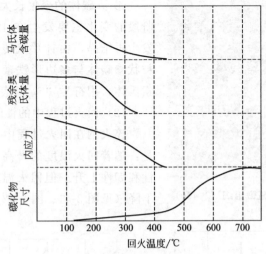

图 3-37 淬火钢在回火时的变化

氏体中的过饱和碳以 ε 碳化物（Fe_xC）的形式析出，使马氏体的过饱和度降低。析出的碳化物以极细片状分布在马氏体基体上，这种组织称为回火马氏体，用符号"$M_回$"表示，如图 3-38 所示。在显微镜下观察，回火马氏体呈黑色，残余奥氏体呈白色。

马氏体分解一直进行到 350℃，此时，α 相中的含碳量接近平衡成分，但仍保留马氏体的形态。马氏体的含碳量越高，析出的碳化物也越多，对于碳的质量分数<0.2%的低碳马氏体在这一阶段不析出碳化物，只发生碳原子在位错附近的偏聚。

② 残余奥氏体的分解。残余奥氏体的分解主要发生在 200～300℃。由于马氏体的分解，正方度下降，减轻了对残余奥氏体的压应力，因而残余奥氏体分解为 ε 碳化物和过饱和 α 相，其组织与下贝氏体或同温度下马氏体回火产物一样。

③ ε 碳化物转变为 Fe_3C 回火温度在 300～400℃时，亚稳定的 ε 碳化物转变成稳定的渗碳体（Fe_3C），同时，马氏体中的过饱和碳也以渗碳体的形式继续析出。到 350℃左右，马氏体中的含碳量已基本上降到铁素体的平衡成分，与此同时内应力大量消除。此时回火马氏体转变为在保持马氏体形态的铁素体基体上分布着细粒状渗碳体的组织，称回火屈氏体，用符号"$T_回$"表示，如图 3-39 所示。

图 3-38 回火马氏体的显微组织（×400）

图 3-39 回火屈氏体的显微组织（×400）

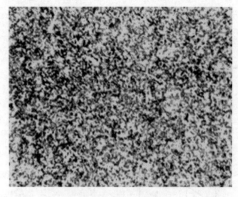

图 3-40　回火索氏体的显微组织（×400）

④ 渗碳体的聚集长大及 α 相的再结晶。这一阶段的变化主要发生在 400℃ 以上，铁素体开始发生再结晶，由针片状转变为多边形。这种由颗粒状渗碳体与多边形铁素体组成的组织称为回火索氏体，用符号"$S_回$"表示，如图 3-40 所示。

（2）回火过程中的性能变化

淬火钢在回火过程中力学性能总的变化趋势是：随着回火温度的升高，硬度和强度降低，塑性和韧性上升。但回火温度太高，则塑性会有所下降（见图 3-41、图 3-42）。

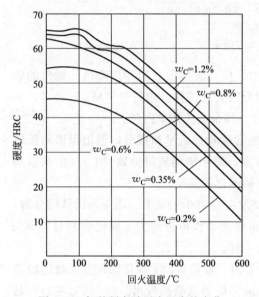

图 3-41　钢的硬度随回火温度的变化

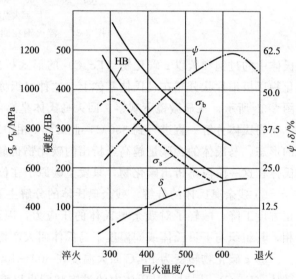

图 3-42　钢的力学性能性能与回火温度的关系

在 200℃ 以下，由于马氏体中析出大量 ε 碳化物产生弥散强化作用，钢的硬度并不下降，对于高碳钢，甚至略有升高。

在 200～300℃，高碳钢由于有较多的残余奥氏体转变为马氏体，硬度会再次提高。而低、中碳钢由于残余奥氏体量很少，硬度则缓慢下降。

在 300℃ 以上，由于渗碳体粗化及马氏体转变为铁素体，钢的硬度呈直线下降。

由淬火钢回火得到的回火屈氏体、回火索氏体和球状珠光体比由过冷奥氏体直接转变的屈氏体、索氏体和珠光体的力学性能好，在硬度相同时，回火组织的屈服强度、塑性和韧性好得多。这是由于两者渗碳体形态不同所致，片状组织中的片状渗碳体受力时，其尖端会引起应力集中，形成微裂纹，导致工件破坏，而回火组织的渗碳体呈粒状，不易造成应力集中。这就是为什么重要零件都要求进行淬火和回火的原因。

3.5.2　回火种类及应用

淬火钢回火后的组织和性能取决于回火温度，根据钢的回火温度范围，把回火分为以下三类。

（1）低温回火

回火温度为150～250℃，回火组织为回火马氏体。目的是降低淬火内应力和脆性的同时保持钢在淬火后的高硬度（一般达58～64HRC）和高耐磨性。它广泛用于处理各种切削刀具、冷作模具、量具、滚动轴承、渗碳件和表面淬火件等。

（2）中温回火

回火温度为350～500℃，回火后组织为回火屈氏体，具有较高屈服强度和弹性极限，以及一定的韧性，硬度一般为35～45HRC，主要用于各种弹簧和热作模具的处理。

（3）高温回火

回火温度为500～650℃，回火后组织为回火索氏体，硬度为25～35HRC。这种组织具有良好的综合力学性能，即在保持较高强度的同时，具有良好的塑性和韧性。习惯上把淬火加高温回火的热处理工艺称作"调质处理"，简称"调质"，广泛用于处理各种重要的机器结构构件，如连杆、螺栓、齿轮、轴类等。同时，也可作为某些要求较高的精密工件如模具、量具等的预先热处理。

钢调质处理后的力学性能和正火后相比，不仅强度高，而且塑性和韧性也比较好，这和它们的组织形态有关。调质得到的是回火索氏体，其渗碳体为粒状；正火得到的是索氏体，其渗碳体为片状，粒状渗碳体对阻止断裂过程的发展比片状渗碳体有利。

除了上述三种常用的回火方法外，某些高合金钢还在640～680℃进行软化回火，以改善切削加工性。某些精密零件，为了保持淬火后的高硬度及尺寸稳定性，有时需在100～150℃进行长时间（10～15h）的加热保温。这种低温长时间的回火称为尺寸稳定处理或时效处理。

3.5.3 回火脆性

淬火钢的韧性并不总是随回火温度的升高而提高的。在某些温度范围内回火时，出现冲击韧度明显下降的现象，称为"回火脆性"；回火脆性有第一类回火脆性（250～400℃）和第二类回火脆性（450～650℃）两种，如图3-43所示。这种现象合金钢中比较显著，应当设法避免。

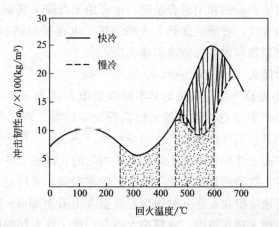

图3-43 Ni-Cr钢（0.3％C、1.47％Cr、3.4％Ni）的冲击韧度与回火温度的关系

（1）第一类回火脆性

淬火钢在 250～350℃ 回火时出现的脆性称为第一类回火脆性。淬火后形成马氏体的钢在此温度回火，几乎都会程度不同地产生这种脆性。这与在这一温度范围沿马氏体的边界析出碳化物的薄片有关。目前，尚无有效办法完全消除这类回火脆性，所以一般不在 250～350℃ 温度范围内回火。

（2）第二类回火脆性

淬火钢在 500～650℃ 范围内回火出现的脆性称为第二类回火脆性。第二类回火脆性主要发生在含 Cr、Ni、Si、Mn 等合金元素的合金钢中，这类钢淬火后在 500～650℃ 长时间保温或以缓慢速度冷却时，便产生明显的脆化现象，但如果回火后快速冷却，脆化现象便消失或受抑制。所以这类回火脆性是"可逆"的。第二类回火脆性产生的原因，一般认为与 Sb、Sn、P 等杂质元素在原奥氏体晶界偏聚有关。Cr、Ni、Si、Mn 等会促进这种偏聚，因而增加了这类回火脆性的倾向。

除回火后快冷可以防止第二类回火脆性外，在钢中加入 W（约 1%）、Mo（约 0.5%）等合金元素也可有效地抑制这类回火脆性的产生。

3.6 钢的表面淬火和化学热处理

一些零件既要表面硬度高、耐磨性好，又要心部的韧性好，如齿轮、轴等，若仅从选材方面去考虑，是难以解决的。如高碳钢的硬度高，但韧性不足；虽然低碳钢的韧性好，但表面的硬度和耐磨性又低。在实际生产中广泛采用表面淬火或化学热处理的办法来满足上述要求。

3.6.1 钢的表面淬火

表面淬火（surface quenching）是将工件的表面层淬硬到一定深度，而心部仍保持未淬火状态的一种局部淬火法。它是利用快速加热使工件表面奥氏体化，然后迅速予以冷却，这样，工件的表层组织为马氏体，而心部仍保持原来的退火、正火或调质状态的组织。其特点是仅对钢的表面进行加热、冷却而成分不改变。

表面淬火一般适用于中碳钢和中碳合金钢，也可用于高碳工具钢、低合金工具钢以及球墨铸铁等。按照加热的方式，有感应加热、火焰加热、电接触加热和电解加热等表面淬火，目前应用最多的是感应加热和火焰加热表面淬火法。

（1）感应加热表面淬火（induced surface hardening）

① 感应加热的基本原理　感应加热的基本原理如图 3-44 所示。感应线圈中通以高频率的交流电，线圈内外即产生与电流频率相同的高频交变磁场。若把钢制工件置于通电线圈内，在高频磁场的作用下，工件内部将产生感应电流（涡流），由于本身电阻的作用而被加热。这种感应电流密度在工件的横截面上分布是不均匀的，即在工件表面电流密度极大，而心部电流密度几乎为零，这种现象称为集肤效应。功率愈高，表面电流密度愈大，则表面加热层愈薄。感应加热的速度很快，在几秒内即可使温度上升至 800～1000℃，而心部仍接近室温。当表层温度达到淬火加热温度，立即喷水冷却，使工件表层淬硬。

感应加热淬火的淬硬层深度（即电流透入工件表层的深度），除与加热功率、加热时间有关外，还取决于电流的频率。对于碳钢，淬硬层深度，主要与电流频率有关，存在以下表达式关系：

$$\delta = \frac{500}{\sqrt{f}} \qquad (3-1)$$

式中，δ 为电流透入深度，mm；f 为电流频率，Hz。

由式（3-1）可见，电流频率愈高，表面电流密度愈大，电流透入深度愈小，淬硬层愈薄。因此，可选用不同的电流频率得到不同的淬硬层深度。根据电流频率的不同，感应加热可分为高频加热、中频加热和工频加热。工业上对于淬硬层为 0.5～2mm 的工件，可采用电子管式高频电源，其常用频率为 200～300kHz；要求淬硬层为 2～5mm 时，适宜的频率为 2500～8000Hz，可采用中频发电机或晶闸管变频器；对于处理要求 10～15mm 以上淬硬层的工件，可采用频率为 50Hz 的工频发电机。

② 感应加热适用的钢种　表面淬火一般用于

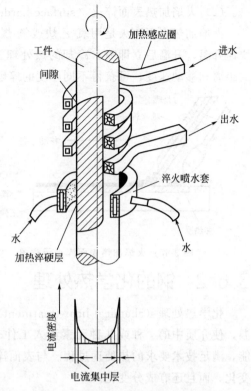

图 3-44　感应加热表面淬火示意图

中碳钢和中碳低合金钢，如 45、40Cr、40MnB 钢等。这类钢经预先热处理（正火或调质）后表面淬火，心部保持较高的综合性能，而表面具有较高的硬度（50HRC 以下）和耐磨性。高碳钢也可表面淬火，主要用于受较小冲击和交变载荷的工具、量具等。

③ 感应加热表面淬火的特点　感应加热时相变的速度极快，一般只有几秒或几十秒。与一般淬火相比，淬火后的组织和性能有以下特点。

a. 高频感应加热时，由于加热速度快，且钢的奥氏体化是在较大的过热度（A_{c_3} 以上 80～150℃）进行的，因此晶核多，且不易长大，淬火后组织为极细的隐晶马氏体，因而表面硬度高，比一般淬火高 2～3HRC，而且表面硬度脆性较低。

b. 表面层淬火得到马氏体后，由于体积膨胀在工件表面层造成较大的残余压应力，显著提高工件的疲劳强度。小尺寸零件可提高 2～3 倍，大件也可提高 20%～30%。

c. 因为加热速度快，没有保温时间，工件的表面氧化和脱碳少，而且由于心部未被加热，工件的淬火变形也小。

d. 加热温度和淬硬层厚度（从表面到半马氏体区的距离）容易控制，便于实现机械化和自动化。

由于以上特点，感应加热表面淬火在热处理生产中得到了广泛的应用。其缺点是设备昂贵，当零件形状复杂时，感应线圈的设计和制造难度较大，所以生产成本比较高。

感应加热后，采用水、乳化液或聚乙烯醇水溶液喷射淬火，淬火后进行 180～200℃ 的低温回火，以降低淬火应力，并保持高硬度和高耐磨性。在生产中，也常采用自回火，即在工件冷却到 200℃ 左右时停止喷水，利用工件内部的余热来达到回火的目的。

（2）火焰加热表面淬火（surface hardening hy flame heating）

火焰加热表面淬火是用氧-乙炔或氧-煤气等高温火焰（约3000℃）加热工件表面，使其快速升温，升温后立即喷水冷却的热处理工艺方法。如图3-45所示，调节喷嘴到工件表面的距离和移动速度，可获得不同厚度的淬硬层。

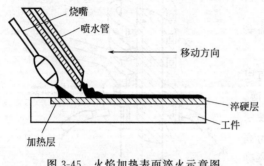

图3-45　火焰加热表面淬火示意图

火焰加热表面淬火的淬硬层厚度一般为2～6mm。火焰加热表面淬火和高频感应加热表面淬火相比，具有工艺及设备简单、成本低等优点，但生产率低、工件表面存在不同程度的过热，淬火质量控制也比较困难。因此主要用于单件、小批量生产及大型零件（如大型的轴、齿轮、轧辊等）的表面淬火。

3.6.2　钢的化学热处理

化学热处理（chemical heat treatment）是将工件置于一定温度的活性介质中加热和保温，使介质中的一种或几种元素渗入工件表面，改变其化学成分和组织，达到改进表面性能，满足技术要求的热处理过程。与表面淬火相比，化学热处理不仅使工件的表面层有组织变化，而且还有成分变化。

根据表面渗入的元素不同，化学热处理可分为渗碳、渗氮、碳氮共渗、渗硼、渗铝等。化学热处理的主要目的是有效提高钢件表面硬度、耐磨性、耐蚀性、抗氧化性以及疲劳强度等，以替代昂贵的合金钢。

钢件表面化学成分的改变，取决于热处理过程中发生的以下三个基本过程：

① 介质分解　加热时介质分解，释放出欲渗入元素的活性原子，如 $CH_4 \longrightarrow [C] + 2H_2$，分解出的 [C] 就是具有活性的碳原子；

② 吸收　分解出来的活性原子在工件表面被吸收并溶解，超过溶解度时还能形成化合物；

③ 原子扩散　工件表面吸收的元素原子浓度逐渐升高，在浓度梯度的作用下不断向工件内部扩散，形成具有一定厚度的渗层。一般原子扩散较慢，往往成为影响化学热处理速度的控制因素。因此对一定介质而言，渗层的厚度主要取决于加热温度和保温时间。

任何化学热处理物理化学过程都基本相同，要经过上述三个阶段，即分解、吸收和扩散。

目前在生产中，最常用的化学热处理工艺是渗碳、渗氮和碳氮共渗。

（1）钢的渗碳（carburizing）

① 渗碳的目的　为了增加表层的碳质量分数和获得一定的碳浓度梯度，将工件置于渗碳介质中加热和保温，使其表面层渗入碳原子的化学热处理工艺称为渗碳。渗碳使低碳（碳质量分数0.15%～0.30%）钢件表面获得高碳浓度（碳质量分数约1.0%），再经过适当淬火和回火处理后，可使工件的表面具有高硬度和高耐磨性，并具有较高的疲劳极限，而心部仍保持良好的塑性和韧性。因此渗碳主要用于表面将受严重磨损，并在较大冲击载荷、交变载荷，较大的接触应力条件下工作的零件，如各种齿轮、活塞销、套筒等。

渗碳件一般采用低碳钢或低碳合金钢，如20、20Cr、20CrMnTi等。渗碳层厚度一般在

0.5～2.5mm，渗碳层的碳浓度一般控制在1%左右。

② 渗碳方法　根据渗碳介质的不同，可分为固体渗碳、气体渗碳和液体渗碳，常用的是气体渗碳和固体渗碳。

a. 气体渗碳（gas carburizing）　将工件装在密封的渗碳炉中（图 3-46），加热到 $900\sim950℃$，向炉内滴入易分解的有机液体（如煤油、苯、丙酮、甲醇等），或直接通入渗碳气体（如煤气、石油液化气等）。在炉内发生下列反应，产生活性碳原子，使工件表面渗碳：

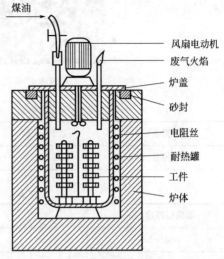

图 3-46　气体渗碳法示意图

$$2CO \longrightarrow CO_2 + [C]$$
$$CO + H_2 \longrightarrow H_2O + [C]$$
$$C_nH_{2n} \longrightarrow nH_2 + n[C]$$
$$C_nH_{2n+2} \longrightarrow (n+1)H_2 + n[C]$$

气体渗碳的优点是生产率高，劳动条件较好，渗碳气氛容易控制，渗碳层比较均匀，渗碳层的质量和力学性能较好。此外，还可实现渗碳后直接淬火，是目前应用最多的渗碳方法。

b. 固体渗碳（pack carburizing）　将工件埋入填满固体渗碳剂的渗碳箱中，加盖并用耐火泥密封，然后放入热处理炉中加热至 $900\sim950℃$，保温渗碳。固体渗碳剂一般是由一定粒度（3～8mm）木炭和 $15\%\sim20\%$ 的碳酸盐（$BaCO_3$ 或 Na_2CO_3）组成；木炭提供活性碳原子，碳酸盐则起到催化的作用，反应如下：

$$C + O_2 \longrightarrow CO_2$$
$$BaCO_3 \longrightarrow BaO + CO_2$$
$$CO_2 + C \longrightarrow 2CO$$

在高温下，CO 是不稳定的，在与钢表面接触时，分解出活性碳原子（$2CO \longrightarrow CO_2 + [C]$），并被工件表面吸收。

固体渗碳的优点是设备简单，尤其是在小批量生产的情况下具有一定的优越性。但生产效率低、劳动条件差、质量不易控制，目前用得不多。

③ 渗碳工艺　渗碳工艺参数包括渗碳温度和渗碳时间等。

奥氏体的溶碳能力较大，因此渗碳加热到 A_{c_3} 以上。温度愈高，渗碳速度愈快，渗层愈厚，生产率也愈高。为了避免奥氏体晶粒过于粗大，渗碳温度一般采用 $900\sim950℃$。渗碳时间则决定于渗碳厚度的要求。在 900℃ 渗碳，保温 1h，渗层厚度为 0.5mm，保温 4h，渗层厚度可达 1mm。

低碳钢渗碳后缓冷下来的显微组织见图 3-47。表面为珠光体和二次渗碳体（过共析组织），心部为原始亚共析组织（珠光体和铁素体），中间为过渡组织。一般规定，从表面到过渡层的一半处为渗碳层厚度。

工件的渗碳层厚度，取决于其尺寸及工作条件，一般为 0.5～2.5mm。例如，齿轮的渗碳层厚度由其工作要求及模数等因素来确定，表 3-6 和表 3-7 中列举了不同模数齿轮及其他工件的渗碳层厚度。

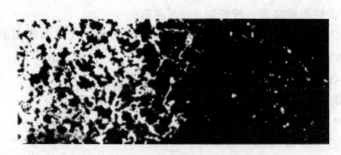

图 3-47 低碳钢渗碳缓冷后的显微组织

表 3-6 汽车、拖拉机齿轮的模数和渗碳层厚度

齿轮模数 m	2.5~3.5	3.5~4	4~5	>5
渗碳层厚度/mm	0.6~0.9	0.9~1.2	1.2~1.5	1.5~1.8

表 3-7 机床零件的渗碳层厚度

渗碳层厚度/mm	应用举例
0.2~0.4	厚度小于 1.2mm 的摩擦片、样板等
0.4~0.7	厚度小于 2mm 的摩擦片、小轴、小型离合器、样板等
0.7~1.1	轴、套筒、活塞、支承销、离合器等
1.1~1.5	主轴、套筒、大型离合器等
1.5~2.0	镶钢导轨、大轴、模数较大的齿轮、大轴承环等

④ 渗碳后的热处理　渗碳后的零件要进行淬火和低温回火处理，常用的淬火方法有三种，如图 3-48 所示。

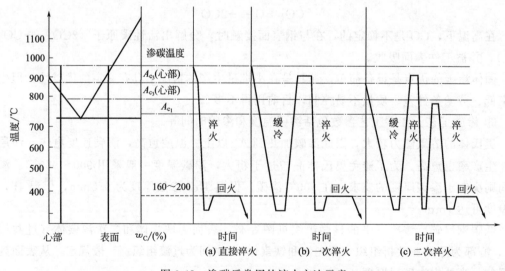

图 3-48　渗碳后常用的淬火方法示意

a. 直接淬火　渗碳后直接淬火[见图 3-48(a)]，这种方法工艺简单、生产率高、节约能源、成本低、脱碳倾向小；但由于渗碳温度高，奥氏体晶粒粗大、淬火后马氏体粗大、残

留奥氏体也较多，所以工件表面耐磨性较低、变形较大。一般只用于合金渗碳钢或耐磨性要求比较低和承载能力低的工件。为了减少变形，渗碳后常将工件预冷至 830～850℃后再淬火。

b. 一次淬火　一次淬火是将工件渗碳后缓冷到室温，再重新加热到临界点以上保温淬火[见图 3-48(b)]。对于心部组织性能要求较高的渗碳钢工件，一次淬火加热温度为 A_{c_3} 以上，主要是使心部晶粒细化，并得到低碳马氏体组织；对于承载不大而表面性能要求较高的工件，淬火加热温度为 A_{c_1} 以上 30～50℃，使表面晶粒细化，而心部组织无大的改善，性能略差一些。

c. 二次淬火　对于本质粗晶粒钢或要求表面耐磨性高、心部韧性好的重负荷零件，应采用二次淬火[见图 3-48(c)]。第一次淬火加热到 A_{c_3} 以上 30～50℃，目的是细化心部组织并消除表面的网状渗碳体。第二次淬火加热到 A_{c_1} 以上 30～50℃，目的是细化表面层组织，获得细马氏体和均匀分布的粒状二次渗碳体。二次淬火法工艺复杂，生产周期长，生产效率较低，成本高，变形大，所以只用于要求表面耐磨性好和心部韧性高的零件。

渗碳淬火后要进行低温回火（150～200℃），以消除淬火应力，提高韧性。

⑤ 渗碳钢淬火、回火后的性能　渗碳件组织：表层为高碳回火马氏体＋碳化物＋残余奥氏体，心部为低碳回火马氏体（或含铁素体、屈氏体）。

渗碳后性能为：

a. 表面硬度高　达 58～64HRC 以上，耐磨性较好。心部塑性、韧性较好，硬度较低。未淬硬时，心部为 138～185HBS；淬硬后的心部为低碳马氏体组织，硬度可达 30～45HRC。

b. 疲劳强度高　渗碳钢的表面层为高碳马氏体，体积膨胀大，心部为低碳马氏体（淬透时）或铁素体加屈氏体（未淬透时），体积膨胀小。结果在表面层造成残余压应力，使工件的疲劳强度提高。

（2）钢的渗氮（nitriding）

向工件表面渗入氮，形成含氮硬化层的化学热处理工艺称为渗氮，其目的是提高工件表面的硬度、耐磨性、耐蚀性及疲劳强度。常用的渗氮方法有气体渗氮和离子渗氮。

① 气体渗氮（gas nitriding）　是把工件放入密封的井式炉内加热，并通入氨气，氨被加热分解出活性氮原子（$2NH_3 \longrightarrow 2[N]+3H_2$），活性氮原子被工件表面吸收并溶入表面，在保温过程中向内扩散，形成一定厚度的渗氮层。

a. 气体渗氮的特点　与气体渗碳相比，气体渗氮有以下特点。

氮化温度低，一般都在 500～570℃之间进行。由于氨在 200℃开始分解，同时氮在铁素体中也有一定的溶解能力，无需加热到高温。工件在氮化前要进行调质处理，所以氮化温度不能高于调质处理的回火温度。

渗氮时间长，一般需要 20～50h，渗氮层厚度为 0.3～0.5mm。时间长是气体渗氮的主要缺点。为了缩短时间，采用二段氮化法，其工艺过程如图 3-49 所示。第一阶段是使表层获得高的氮含量和硬度；第二阶段是在稍高的温度下进行较短时间的保温，以得到一定厚度的氮化层。为了加速氮化的进行，可采用催化剂如苯、苯胺、氯化铵等。催化剂能使氮化速度提高 0.3～3 倍。

渗氮前零件需经调质处理，目的是改善机加工性能和获得均匀的回火索氏体组织，以保

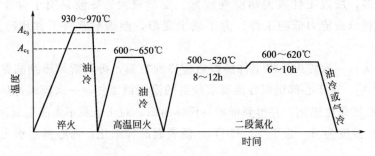

图 3-49　38CrMoAl 钢氮化工艺曲线图

证渗氮后的工件具有较高的强度和韧性。对于形状复杂或精度要求高的零件，在氮化前精加工后还要进行消除内应力的退火，以减少氮化时的变形。

渗氮后不需要再进行其他热处理，因为氮化过程中工件变形很小。

b. 氮化件的组织和性能　渗氮后的工件表面具有很高的硬度（1000～1100HV），而且可以在 600℃ 以下硬度保持不降，所以渗氮层具有很高的耐磨性和热硬性；渗氮表面形成的致密的化学稳定性较高的 ε 相层，所以耐蚀性好，在水、过热蒸汽和碱性溶液中均很稳定；渗氮后工件表面层体积膨胀，形成较大的表面残余压应力，使渗氮件具有较高的疲劳强度；氮化温度低，零件变形小。

c. 氮化用钢　碳钢氮化时形成的氮化物不稳定，加热时易分解并聚集粗化，使硬度很快下降。为了克服这个缺点，同时为了保证渗氮后的工件表面具有高硬度和高耐磨性，心部也具有强而韧的组织，所以氮化钢一般都是采用能形成稳定氮化物的中碳合金钢，如35CrAlA、38CrMoAlA、38CrWVAlA 等。Al、Cr、Mo、W、V 等合金元素与 N 结合形成的氮化物 AlN、CrN、MoN 等都很稳定，并在钢中均匀分布，能起到弥散强化作用，使渗氮层达到很高的硬度，在 600～650℃ 也不降低。

由于渗氮工艺复杂、周期长、成本高，所以只适用于耐磨性和精度都要求较高的零件，或要求抗热、抗蚀的耐磨件，如发动机的汽缸、排气阀、精密机床丝杠、镗床主轴、汽轮机阀门、阀杆等。随着新工艺（如软氮化、离子氮化等）的发展，氮化处理得到了愈来愈广泛的应用。

② 离子渗氮（ionic nitriding）　离子渗氮在离子炉中进行（见图 3-50）。它是利用直流辉光放电的物理现象来实现渗氮的，所以又称为辉光离子渗氮。离子渗氮的基本原理是：将严格清洗过的工件放在密封的真空室内的阴极盘上，并抽至真空度 1～10Pa，然后向炉内通入少量的氨气，使炉内的气压保持在 133～1330Pa 之间。阴极盘接直流电源的负极（阴极），真空室壳和炉底板接直流电源的正极（阳极）并接地，并在阴阳极之间接通 500～900V 的高压电。氨气在高压电场的作用下，部分被电离成氮和氢的正离子及电子，并在靠近阴极（工件）的表面形成一层紫红色的辉光放电现象。由于高能量的氮离子轰击工件的表面，将离子的动能转化为热能使工件表面温度升至渗氮的温度（500～650℃）。在氮离子轰击工件表面的同时，还能产生阴极溅射效应，溅射出铁离子。被溅射出来的铁离子在等离子区与氮离子化合形成氮化铁（FeN），在高温和离子轰击工件的作用下，FeN 迅速分解为 Fe_2N、Fe_4N，并放出氮原子向工件内部扩散，于是在工件表面形成渗氮层，渗层为 Fe_2N、Fe_4N 等氮化物，具有很高的耐磨性、耐蚀性和疲劳强度。随着时间的增加，氮化层逐渐加深。

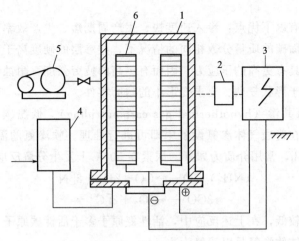

图 3-50　离子炉示意图

1—真空容器；2—测温装置系统；3—直流电源；4—渗剂气体调节装置；5—真空泵；6—待处理工件

离子渗氮的优点是：

a. 生产周期短　渗速快，是气体氮化的 3～4 倍。以 38CrMoAl 为例，渗氮层厚度要求 0.6mm 时，气体渗氮周期为 50h 以上，而离子渗氮只需 15～20h。同时节省能源及减少气体的消耗；

b. 渗层具有一定的韧性　由于离子渗氮的阴极溅射有抑制脆性层的作用，明显提高了渗氮层的韧性和抗疲劳强度；

c. 工件变形小　处理后变形小，表面银白色，质量好，特别适用于处理精密零件和复杂零件；

d. 能量消耗低，渗剂消耗少，对环境几乎无污染；

e. 渗氮前不需去钝处理　对于一些含 Cr 的钢，如不锈钢，表面有一层稳定致密的钝化膜，阻止氮的深入。但离子渗氮的阴极溅射有效地除去钝化膜，克服了气体渗氮不能处理这类钢的不足。

(3) 钢的碳氮共渗（carbonitriding）

碳氮共渗是同时向工件表面渗入碳和氮的化学热处理工艺，也称为氰化处理。常用的碳氮共渗工艺有液体碳氮共渗和气体碳氮共渗。液体碳氮共渗的介质有毒，污染环境，劳动条件差，很少应用。气体碳氮共渗有中温碳氮共渗和低温碳氮共渗，应用较为广泛。

① 中温气体碳氮共渗（mesothermal gas carbonitriding）　与气体渗碳一样，碳氮共渗是将工件放入密封炉内，加热到共渗温度，向炉内滴入煤油，同时通入氨气。保温一段时间后，工件的表面就获得一定深度的共渗层。

中温气体碳氮共渗温度对渗层的碳氮含量比和厚度的影响很大。温度愈高，渗层的碳氮比高，渗层也比较厚；降低共渗温度，碳氮比小，渗层也比较薄。

生产中常用的共渗温度一般在 820～880℃ 范围内，保温时间在 1～2h，共渗层厚 0.2～0.5mm。渗层的氮浓度在 0.2%～0.3%，碳浓度在 0.85%～1.0% 范围。

中温碳氮共渗后可直接淬火，并低温回火。这是由于共渗温度低，晶粒较细，工件经淬火和回火后，共渗层的组织由细片状回火马氏体、适量的粒状碳氮化物以及少量的残留奥氏体组成。

其与渗碳相比具有以下优点：渗入速度快、生产周期短、生产效率高；加热温度低，工件变形小；在渗层表面碳的质量分数相同的情况下，共渗层的硬度高于渗碳层因而耐磨性更好；共渗层比渗碳层具有更高的压应力，因而有更高的疲劳强度，耐蚀性也比较好。中温气体碳氮共渗主要应用于形状复杂、要求变形小的耐磨零件。

② 低温气体碳氮共渗（hypothermal gas carbonitriding） 低温碳氮共渗以渗氮为主，又称为气体软氮化，在普通气体渗氮设备中即可进行处理。软渗氮的温度在 $520\sim570℃$ 之间，时间一般为 $1\sim6h$，常用介质为尿素。尿素在 $500℃$ 上发生分解反应如下：

$$(NH_2)_2CO \longrightarrow CO + 2H_2 + 2[N]$$
$$2CO \longrightarrow CO_2 + 2[C]$$

由于处理温度比较低，在上述反应中，活性氮原子多于活性碳原子，加之碳在铁素体中的溶解度小，因此气体软渗氮是以渗氮为主。

软渗氮的特点是：处理速度快，生产周期短；处理温度低，零件变形小，处理前后零件精度没有显著变化；渗层具有一定韧性，不易发生剥落。

与气体渗氮相比，软氮化硬度比较低（一般为 $400\sim800HV$），但能赋予零件表面耐磨、耐疲劳、抗咬合和抗擦伤等性能；缺点是渗层较薄，仅为 $0.01\sim0.02mm$。一般用于机床、汽车的小型轴类和齿轮等零件，也可用于工具、模具的最终热处理。

3.7 钢的热处理新技术

随着科学的进步和发展，不断有许多钢的热处理新技术、新工艺出现，大大地提高了钢热处理后的质量和性能。

3.7.1 可控气氛热处理和真空热处理

由于大多数的钢铁热处理是在空气中进行的，所以氧化与脱碳是热处理常见缺陷之一。它不但造成钢铁材料的大量损耗，而且也使产品质量及使用寿命下降。据统计，在汽车制造业中，在氧化介质中热处理造成的烧损量占整个热处理零件重量的 7.5%。另外，热处理过程中产生的氧化皮也需要在后序的加工中清理掉，既增加了工时又浪费了材料。目前防止氧化和脱碳的最有效方法是采用可控气氛热处理和真空热处理。

（1）可控气氛热处理（controlled atmosphere heat treatment）

向炉内通入一种或几种一定成分的气体，通过对这些气体成分的控制，使工件在热处理过程中不发生氧化和脱碳，这就是可控气氛热处理。

采用可控气氛热处理是当前热处理的发展方向之一，它可以防止工件在加热时的氧化脱碳，实现光亮退火、光亮淬火等先进热处理工艺，节约钢材，提高产品质量，也可以通过调整气体成分，在光亮热处理的同时，实现渗碳和碳氮共渗。可控气氛热处理也便于实现热处理过程的机械化和自动化，大大提高劳动生产率。

一般可控气氛是由 CO、H_2、N_2 及微量的 CO_2 和 H_2O 与 CH_4 等气体组成，根据这些气体与钢及钢中的化合物的化学反应不同，可分为如下几种。

① 具有氧化与脱碳作用的气体，如氧、二氧化碳与水蒸气，它们在高温下都会使工件

表面产生强烈的氧化和脱碳，在气氛中应严格控制。

② 具有还原作用的气体，如氢和一氧化碳属于这类气体，它们不仅能保护工件在高温下不氧化，而且还能将已氧化的铁还原。另外，一氧化碳还具有弱渗碳的作用。

③ 中性气体，如氮在高温下与工件既不发生氧化、脱碳，也不增碳。一般做保护气氛使用。

④ 具有强烈渗碳作用的气体，如甲烷及其他碳氢化合物。甲烷在高温下能分解出大量的碳原子，渗入钢表面使之增碳。

可控气氛，往往是由多种气体混合而成，适当调整混合气体的成分，可以控制气氛的性质，达到无氧化脱碳或渗碳的目的。

目前用于热处理的可控气氛名称和种类很多，我国目前常用的可控气氛主要有以下四大类。

① 放热式气氛　用煤气或丙烷等与空气按一定比例混合后进行放热反应（燃烧反应）而制成，由于反应时放出大量的热，故称为放热式气氛。主要用于防止加热时的氧化，如低、中碳钢的光亮退火或光亮淬火等。

② 吸热式气氛　用煤气、天然气或丙烷等与空气按一定比例混合后，通入发生器进行吸热反应（外界加热），故称为吸热式气氛，其碳势（碳势是指炉内气氛与奥氏体之间达到平衡时，钢表面的碳的质量分数）可调节和控制，可用于防止工件的氧化和脱碳，或用于渗碳处理。它适用于各种含碳量的工件光亮退火、淬火，渗碳或碳氮共渗。

③ 氨分解气氛　将氨气加热分解为氮和氢，一般用来代替价格较高的纯氢作为保护气氛。主要应用于含铬较高的合金钢（如不锈钢、耐热钢）的光亮退火、淬火和钎焊等。

④ 滴注式气氛　用液体有机化合物（如甲醇、乙醇、丙酮等）混合滴入热处理炉内所得到的气氛称为滴注式气氛。它容易获得，只需要在原有的井式炉、箱式炉或连续炉上稍加改造即可使用。如滴注式可控气氛渗碳就是向井式渗碳炉中同时滴入两种有机液体，如甲醇和丙酮。前者分解后作为稀释气氛的载流体；丙酮分解后，形成渗碳能力很强的渗碳气体。调节两种液体的滴入比例，可以控制渗碳气氛的碳势。滴注式气氛主要应用于渗碳、碳氮共渗、软氮化、保护气氛淬火和退火等。

(2) 真空热处理 (vacuum heat treatment)

金属和合金在真空热处理时会产生一些和常规热处理技术所没有的作用，是一种能得到高的表面质量的热处理新技术，目前越来越受到重视。

① 真空热处理的效果

a. 真空的保护作用　真空加热时，由于氧的分压很低，氧化性、脱碳性气体极为稀薄，可以防止氧化和脱碳，当真空度达到 $1.33 \times 10^{-3} Pa$ 时，即可达到无氧化加热，同时真空热处理属于无污染的洁净热处理。

b. 表面净化效果　金属表面在真空热处理时不仅可以防止氧化，而且还可以使已发生氧化的表面在真空加热时脱氧。因为在高真空中，氧的分压很低，加热可以加速金属氧化物分解，从而获得光亮的表面。

c. 脱脂作用　在机械加工时，工件不可避免地沾有油污，这些油污属于碳、氢和氧的化合物。在真空加热时，这些油污迅速分解为氢、水蒸气和二氧化碳，很容易蒸发而被排出炉外。所以在真空热处理中，即使工件有轻微的油污也会得到光亮的表面。

d. 脱气作用　在真空中长时间加热使溶解金属中的气体逸出，有利于提高钢的韧性。

e. 工件变形小　在真空中加热，升温速度慢，工件截面温差小，所以处理时变形小。

② 真空热处理的应用

a. 真空退火　利用真空无氧加热的效果，进行光亮退火，主要应用有冷拉钢丝的中间退火、不锈钢的退火以及有色合金的退火等。

b. 真空淬火　真空淬火已广泛应用于各种钢的淬火处理，特别是在高合金工具钢的淬火处理，保证了热处理工件的质量，大大提高了工件的性能。

c. 真空渗碳　工件在真空中加热并进行气体渗碳，称为真空渗碳，也叫低压渗碳。是近年来发展起来的一项新工艺。与传统渗碳方法相比，真空渗碳温度高（1000℃），可显著缩短渗碳时间，并减少渗碳气体的消耗真空渗碳层均匀，渗层内碳浓度变化平缓，无反常组织及晶间氧化物产生，表面光洁。

3.7.2　形变热处理

形变热处理（ausforming）是将形变与相变结合在一起的一种热处理新工艺，它能获得形变强化与相变强化的综合作用，是一种既可以提高强度，又可以改善塑性和韧性的最有效的方法。形变热处理中的形变方式很多，可以是锻、轧、挤压、拉拔等。

形变热处理中的相变类型也很多，有铁素体珠光体类型相变、贝氏体类型相变、马氏体类型相变及时效沉淀硬化型相变等。形变与相变的关系也是各式各样的，可以先形变后相变，也可以相变后再形变，或者是在相变过程中进行形变。目前最常用的有以下两种。

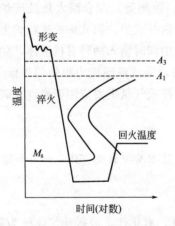

图 3-51　高温形变热处理工艺曲线示意图

（1）高温形变热处理（high temperature ausforming）

将钢加热到 A_{c_3} 以上（奥氏体区域），进行塑性变形，然后淬火和回火的工艺方法（图 3-51）；也可以立即在变形后空冷或控制冷却，得到铁素体珠光体或贝氏体组织，这种工艺称为高温形变正火，也称为"控制轧制"。

这种工艺的关键是在形变时，为了保留形变强化的效果，应尽可能避免发生再结晶软化，所以形变后应立即快速冷却。高温形变强化的原因是在形变过程中位错密度增加，奥氏体晶粒细化，使马氏体细化，从而提高了强化效果。

高温形变热处理与普通热处理相比，不但提高了钢的强度，而且同时提高了塑性和韧性，使钢的综合力学性能得到明显的改善。高温形变热处理适用于各类钢材，可将锻造和轧制同热处理结合起来，减少加热次数，节约能源。同时减少了工件氧化、脱碳和变形，在设备上没有特殊要求，生产上容易实现。目前在连杆、曲轴、汽车板簧和热轧齿轮应用较多。

（2）中温形变热处理（intermediate temperature ausforming）

将钢加热到 A_{c_3} 以上，迅速冷却到珠光体和贝氏体形成温度之间，对过冷奥氏体进行一

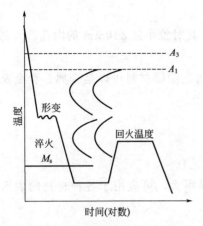

图 3-52　中温形变热处理工艺曲线示意图

定量的塑性变形，然后淬火回火，这种处理方法称为中温形变热处理（见图 3-52）。中温形变热处理要求钢要有较高的淬透性，以便在形变时不产生非马氏体组织。所以它适用于过冷奥氏体等温转变图上具有两个 C 曲线，即在 550～650℃范围内存在过冷奥氏体亚稳定区的合金钢。

中温形变热处理的强化效果非常显著，而且塑性和韧性不降低，甚至略有升高。因为在形变时，不仅使马氏体组织细化，而且还能增加马氏体中的位错密度，同时细小的碳化物在钢中弥散分布也起到了强化的作用。

中温形变热处理的形变温度较低，而且要求形变速度要快，所以加工设备功率大。因此，虽然中温形变热处理的强化效果好，但因工艺实施困难，应用受到限制，目前主要用于强度要求极高的零件，如飞机起落架、高速钢刃具、弹簧钢丝、轴承等。

3.8　表面热处理新技术

近年来，金属材料表面处理新技术得到了迅速发展，开发出许多新的工艺方法，这里只介绍主要的几种。

3.8.1　热喷涂技术

将热喷涂材料加热至熔化或半熔化状态，用高压气流使其雾化并喷射于工件表面形成涂层的工艺称为热喷涂。

热喷涂技术可改善材料的耐磨性、耐蚀性、耐热性及绝缘性等，广泛用于包括航空航天、核能、电子等尖端技术在内的几乎所有领域。

（1）热喷涂层的结构

热喷涂层是由无数变形粒子相互交错呈波浪式堆叠在一起的层状结构，粒子之间存在着孔隙和氧化物夹杂缺陷（图 3-53）。喷涂层与基体之间以及喷涂层中颗粒之间主要是通过镶嵌、咬合、填塞等机械形式连接的，其次是微区冶金结合及化学键结合。

（2）热喷涂方法

常用的热喷涂方法有以下三种。

① 火焰喷涂　多用氧-乙炔火焰作为热源。

② 电弧喷涂　丝状喷涂材料作为自耗电极、电弧作为热源的喷涂方法。

③ 等离子喷涂　是一种利用等离子弧作为热源进行喷涂的方法。

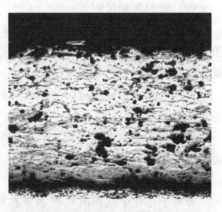

图 3-53　热喷涂层的微观结构（×400）

（3）热喷涂的特点及应用

① 工艺灵活　热喷涂可整体喷涂，也可局部喷涂，其对象小到 ϕ10mm 的内孔，大到铁塔、桥梁；

② 基体及喷涂材料广泛　基体可以是金属和非金属，涂层材料可以是金属、合金及塑料、陶瓷等；

③ 涂层可控　涂层厚度从几十微米到几毫米；

④ 生产效率高；

⑤ 工件变形小　基体材料温度不超过 250℃（冷工艺）。

由于涂层材料的种类很多，所获得的涂层性能差异很大，可应用于各种材料的表面保护、强化及修复并满足特殊功能的需要。

3.8.2　气相沉积技术

气相沉积技术（vapour deposition process）是利用气相中发生的物理、化学反应，生成的反应物在工件表面形成一层具有特殊性能的金属或化合物的涂层。气相沉积通常是在工件表面上涂覆一层过渡族元素（如钛、铌、钒、铬等）的碳、氮、氧、硼化合物。气相沉积方法的优点是涂覆层附着力强、均匀、质量好、无污染等。涂覆层具有良好的耐磨性、耐蚀性等，涂覆后的零件寿命可提高 2～10 倍以上。气相沉积技术还能制备各种润滑膜、磁性膜、光学膜以及其他功能膜，因此在机械制造、航空航天、核能等领域得到了广泛的应用。

根据沉积过程的原理不同，气相沉积分为两大类，一类是化学气相沉积（简称 CVD 法）；另一类是物理气相沉积（简称 PVD 法）。由于气相沉积技术的发展，等离子技术被引入化学气相沉积，还出现了等离子体化学气相沉积（简称 PCVD 法）。

（1）化学气相沉积

化学气相沉积是利用气态物质在固态工件表面进行化学反应，生成固态沉积物的过程。常用的碳化钛或氮化钛的沉积方法就是向加热到 900～1100℃ 的反应室内通入 $TiCl_4$、H_2、N_2、CH_4 等反应气体，经数小时沉积后，在工件表面形成几微米厚的碳化钛或氮化钛。化学气相沉积的速度较快，而且涂层均匀，但由于沉积温度高，工件变形大，只能用于少数几种能承受高温的材料。

（2）物理气相沉积

物理气相沉积是指在真空条件下，用物理的方法，使材料气化成原子、分子或电离成离子，并通过气相过程，在材料表面沉积一层薄膜的技术。物理沉积技术主要包括真空蒸镀、溅射镀、离子镀三种基本方法。

物理气相沉积具有适用的基体材料和膜层材料广泛，工艺简单、省材料、无污染，获得的膜层膜基附着力强、膜层厚度均匀、致密、针孔少等优点，广泛用于机械、航空航天、电子、光学和轻工业等领域制备耐磨、耐蚀、耐热、导电、绝缘、光学、磁性、压电、滑润、超导等薄膜。

（3）等离子体化学气相沉积技术

等离子体化学气相沉积技术是在化学气相沉积技术基础上，将等离子体引入到反应室内，使沉积温度从化学气相沉积的 1000℃ 降到了 600℃ 以下，扩大了其应用范围。

3.8.3 三束表面改性技术

三束表面改性技术是指将激光束、电子束和离子束（合称"三束"）等具有高能量密度的能源（一般大于 $10^3\,W/cm^2$）施加到材料表面，使之发生物理、化学变化，以获得特殊表面性能的技术，其具有能量利用率高、工件变形小、生产效率高等特点。

由于这些束流具有极高的能量密度，可对材料表面进行快速加热和快速冷却，使表层的结构和成分发生大幅度改变（如形成微晶、纳米晶、非晶、亚稳成分固溶体和化合物等），从而获得所需要的特殊性能。

（1）激光束表面改性技术

激光是一种具有极高能量密度、极高亮度、单色性和方向性的强光源。激光束能量密度高（$10^6\,W/cm^2$），可在短时间内将工件表面快速加热或融化，而心部温度基本不变；当激光辐射停止后，由于散热速度快，又会产生"自激冷"。随着激光技术的发展，大功率激光器在生产中的应用，激光热处理工艺的应用也越来越广泛。

① 激光加热表面淬火（激光相变硬化） 激光束可以在极短的时间（$1/1000\sim1/100s$）内将工件表面加热到相变温度，然后依靠工件本身的传热实现快速冷却淬火。其特点是：

a. 加热时间短，相变温度高，形核率高，淬火得到隐晶马氏体组织，因而表面硬度高，耐磨性好。

b. 加热速度快，表面氧化与脱碳极轻，同时靠自冷淬火，不用冷却介质，工件表面清洁，无污染。

c. 工件变形小。特别适于形状复杂的零件（拐角、沟槽、盲孔）的局部热处理。

激光表面淬火件硬度高（比普通淬火高15%～20%）、耐磨、耐疲劳，变形极小，表面光亮，已广泛用于发动机缸套、滚动轴承圈、机床导轨、冷作模具等。

② 激光表面合金化 预先用镀膜或喷涂等技术把所要求的合金元素涂敷到工件表面形成一层合金元素或化合物，再用激光束进行扫描，使涂覆层材料和基体材料的浅表层一起熔化、凝固，形成成分与结构均不同于基体的、具有特殊性能的超细晶粒的合金化层，从而使工件表面具有优良的力学性能或其他一些特殊要求的性能。

激光表面合金化已成功用于发动机阀座和活塞环、涡轮叶片等零件的性能和寿命的改善。

（2）电子束表面改性技术

电子束表面改性技术是以在电场中高速移动的电子作为载能体，电子束的能量密度最高可达 $10^9\,W/cm^2$。

除所使用的热源不同外，电子束表面改性技术与激光束表面改性技术的原理和工艺基本类似。凡激光束可进行的处理，电子束也都可进行。

与激光束表面改性技术相比，电子束表面改性技术还具有以下特点：

① 由于电子束具有更高的能量密度，所以加热的尺寸范围和深度更大。

② 设备投资较低，操作较方便（无需像激光束处理那样在处理之前进行"黑化"）。

③ 因需要真空条件，故零件的尺寸受到限制。

（3）离子注入表面改性技术

离子注入是指在真空下，将注入元素离子在几万至几十万电子伏特电场作用下高速注入材料表面，使材料表面层的物理、化学和力学性能发生变化的方法。

离子注入的特点是：可注入任何元素，不受固溶度和热平衡的限制；注入温度可控，不氧化、不变形；注入层厚度可控，注入元素分布均匀；注入层与基体结合牢固，无明显界面；可同时注入多种元素，也可获得两层或两层以上性能不同的复合层。

通过离子注入可提高材料的耐磨性、耐蚀性、抗疲劳性、抗氧化性及电、光等特性。

目前离子注入在微电子技术、生物工程、宇航及医疗等高技术领域获得了比较广泛的应用，尤其在工具和模具制造工业的应用效果突出。

思 考 题

1. 名词解释

(1) T8 钢（共析钢）过冷奥氏体高温转变产物为（   ）。

A. 珠光体、上贝氏体   B. 上贝氏体、下贝氏体

C. 珠光体、索氏体、铁素体   D. 珠光体、索氏体、托氏体

(2) 45 钢加热到 A_{c_3} 以上 30℃，保温后空冷得到的组织是（   ）。

A. P+F   B. S+F   C. T+B   D. M

(3) 45 钢经调质处理后得到的组织是（   ）。

A. 回火 T   B. 回火 M   C. 回火 S   D. S

(4) 改善 T8 钢的切削加工性能，可采用（   ）。

A. 扩散退火   B. 去应力退火   C. 再结晶退火   D. 球化退火

(5) 共析钢的过冷奥氏体在 350～550℃ 的温度区间等温转变时，所形成的组织是（   ）。

A. 索氏体   B. 上贝氏体   C. 上贝氏体   D. 珠光体

(6) 正火是将工件加热到一定温度，保温一段时间，然后采用的冷却方式是（   ）。

A. 随炉冷却   B. 在油中冷却   C. 在空气中冷却   D. 在水中冷却

(7) 碳钢的淬火工艺是将其工件加热到一定温度，保温一段时间，然后采用的冷却方式是（   ）。

A. 随炉冷却   B. 在风中冷却   C. 在空气中冷却   D. 在水中冷却

(8) 退火是将工件加热到一定温度，保温一段时间，然后采用的冷却方式是（   ）。

A. 随炉冷却   B. 在油中冷却   C. 在空气中冷却   D. 在水中冷却

(9) 共析钢在奥氏体的连续冷却转变产物中，不可能出现的组织是（   ）。

A. P   B. S   C. B   D. M

2. 填空题

(1) 在过冷奥氏体等温转变产物中，珠光体与托氏体的主要相同点是_____，不同点是_____。

(2) 用光学显微镜观察，上贝氏体的组织特征呈_____状，而下贝氏体则呈_____状。

(3) 马氏体的显微组织形态主要有_____、_____两种。其中_____的韧性较好。

(4) 钢的淬透性越高，则其 C 曲线的位置越_____，说明临界冷却速度越_____。

(5) 球化退火的主要目的是_____，它主要适应用于_____钢。

(6) 亚共析钢的正常淬火温度范围是_____，过共析钢的正常淬火温度范围是_____。

(7) 在钢中加入_____、_____等合金元素，能抑制杂质元素向晶界偏聚，可有效减轻或消除第二次回火脆性的倾向。

(8) _____是采用快递加热的方法使工件表面奥氏体化，然后快冷获得表层淬火组织的一种热处理工艺。

(9) 在钢的回火时，随着回火温度的升高，淬火钢的组织转变可以归纳为以下四个阶段：马氏体的分解，残余奥氏体的转变，_____，_____。

(10) 共析钢中奥氏体的形成过程是：奥氏体形核，奥氏体长大，_____，_____。

3. 简答题

(1) 何谓钢的热处理？钢的热处理操作有哪些基本类型？试说明热处理同其他工艺过程的关系、作用及其在机械制造中的地位和作用。

(2) 马氏体的本质是什么？马氏体为什么必须经回火才能使用？回火时会发生什么变化？

(3) 指出各相变点的意义。

(4) 奥氏体形成过程中 C 原子和 Fe 原子如何变化？解释奥氏体形成过程？

(5) 试述共析钢过冷奥氏体在 $A_1 \sim M_s$ 温度间，不同温度等温转变的产物与性能。

(6) 热处理使钢奥氏体化时，原始组织以组粒状珠光体好还是以细片状珠光体好？为什么？

(7) 说明回火马氏体、回火索氏体、回火屈氏体、马氏体、索氏体、屈氏体的显微组织特征。

(8) 共析钢加热到奥氏体后，说明以各种速度连续冷却后得到的组织。能否得到贝氏体组织？采取什么办法可以获得贝氏体组织（用等温曲线说明）？

(9) 简述退火的种类、作用和应用范围。

(10) 退火与正火的主要区别是什么？哪种热处理工艺可以消除过共析钢中的网状碳化物？

(11) 碳钢按含碳量和用途如何分类？

(12) 回火的目的是什么？常用回火有哪几种？回火后组织是什么？钢的性能与回火温度有何关系？

(13) 淬火的目的是什么？如何确定亚共析钢和过共析钢淬火加热温度？从获得的组织和性能等方面加以解释。

(14) 为了改善碳素工具钢的切削加工性，应采用何种预备热处理？

①完全退火；②再结晶退火；③球化退火。

(15) 有两个含碳量 1.2% 的碳钢新试样，分别加热到 780℃ 和 860℃，保温相同时间，使之达到平衡状态，然后以大于 v_k 的冷却速度冷到室温，分析所得产物的组织。

(16) 何为淬透性？解释工件淬硬层与冷却速度的关系。

(17) 一个工件原始组织中含有网状碳化物，制订热处理工艺使获得回火马氏体组织。

(18) 以共析钢为例，说明过冷奥氏体等温转变曲线（即 C 曲线）中各条线的含义？

(19) 设计热处理零件时应考虑哪些因素？

(20) 为何不在 250～350℃ 温度范围内进行回火？

(21) 什么是化学热处理？它与普通热处理有什么不同？

(22) 试说明表面淬火、化学热处理工艺在用钢、性能、应用范围等方面的差别。

第4章
金属材料

4.1 工业用钢

目前工业用钢分为碳素钢和合金钢两大类。碳素钢（简称碳钢）占有很重要的地位。由于碳钢容易冶炼和加工，并具有一定的力学性能，在一般情况下，它能够满足工农业生产的需要，加之价格低廉，经过热处理后，可以在不改变化学成分的前提下使力学性能得到不同程度的改善和提高，在工农业生产中有着广泛的应用。但是碳素钢的淬透性比较差，强度、屈强比、回火稳定性、抗氧化、耐蚀、耐热、耐低温、耐磨损以及特殊电磁性等方面往往较差，不能满足特殊使用性能的需求。为了满足科学技术和工业的发展要求，提高钢的性能，往往在铁碳含金中特意加入锰、铬、硅、镍、钨、钒、钼、钛、硼、铝、铜和稀土等合金元素，所获得的钢种，称为合金钢。由于合金元素与铁、碳以及合金元素之间的相互作用，改变了钢的内部组织结构，从而能提高和改善钢的性能。

钢的分类方法很多，最常用的是按照图 4-1，用钢的化学成分、用途、质量或热处理金相组织等进行分类。除此之外，还可以按冶炼方法分为平炉钢、转炉钢和电炉钢；按钢的脱氧程度分为沸腾钢、镇静钢和半镇静钢。

4.1.1 碳钢中的常存杂质及对性能的影响

碳钢是指含碳量小于 2.11% 的铁碳合金，但实际使用的碳钢并不是单纯的铁碳合金。在碳钢的生产冶炼过程中，由于炼钢原材料的带入和工艺的需要，而有意加入一些物质，使钢中有些长存杂质，主要有硅、锰、硫、磷这四种，它们的存在对钢铁的性能有较大影响。

（1）硅

硅在钢中是有益元素。在炼铁、炼钢的生产过程中，由于原料中含有硅以及使用硅铁作脱氧剂，使得钢中常含有少量的硅元素。在碳钢中通常 $w_{Si} < 0.4\%$，硅能溶入铁素体使之强化，提高钢的强度、硬度，而塑性和韧性降低。

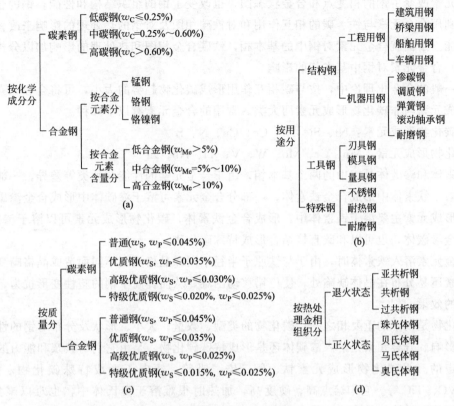

图 4-1　钢的常用分类方法

（2）锰

锰在钢中也是有益元素。锰也是由于原材料中含有锰以及使用锰铁脱氧而带入钢中的。锰在钢中的质量分数一般为 $w_{Mn}=0.25\%\sim0.8\%$。锰能溶入铁素体使之强化，提高钢的强度、硬度。锰还可与硫形成 MnS，消除硫的有害作用，并能起断屑作用，可改善钢的切削加工性。

（3）硫

硫在钢中是有害元素。硫和磷也是从原料及燃料中带入钢中的。硫在固态下不溶于铁，以 FeS（熔点 1190℃）的形式存在。FeS 常与 Fe 形成低熔点（985℃）共晶体分布在晶界上，当钢加热到 1000~1200℃ 进行压力加工时，由于分布在晶界上的低熔点共晶体熔化，使钢沿晶界处开裂，这种现象称为热脆。为了避免热脆，在钢中必须严格控制含硫量。

（4）磷

磷在钢中也是有害元素。磷在常温固态下能全部溶入铁素体中，使钢的强度、硬度提高，但使塑性、韧性显著降低，在低温时表现尤为突出。这种在低温时由磷导致钢严重脆化的现象称为"冷脆"。磷的存在还使钢的焊接性能变坏，因此钢中含磷量要严格控制。

扫码看视频课

25

4.1.2　合金元素在钢中的作用

在钢中加入合金元素后，钢的基本组元铁和碳与加入的合金元素会发生交互作用。加入的合金元素改变了钢的相变点和合金状态图，也改变了钢的组织结构和性能。钢的合金化的目的是利用合金元素与铁、碳的相互作用和对铁碳相图及对钢的热处理的影响来改善钢的组织和性能。下面就合金元素对钢中的基本相，铁碳合金相图和热处理的影响加以分析。

（1）合金元素对钢中基本相的影响

在一般的合金化理论中，按与碳相互作用形成碳化物趋势的大小，可将合金元素分为碳化物形成元素与非碳化物形成元素两大类。常用的合金元素有以下几种。

非碳化物形成元素：Ni、Si、Al、Co、Cu、N、B

碳化物形成元素：Mn、Cr、Mo、W、V、Ti、Nb、Zr

铁素体和渗碳体是钢中的两个基本相，由于合金元素的性能和种类等差异，一部分合金元素可溶于铁素体中形成合金铁素体，一部分合金元素可溶于渗碳体中形成合金渗碳体。非碳化物形成元素主要溶于铁素体中，形成合金铁素体，碳化物形成元素可以溶于渗碳体中，形成合金渗碳体，也可以和碳直接结合形成特殊碳化物。

合金元素溶入铁素体时，由于与铁原子半径不同和晶格类型不同而造成晶格畸变，另外合金元素还易分布在晶体缺陷处，使位错移动困难，从而提高了钢的塑性变形抗力，产生固溶强化的效果。

碳化物是钢中的重要相之一，碳化物的类型、数量、大小、形状及分布对钢的性能有很重要的影响。合金元素是溶入渗碳体还是形成特殊碳化物，是由它们与碳亲和能力的强弱程度所决定的。强碳化物形成元素钛、铌、锆、钒等，倾向于形成特殊碳化物，如 ZrC、NbC、VC、TiC 等。它们熔点高、硬度高，加热时很难溶于奥氏体中，也难以聚集长大，因此对钢的力学性能及工艺性能有很大影响。如果形成在奥氏体晶界上，会阻碍奥氏体晶粒的长大，提高钢的强度、硬度和耐磨性，但这些特殊碳化物的数量增多时，会影响钢的塑性和韧性。合金渗碳体是渗碳体中一部分铁被碳化物形成元素置换后所得到的产物，其晶体结构与渗碳体相同，可表达为 $(Fe, Me)_3C$（Me 代表合金元素），如 $(Fe, Cr)_3C$、$(Fe, W)_3C$。渗碳体中溶入碳化物形成元素后，硬度有明显增加，因而可提高钢的耐磨性。

（2）合金元素对铁碳相图的影响

合金元素对碳钢中的相平衡关系有很大影响，加入合金元素，可使 α-Fe 与 γ-Fe 存在范围发生变化，Fe-Fe_3C 相图、相变温度、共析成分会发生变化。

合金元素溶入铁中形成固溶体后，会改变铁的同素异构转变的温度，从而导致奥氏体单相区扩大或缩小。扩大奥氏体区域的元素有镍、锰、碳、氮等，这些元素使相图中的 A_1 和 A_3 温度降低，使 S 点、E 点向左下方移动，从而使 Fe-Fe_3C 相图的奥氏体区域扩大。缩小奥氏体区的元素有铬、钼、硅、钨等，使 A_1 和 A_3 温度升高，使 S 点、E 点向左上方移动，从而使 Fe-Fe_3C 相图的奥氏体区域缩小。锰和铬对奥氏体区的影响见图 4-2 所示。利用合金元素对 Fe-Fe_3C 相图的影响，可以在室温下获得单相奥氏体钢或单相铁素体钢。单相奥氏体钢或单相铁素体钢具有耐蚀、耐热等性能，是不锈钢、耐蚀钢和耐热钢中常见的组织。

大多数的合金元素均使 S 点、E 点向左方移动。S 点向左方移动意味着共析点含碳量减少，使含碳量相同的碳钢和合金钢具有不同的组织和性能。与同样含碳量的亚共析钢相比，组织中的珠光体数量增加，而使钢得到强化。例如，钢中含有 12% 的 Cr 时，这种合金钢共析点的碳浓度为 0.4% 左右，这样含 C 0.4% 的合金钢便具有共析成分，而含 C 0.5% 的属于亚共析钢的碳素钢就变成了属于过共析的合金钢了。同样，含有 12% 的 Cr 的共析钢，

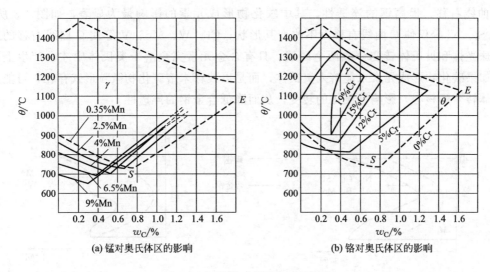

图 4-2 锰和铬对奥氏体区的影响

当含碳量仅为 1.5％时就会出现共晶莱氏体组织。这是由于 E 点的左移，使发生共晶转变的含碳量降低，在含碳量较低时，使钢具有莱氏体组织。

对于扩大奥氏体区域的元素，由于 A_1 和 A_3 温度降低，就直接地影响热处理加热的温度，所以锰钢、镍钢的淬火温度低于碳钢。对于缩小奥氏体区的元素由于 A_1 和 A_3 温度升高了，这类钢的淬火温度也相应地提高了。

（3）合金元素对钢热处理的影响

合金钢一般都是经过热处理后使用的，主要是通过改变钢在热处理过程中的组织转变来显示合金元素的作用的。合金元素对钢的热处理的影响主要表现在对加热、冷却和回火过程中的相变等方面。

① 合金元素对钢加热时组织转变的影响　钢在加热时，奥氏体化过程包括晶核的形成和长大，碳化物的分解和溶解，以及奥氏体成分的均匀化等过程。合金钢加热到 A_{c_1} 以上发生奥氏体相变时，合金元素对碳化物的稳定性的影响以及它们与碳在奥氏体中的扩散能力直接控制了奥氏体的形成过程。一方面，加入合金元素会改变碳在钢中的扩散速度。例如碳化物形成元素 Cr、Mo、W、Ti、V 等，由于它们与碳有较强的亲和力，显著减慢了碳在奥氏体中的扩散速度，故奥氏体的形成速度大大减慢。另一方面，奥氏体形成后，要使稳定性高的碳化物完全分解并固溶于奥氏体中，需要进一步提高加热温度，这类合金元素也将使奥氏体化的时间延长。加之合金钢的奥氏体成分均匀化过程还需要合金元素的扩散，因此，合金钢的奥氏体成分均匀化比碳钢更缓慢。常采用提高钢的加热温度或保温时间的方法来促使奥氏体成分的均匀化。

除锰以外几乎所有的合金元素都能阻止奥氏体晶粒的长大，细化晶粒。尤其是碳化物形成元素钛、矾、钼、钨、铌、锆等，易形成比铁的碳化物更稳定的碳化物，如 TiC、VC、MoC 等。此外，一些晶粒细化剂如 AlN 等在钢中可形成弥散质点分布于奥氏体晶界上，阻止奥氏体晶粒的长大，细化晶粒。所以，与相应的碳钢相比，在同样加热条件下，合金钢的组织较细，力学性能更高。

② 合金元素对钢冷却时组织转变的影响　除 Co 以外，大多数合金元素总是不同程度地

使 C 曲线右移，提高钢的淬透性。其中碳化物形成元素的影响最为显著，如图 4-3 所示。Mn、Si、Ni 等仅使 C 曲线右移而不改变其形状；Cr、W、Mo、V 等使 C 曲线右移的同时还将珠光体和贝氏体转变分成两个区域。只有合金元素完全溶于奥氏体中才会产生上述作用，如果碳化物形成元素未能溶入奥氏体，而是以残存未溶碳化物微粒形式存在，可能成为珠光体转变的核心，影响马氏体的转变，从而降低合金钢的淬透性。

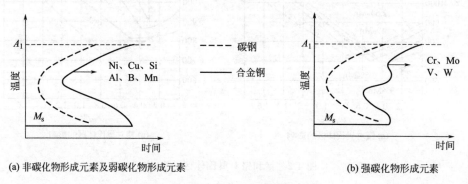

图 4-3　合金元素对 C 曲线的影响

除 Co、Al 外，大多数合金元素溶入奥氏体中总是不同程度地降低马氏体转变温度，并增加钢中残余奥氏体的数量，对钢的硬度和尺寸稳定性产生较大影响。

③ 合金元素对钢回火时组织转变的影响　将淬火后的合金钢进行回火时，其回火过程的组织转变与碳钢相似，但由于合金元素的加入，使其在回火转变时具有如下特点。

淬火钢在回火过程中抵抗硬度下降的能力称为回火稳定性。由于合金元素在回火过程中推迟马氏体的分解和残余奥氏体的转变（即在较高温度才开始分解和转变），使回火的硬度降低过程变缓，从而提高钢的回火稳定性。提高回火稳定性作用较强的合金元素有：V、Si、Mo、W、Ni、Co 等。

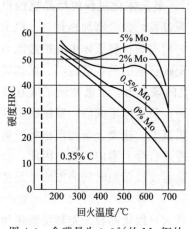

图 4-4　含碳量为 0.3% 的 Mo 钢的
回火温度与硬度关系曲线

一些 Mo、W、V 含量较高的高合金钢回火时，硬度不是随回火温度升高而单调降低，而是到某一温度（约 400℃）后反而开始增大，并在另一更高温度（一般为 550℃ 左右）达到峰值。这是回火过程的二次硬化现象。含碳量为 0.3% 的 Mo 钢的回火温度与硬度关系曲线见图 4-4 所示。一方面合金元素提高了碳化物向渗碳体的转变温度；另一方面，随着回火温度的提高，渗碳体和相中的合金元素将重新分配，引起渗碳体向特殊碳化物转变。在 450℃ 以上渗碳体溶解，钢中开始沉淀出弥散稳定的难熔碳化物 Mo_2C、W_2C、VC 等，这些碳化物硬度很高，具有很高的热硬性。如具有高热硬性的高速钢就是靠 W、V、Mo 的这种特性来实现的。

450～600℃ 间发生的第二类回火脆性主要与某些杂质元素以及合金元素本身在原奥氏体晶界上的严重偏聚有关，多发生在含 Mn、Cr、Ni 等元素的合金钢中。回火后快冷（通常用油冷）可防止其发生。钢中加入 0.5%Mo 或 1%W 也可基本上消除这类脆性。

4.1.3 钢的牌号

我国钢材的编号是按碳的质量分数、合金元素的种类和数量以及质量级别来编号的。依据国家标准规定，钢号中的化学元素采用国际化学元素符号表示，如 Si、Mn、Cr，稀土元素用"RE"表示。产品名称、用途、冶炼和浇注方法等则采用汉语拼音字母表示。表 4-1 是部分钢的名称、用途、冶炼方法及浇注方法用汉字或汉语拼音字母表示的代号。

表 4-1 部分钢的名称、用途、冶炼方法及浇注方法代号

名 称	牌号表示		名 称	牌号表示	
	汉字	汉语拼音字母		汉字	汉语拼音字母
平炉	平	P	高温合金	高温	GH
酸性转炉	酸	S	磁钢	磁	C
碱性侧吹转炉	碱	J	容器用钢	容	R
沸腾钢	沸	F	船用钢	船	C
半镇静钢	半	b	矿用钢	矿	K
碳素工具钢	碳	T	桥梁钢	桥	q
滚动轴承钢	滚	G	锅炉用钢	锅	g
高级优质钢	高	A	钢轨钢	轨	U
易切钢	易	Y	焊条用钢	焊	H
铸钢	铸	ZG	电工用纯铁	电铁	DT

（1）普通碳素结构钢

普通碳素结构钢是用代表屈服强度的字母 Q、屈服强度值、质量等级符号（A，B，C，D）以及脱氧方法符号（F，b，Z）等四部分按顺序组成。如 Q235-A、F，表示屈服强度为 235MPa 的 A 级沸腾钢。质量等级符号反映碳素结构钢中硫、磷含量的多少，按 A、B、C、D 质量依次增高。

（2）优质碳素结构钢

优质碳素结构钢的钢号是用钢中平均碳质量分数的两位数字表示，单位万分之一。如钢号 45，表示平均碳质量分数为 0.45% 的钢。对于锰的质量分数比较高的钢，须将锰元素标出，如 $w_C = 0.50\%$、$w_{Mn} = 0.70\% \sim 1.00\%$ 的钢，其钢号为 50Mn。专门用途的优质碳素结构钢，应在钢号后特别标出，如 $w_C = 0.15\%$ 的锅炉用钢，其钢号为 15g。

（3）碳素工具钢

碳素工具钢的钢号前加"T"，其后是表示钢中平均碳质量分数的千分之几的数字。如 $w_C = 0.8\%$ 的碳素工具钢，其钢号记为"T8"。高级优质钢则在钢号末端加"A"，如"T8A"。

（4）合金结构钢

合金结构钢的钢号由"数字＋元素＋数字"三部分组成。前两位数字表示钢中平均碳质量分数的万分之几；合金元素用化学元素符号表示，元素符号后面的数字表示该元素平均质量分数的百分数。当合金元素的平均质量分数 ＜1.5% 时，一般只标出元素符号而不标数字，当其质量分数 ≥1.5%、≥2.5%、≥3.5%… 时，则在元素符号后相应地标出 2、3、4…。

如果钢中加有 V、Ti、Al、B、RE 等合金元素，尽管它们在钢中的质量分数很低，但对钢的性能影响很大，故仍应在钢号中标出它们的元素符号。如 $w_C = 0.16\%$，$w_{Mn} =$

$1.0\%\sim1.4\%$，$w_{Nb}=0.015\%\sim0.05\%$的钢，其钢号为"16MnNb"。

（5）合金工具钢

合金工具钢的钢号前用一位数字表示平均碳质量分数的千分数；当平均碳质量分数$w_C\geqslant1\%$时，不标出其碳质量分数。如9CrSi钢，表示平均碳质量分数$w_C=0.9\%$，合金元素Cr、Si的平均质量分数都小于1.5%的合金工具钢；Cr12MoV钢表示平均碳质量分数$w_C>1\%$、$w_{Cr}\approx12\%$，w_{Mo}和$w_V<1.5\%$的合金工具钢。

高速钢的钢号中一般不标出碳质量分数，仅标出合金元素的平均质量分数的百分数。如W6Mo5Cr4V2。

（6）滚动轴承钢

滚动轴承钢的钢号前冠以"G"，其后为Cr+数字表示，数字表示铬质量分数的千分之几。如GCr15钢，表示铬平均质量分数$w_{Cr}=1.5\%$的滚动轴承钢。

（7）不锈钢及耐热钢

不锈钢及耐热钢的钢号前面数字表示碳质量分数的千分之几，如"9Cr18"表示钢的平均碳质量分数$w_C=0.9\%$。但当钢的碳质量分数$w_C\leqslant0.03\%$及$\leqslant0.08\%$时，钢号前应分别冠以00及0表示。如00Cr18Ni10、0Cr19Ni9等。

（8）铸钢

铸钢的牌号由字母"ZG"后面加两组数字组成。第一组数字代表钢的屈服强度值，第二组数字代表钢的抗拉强度值。例如ZG270—500表示屈服强度为270MPa、抗拉强度为500MPa的铸钢。

4.1.4　结构钢

（1）碳素结构钢

这类碳钢中的碳质量分数一般小于0.4%，钢中有害杂质相对较多，但价格便宜，多用于要求不高的机械零件和一般的工程构件。通常轧制成钢板或各种型材供应。表4-2为碳素结构钢的牌号、主要成分、力学性能及用途。

扫码看视频课
26

表4-2　碳素结构钢的牌号、主要成分、力学性能及用途

牌号	等级	化学成分/%			力学性能			用途
		w_C	$w_S\leqslant$	$w_P\leqslant$	σ_s/MPa	σ_b/MPa	δ_5/%$\geqslant$	
Q195	—	0.06~0.12	0.050	0.045	195	315~390	33	塑性好,有一定的强度,用于制造受力不大的零件,如螺钉、螺母、垫圈等,焊接件及冲压件及桥梁建设等金属结构件
Q215	A	0.09~0.15	0.050	0.045	215	335~410	31	
	B		0.045					
Q235	A	0.14~0.22	0.050	0.045	235	375~460	26	
	B	0.12~0.20	0.045					
	C	≤0.18	0.040	0.040				
	D	≤0.17	0.035	0.035				
Q255	A	0.18~0.28	0.050	0.045	255	410~510	24	强度较高,用于制造承受中等载荷的零件,如小轴、销、连杆等
	B		0.045					
Q275	—	0.28~0.38	0.050	0.045	275	490~610	20	

（2）优质碳素结构钢

这类钢有害杂质比较少，强度、塑性、韧性均比普通碳素结构钢好。主要用于制造较重要的机械零件。表 4-3 为常用优质碳素结构钢的牌号、主要成分、力学性能及用途。

表 4-3　常用优质碳素结构钢的牌号、主要成分、力学性能及用途

牌号	化学成分/%			力学性能			用途
	w_C	w_{Si}	w_{Mn}	σ_b/MPa	σ_s/MPa	δ_5/%	
				不　小　于			
08F	0.05~0.11	≤0.03	0.25~0.50	295	175	35	受力不大但要求高韧性的冲压件、焊接件、紧固件等，渗碳淬火后可制造要求强度不高的耐磨零件，如凸轮、滑块、活塞销等
08	0.05~0.12	0.17~0.37	0.35~0.65	325	195	33	
10	0.07~0.14	0.17~0.37	0.35~0.65	335	205	31	
15	0.12~0.19	0.17~0.37	0.35~0.65	375	225	27	
20	0.17~0.24	0.17~0.37	0.35~0.65	410	245	25	
30	0.27~0.35	0.17~0.37	0.50~0.80	490	295	21	负荷较大的零件，如连杆、曲轴、主轴、活塞销、表面淬火齿轮、凸轮等
35	0.32~0.40	0.17~0.37	0.50~0.80	530	315	20	
40	0.37~0.45	0.17~0.37	0.50~0.80	570	335	19	
45	0.42~0.50	0.17~0.37	0.50~0.80	600	355	16	
50	0.47~0.55	0.17~0.37	0.50~0.80	630	375	14	
55	0.52~0.60	0.17~0.37	0.50~0.80	645	380	13	
65	0.62~0.70	0.17~0.37	0.50~0.80	695	410	10	要求弹性极限或强度较高的零件，如轧辊、弹簧、钢丝绳、偏心轮等
65Mn	0.62~0.70	0.17~0.37	0.90~1.2	735	430	9	
70	0.67~0.75	0.17~0.37	0.50~0.80	715	420	9	
75	0.72~0.80	0.17~0.37	0.50~0.80	1080	880	7	

（3）低合金结构钢

低合金结构钢是在低碳碳素结构钢的基础上加入少量合金元素（总 w_{Me}＜3%）而得到的钢。这类钢比低碳碳素结构钢的强度高 10%～30%，因此又被称为低合金高强度钢，英文缩写为 HSLA 钢。从成分上看其为含低碳的低合金钢种，是为了适应大型工程结构（如大型桥梁、压力容器及船舶等）减轻结构重量，提高可靠性及节约材料的需要。

与低碳钢相比，低合金结构钢不但具有良好的塑性和韧性以及焊接工艺性能，而且还具有较高的强度，较低的冷脆转变温度和良好的耐腐蚀能力。因此，用低合金结构钢代替低碳钢，可以减少材料和能源的损耗，减轻工程结构件的自重，增加可靠性。

为了保证较好的塑性和焊接性能，低合金结构钢的碳的平均质量分数一般不大于0.2%。再加入以 Mn 为主的少量合金元素，起到固溶强化作用，达到了提高力学性能的目的。在此基础上还可加入极少量强碳化物元素如 V、Ti、Nb 等，不但提高强度，还会消除钢的过热倾向。如 Q235 钢、16Mn、15MnV 钢的含碳量相当，但在 Q235 中加入约 1% Mn（实际只相对多加 0.5%～0.8%）时，就成为 16Mn 钢，而其强度却增加近 50%，为350MPa；在 16Mn 的基础上再多加钒 0.04%～0.12%，材料强度又增加至 400MPa。

低合金结构钢一般在热轧或正火状态下使用，一般不需要进行专门的热处理。其使用状态下的显微组织一般为铁素体＋索氏体。有特殊需要时，如果为了改善焊接区性能，可进行

一次正火处理。

这类钢主要用来制造各种要求强度较高的工程结构，例如船舶、车辆、高压容器、输油输气管道、大型钢结构等。它在建筑、石油、化工、铁道、造船、机车车辆、锅炉容器、农机农具等许多部门都得到了广泛的应用。

我国列入冶金部标准的低合金结构钢，具有代表性钢种及牌号性能列入表 4-4 中。

表 4-4　常用低合金结构钢的牌号、主要成分、力学性能及用途

钢号	化学成分/%							厚度或直径/mm	力学性能				旧钢号	应用举例
	w_C	w_{Mn}	w_{Si}	w_V	w_{Nb}	w_{Ti}	其他		σ_s/MPa	σ_b/MPa	δ_5/%	A_{kV}/J (20℃)		
Q295	≤0.16	0.80~1.50	≤0.55	0.02~0.15	0.015~0.060	0.02~0.20		<16 16~35 35~50	≥295 ≥275 ≥255	390~570	23	34	09MnV 09MnNb 09Mn2 12Mn	桥梁,车辆,容器,油罐
Q345	0.18~0.20	1.00~1.60	≤0.55	0.02~0.15	0.015~0.060	0.02~0.20		<16 16~35 35~50	≥345 ≥325 ≥295	470~630	21~22	34	12MnV 14MnNb 16Mn 18Nb 16MnRE	桥梁,车辆,船舶,压力容器,建筑结构
Q390	≤0.20	1.00~1.60	≤0.55	0.02~0.20	0.015~0.060	0.02~0.20	w_{Cr}≤0.30 w_{Ni}≤0.70	<16 16~35 35~50	≥390 ≥370 ≥350	490~650	19~20	34	15MnV 15MnTi 16MnNb	桥梁,船舶起重设备,压力容器
Q420	≤0.20	1.00~1.70	≤0.55	0.02~0.20	0.015~0.060	0.02~0.20	w_{Cr}≤0.40 w_{Ni}≤0.70	<16 16~35 35~50	≥420 ≥400 ≥380	520~680	18~19	34	15MnVN 14MnVTiRE	桥梁,高压容器,大型船舶,电站设备,管道
Q460	≤0.20	1.00~1.70	≤0.55	0.02~0.20	0.015~0.060	0.02~0.20	w_{Cr}≤0.70 w_{Ni}≤0.70	<16 16~35 35~50	≥460 ≥440 ≥420	550~720	17	34	—	中温高压容器(<120℃),锅炉,化工、石油高压厚壁容器(<100℃)

（4）渗碳钢

渗碳钢通常是指经渗碳、淬火、低温回火后使用的钢，主要用于制造表面承受强烈摩擦和磨损，同时承受动载荷，特别是冲击载荷的机器零件。这类零件都要求表面具有高的硬度、耐磨性和接触疲劳强度，心部要有较高的强度和足够的韧性。

渗碳钢可分为碳素渗碳钢和合金渗碳钢。碳素渗碳钢的平均碳质量分数一般在 0.10%~0.20%，淬透性低，仅能在表面获得高的硬度，而心部得不到强化，只适用截面比较小的渗碳件。合金渗碳钢的平均碳质量分数一般在 0.10%~0.25% 之间，加入 Ni、Mn、B 等合金元素，以提高钢的淬透性，使零件在渗碳淬火后表面和心部都能得到强化。加入少量的 V、W、Mo、Ti 等碳化物形成元素，可防止高温渗碳时晶粒长大，起到细化晶粒的作用。

合金渗碳钢热处理后渗碳层的组织由回火马氏体＋粒状合金碳化物＋少量残余奥氏体组成，表面硬度一般为 58~64HRC。心部组织与钢的淬透性及工件截面尺寸有关，完全淬透

时为低碳回火马氏体，硬度为 $40\sim48HRC$；多数情况下，是由索氏体＋回火马氏体＋少量铁素体组成，硬度为 $25\sim40HRC$，这样就可以达到"表硬里韧"的性能。

常用合金渗碳钢的牌号、热处理、性能及用途见表 4-5。

表 4-5　常用合金渗碳钢的牌号、热处理、性能及用途

牌　号	试样尺寸/mm	热处理/℃				力学性能(不小于)					用　　途
		渗碳	第一次淬火	第二次淬火	回火	σ_b/MPa	σ_s/MPa	δ_5/%	ψ/%	α_k/(J/cm²)	
20Cr	15	930	880 水油	780 水～820 油	200	835	540	10	40	60	用于 30mm 以下受力不大的渗碳件
20CrMnTi	15	930	880 油	870 油	200	1080	853	10	45	70	用于 30mm 以下承受高速中载荷的渗碳件
20SiMnVB	15	930	850～880 油	780～800 油	200	1175	980	10	45	70	代替 20CrMnTi
20Cr2Ni4	15	930	880 油	780 油	200	1175	1080	10	45	80	用于承受高负荷的重要渗碳件如大型齿轮

(5) 调质钢

调质钢一般指经过调质处理后使用的碳素结构钢和合金结构钢。大多数调质钢属于中碳钢。调质处理后，钢的组织为回火索氏体。调质钢具有高的强度和良好的塑性与韧性，常用于制造一些要求具有良好综合力学性能的重要零件，如轴类、齿轮等。

① 调质钢的化学成分特点

a. 碳质量分数介于 $0.27\%\sim0.50\%$ 之间。碳质量分数过低时不易淬硬，回火后不能达到所需要的强度；碳质量分数过高将造成韧性偏低。

b. 合金调质钢中的主加合金元素有 Cr、Mn、Ti、Si 等，目的是提高调质钢的淬透性。

c. 加入能防止第二类回火脆性的合金元素，如 Mo、W 等。

② 调质钢的热处理特点　将调质钢加热至 850℃左右（$>A_{c_3}$）然后淬火。淬火介质可以根据钢件尺寸大小和钢的淬透性高低加以选择。除碳钢外，一般合金调质钢零件可以在油中淬火；合金元素的质量分数较高、淬透性特别大的钢件，甚至在空冷都能获得马氏体组织。

淬火后的调质钢必须进行回火处理，以便消除应力，增加韧性。调质钢一般在 $500\sim650℃$ 的高温进行回火处理。

③ 常用调质钢钢种　按钢的淬透性高低，合金调质钢大致可分为三大类。

a. 低淬透性合金调质钢　这类钢的油淬临界直径为 $30\sim40mm$，典型的钢种是 40Cr，广泛用于制造一般尺寸的重要零件。

b. 中淬透性合金调质钢　这类钢的油淬临界直径为 $40\sim60mm$，典型钢种有 35CrMo

等，用于制造截面较大的零件，如曲轴、连杆等。

c. 高淬透性合金调质钢　这类钢的油淬临界直径为 60～100mm，如 40CrNiMo，用于制造大截面、重载荷的重要零件，如汽轮机和航空发动机轴等。

常用合金调质钢的牌号、热处理、性能及用途见表 4-6 所示。

表 4-6　常用合金调质钢的牌号、热处理、性能及用途

牌　　号	试样尺寸/mm	热处理/℃		力学性能（不小于）					用　　途
		淬火	回火	σ_b/MPa	σ_s/MPa	δ_5/%	ψ/%	α_k/(J/cm²)	
40Cr	25	850油	520水油	980	785	9	45	60	作重要调质件，如轴类、连杆螺栓、汽车转向节、齿轮等
40MnB	25	850油	500水油	930	785	10	45	60	代替 40Cr
30CrMnSi	25	880油	520水油	1100	900	10	45	50	用于飞机重要件，如起落架、螺栓、对接接头、冷气瓶等
35CrMo	25	850油	550水油	980	835	12	45	80	用作重要的调质件，如锤杆、轧钢曲轴，是 40CrNi 的代用钢
38CrMoAlA	25	940水油	640水油	980	835	14	50	90	作需氮化的零件，如镗杆、磨床主轴、精密丝杠、量规等
40CrMnMo	25	850油	600水油	1000	800	10	45	80	作受冲击载荷的高强度件，是 40CrNiMo 钢的代用钢
40CrNiMoA	25	850油	600水油	980	835	12	55	78	作重型机械中高负荷的轴类、直升机的旋翼轴、汽轮机轴等

（6）弹簧钢

弹簧是各种机械和仪表中的重要零件。由于弹簧都是在动负荷下使用，因此要求弹簧钢必须有高的抗拉强度、高的屈强比（σ_s/σ_b）和高的疲劳强度，同时还要求有较好的淬透性和低的脱碳敏感性，在冷热状态下容易卷绕成形。

① 弹簧钢的化学成分　弹簧钢的碳质量分数一般在 0.6%～0.9% 之间。碳素弹簧钢（如 65、75 钢等）的淬透性比较差，当其截面尺寸超 12mm 时，在油中就不能淬透；若用水淬则容易产生裂纹。因此，对于截面尺寸较大，承受较重负荷的弹簧都是用合金弹簧钢制造。

合金弹簧钢的碳质量分数一般在 0.45%～0.75% 之间，钢中合金元素有 Si、Mn、Cr、W、V 等，主要是提高钢的淬透性和回火稳定性，强化铁素体和细化晶粒，提高弹性极限和屈强比。

② 弹簧钢的种类　弹簧钢按加工工艺可分为热成形弹簧和冷成形弹簧两种。

a. 热成形弹簧　在加热状态下成形，成形后利用余热立即淬火。淬火后的弹簧根据使用要求采用 450～550℃ 中温回火处理，最终得到回火托氏体组织。热成形法一般用来制作截面比较大的弹簧。

b. 冷成形弹簧　小尺寸弹簧通常用冷拔弹簧钢丝（片）绕制而成。用这种钢丝冷绕制成的弹簧只需进行一次 200～300℃ 的去应力回火，使弹簧定形即可使用。

常用合金弹簧钢的牌号、热处理、性能和用途见表 4-7。

表 4-7　常用合金弹簧钢的牌号、热处理、性能和用途

牌　号	热处理/℃		力学性能(不小于)				用　途
	淬火	回火	$\sigma_b/$ MPa	$\sigma_s/$ MPa	δ_{10} /%	ψ /%	
55Si2Mn	870 油	480	1300	1200	6	30	用于工作温度低于 230℃，$\phi 20\sim 30$mm 的减振弹簧、螺旋弹簧
60Si2Mn	870 油	480	1300	1200	5	25	用于工作温度低于 230℃，$\phi 20\sim 30$mm 的减振弹簧、螺旋弹簧
50CrVA	850 油	500	1300	1150	δ_5 10	40	用于 $\phi 30\sim 50$mm，工作温度低于 400℃ 的弹簧、板簧
60Si2CrVA	850 油	410	1900	1700	δ_5 6	20	用于 $\phi <50$mm 的弹簧，工作温度低于 250℃ 的重型板簧与螺旋弹簧
55SiMnMoVNb	880 油	550	1400	1300	7	35	用于 $\phi <75$mm 的弹簧或重型汽车板簧

(7) 滚动轴承钢

滚动轴承在工作时，滚动体（滚珠或滚柱）和轴承内外套圈均承受周期性交变载荷，循环受力次数每分钟可达数万次。由于它们之间接触面积很小，接触应力可高达数千兆帕。另外，轴承的滚动体和套圈之间不仅存在着滚动摩擦，而且也存在相对滑动摩擦。因此，滚动轴承一般都是因为疲劳破坏或磨损而失效。另外，滚动轴承一般工作在润滑油中，所以要具有一定的抗蚀能力。

① 化学成分　滚动轴承钢一般都是高碳铬钢，其 $w_C \approx 0.95\%\sim 1.10\%$、$w_{Cr} \approx 0.40\%\sim 1.65\%$，尺寸较大的轴承可采用铬锰硅钢。

碳质量分数高是为了保证轴承钢的高强度、高硬度和高耐磨性。铬的主要作用是增加钢的淬透性，铬与碳所形成的 $(FeCr)_3C$ 能阻碍奥氏体晶粒长大，减小钢的过热敏感性，使淬火后能获得细针状或隐晶马氏体组织。铬还有利于提高回火稳定性。

对于大型轴承钢，在 GCr15 的基础上加入适量的 Si（0.40%～0.65%）和 Mn（0.90%～1.20%），可以进一步改善钢的淬透性，在提高钢的强度和弹性极限的同时，不降低韧性。

② 热处理特点　轴承钢的热处理工艺主要为球化退火、淬火和低温回火。

球化退火的目的是使锻造后的轴承钢降低硬度，以利于切削加工，并为零件的最终热处理作组织准备。退火后的金相组织为球状珠光体和均匀分布细粒状碳化物，硬度低于 210HBS。

轴承钢淬火＋低温回火后的金相组织为极细的回火马氏体、分布均匀的细粒状碳化物和少量的残余奥氏体，硬度为 61～65HRC。

常用滚动轴承钢的牌号、成分、热处理工艺及用途见表 4-8。

表 4-8　常用滚动轴承钢的牌号、成分、热处理工艺及用途

牌　号	化学成分/%				热处理/℃		硬度 HRC	用　途
	w_C	w_{Cr}	w_{Si}	w_{Mn}	淬火	回火		
GCr9	1.00～1.10	0.90～1.20	0.15～0.35	0.25～0.45	810～820 水油	150～170	62～66	直径小于 20mm 的滚动体及轴承内、外圈
GCr9SiMn	1.00～1.10	0.90～1.25	0.45～0.75	0.95～1.25	810～830 水油	150～160	6～264	直径小于 25mm 的滚柱，壁厚小于 14mm，外径小于 250mm 的套圈
GCr15	0.95～1.05	1.40～1.65	0.15～0.35	0.25～0.45	820～840 油	150～160	62～64	同 GCr9SiMn
GCr15SiMn	0.95～1.05	1.40～1.65	0.45～0.75	0.95～1.25	810～830 油	160～200	61～65	直径大于 50mm 的滚柱，壁厚≥14mm、外径大于 250mm 的套圈，ϕ25mm 以上的滚柱
GMnMoVRE	0.95～1.05	—	0.15～0.40	1.10～1.40	770～810 油	170±5	≥62	代替 GCr15 钢用于军工和民用方面的轴承

4.1.5　工具钢

扫码看视频课

用于制造各种刃具、模具、量具和其他工具的钢称为工具钢。

（1）碳素工具钢

碳素工具钢平均碳质量分数比较高（w_C=0.65%～1.35%），S、P 杂质的质量分数比较低。经淬火、低温回火后钢的硬度比较高，耐磨性好，但塑性比较低。主要用于制造各种低速切削的刀具、量具和模具。

表 4-9 为碳素工具钢的牌号、主要成分、力学性能及用途。

表 4-9　碳素工具钢的牌号、主要成分、力学性能及用途

牌　号	化学成分/%			硬　度		用　途
	w_C	w_{Mn}	w_{Si}	退火后 HBS≤	淬火后 HRC≥	
T7	0.65～0.74	0.20～0.40	0.15～0.35	187	62	用作受冲击的工具，如手锤、螺丝刀等
T8	0.75～0.84	0.20～0.40	0.15～0.35	187	62	用作低速切削刀具，如锯条、木工刀具、虎钳钳口、饲料机刀片等
T10	0.95～1.04	0.15～0.35	0.15～0.35	197	62	低速切削刀具、小型冷冲模、形状简单的量具
T12	1.15～1.24	0.15～0.35	0.15～0.35	207	62	用作不受冲击，但要求硬、耐磨的工具，如锉刀、丝攻、板牙等

（2）刃具钢

刃具钢是指用来制造各种切削刀具的钢种。这类钢比碳素工具钢具有更高的硬度、耐磨性，淬透性和热硬性。此外，合金刃具钢还具有一定的强度、韧性和塑性，可以避免刀具在使用过程中受压力、冲击力或振动而发生断裂。因而合金刃具钢可以用于制造截面大、形状复杂、性能要求高的工具。

27

① 低合金刃具钢

a. 成分特点　碳质量分数为 0.80%～1.50%，以保证刃具有高的硬度和耐磨性。合金元素总量<5%。其中 Cr、Mn、Si 主要是提高钢的淬透性，Si 还能提高回火稳定性；W、V 能提高钢的硬度和耐磨性，并防止淬火加热时过热，阻止晶粒长大。

b. 热处理特点　低合金刃具钢的热处理主要有球化退火、淬火和低温回火。

以 9SiCr 钢制造的圆板牙为例，其生产过程的工艺路线如下：

下料→球化退火→机械加工→淬火+低温回火→磨平面→开槽→开口

9SiCr 钢制板牙的淬火、回火工艺曲线如图 4-5 所示。

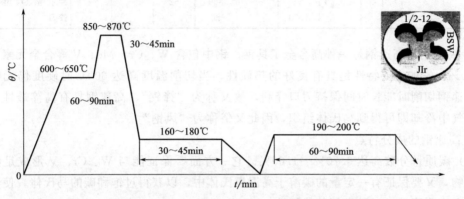

图 4-5　9SiCr 钢制板牙的淬火、回火工艺曲线

淬火加热过程中要在 600～650℃保温预热一段时间，以减少高温停留时间，降低板牙的氧化脱碳倾向。加热到 850～870℃后，在 180℃左右的硝盐浴中进行等温淬火，以减小变形。淬火后在 190～200℃进行低温回火，使其达到所要求的硬度（60～63HRC）并降低残余应力。

常用低合金刃具钢的牌号、成分、热处理及用途见表 4-10。

表 4-10　常用低合金刃具钢的牌号、成分、热处理及用途

牌　号	化学成分/%					热处理/℃				用　途
						淬火		回火		
	w_C	w_{Si}	w_{Mn}	w_{Cr}	$w_{其他}$	温度/℃	HRC ≥	温度/℃	HRC >	
9Mn2V	0.85～0.95	≤0.40	1.70～2.00	—	V0.10～0.25	780～810 油	62	150～200	60～62	丝锥、板牙、铰刀、量规、块规、精密丝杠
9CrSi	0.85～0.95	1.20～1.60	0.30～0.60	0.95～1.25	—	820～860 油	62	180～200	60～63	耐磨性高、切削不剧烈的刀具，如板牙、齿轮铣刀等
CrWMn	0.90～1.05	≤0.40	0.80～1.10	0.90～1.20	W1.20～1.60	800～830 油	62	140～160	62～65	要求淬火变形小的刀具，如拉刀、长丝锥、量规等
Cr2	0.95～1.10	≤0.40	≤0.40	1.30～1.65	—	830～860 油	62	150～170	60～62	低速、切削量小、加工材料不很硬的刀具，测量工具，如样板

牌　号	化学成分/%					热处理/℃				用　途
						淬火		回火		
	w_C	w_{Si}	w_{Mn}	w_{Cr}	$w_{其他}$	温度 /℃	HRC ≥	温度 /℃	HRC >	
CrW5	1.25 ~ 1.50	≤0.30	≤0.30	0.40 ~ 0.70	W4.50 ~ 5.50	800~ 820 水	65	150~ 160	64~ 65	低速切削硬金属用的刀具,如车刀、铣刀、刨刀
9Cr2	0.85 ~ 0.95	≤0.40	≤0.40	1.30 ~ 1.70	—	820~ 850 油	62	—	—	主要做冷轧辊、钢印冲孔凿、尺寸较大的铰刀

② 高速钢　高速钢是一种高合金工具钢。钢中包含 W、Cr、Mo、V 等合金元素,总量超过 10%。它的主要特性是具有良好的热硬性,当切削温度高达 600℃时硬度仍无明显下降。高速钢切削时能长时间保持刃口锋利,故又称为"锋钢"。高速钢具有高淬透性,淬火时在空气中冷却即可得到马氏体组织,因此又俗称为"风钢"。

a. 高速钢的成分特点

(a) 碳质量分数高达 0.70%~1.60%。它一方面要保证能与 W、Cr、V 形成足够数量的碳化物,又要保证有一定量的碳溶于高温奥氏体中,以获得过饱和碳的马氏体,使其具有高硬度和高耐磨性,以及良好的热硬性。

(b) 钨是使高速钢具有热硬性的主要元素,它与钢中的碳形成碳化钨。在退火状态下,钨以 Fe_4W_2C 形式存在。淬火加热时,一部分 Fe_4W_2C 溶入奥氏体,淬火后存在于马氏体中,提高钢的回火稳定性。在 560℃的回火过程中,一部分钨以 W_2C 形式弥散沉淀析出,造成"二次硬化"。淬火加热时未溶的 Fe_4W_2C 能阻止高温下奥氏体晶粒长大,可减小其过热敏感性。铬可以增加钢的淬透性、提高硬度和改善耐磨性。钒与碳的亲和力比钨与碳或钼与碳的亲和力都强,它所形成的 V_4C_3(或 VC)比钨的碳化物更稳定。

b. 高速钢的热处理

(a) 高速钢锻造后应进行球化退火处理,以降低硬度,消除应力,便于机械加工,并为随后的淬火回火做好组织准备。

(b) 高速钢导热性比较差,淬火温度又高,所以淬火加热时必须进行一次或两次预热(见图 4-6)。高速钢中含有大量 W、Mo、Cr、V 的难溶碳化物,它们只有在 1200℃以上才能大量地溶于奥氏体中,因此高速钢的淬火加热温度非常高,一般为 1220~1280℃。淬火后组织为淬火马氏体、碳化物和大量残余奥氏体。

(c) 高速钢的硬度与回火温度的关系见图 4-7。由图可知,在回火温度为 560℃左右时,高速钢的硬度最高。这种回火时出现的硬度回升现象称为钢的"二次硬化"。

为了减少残余奥氏体,稳定组织,消除应力,提高红硬性,高速钢要进行多次回火。由图 4-6 可见,高速钢在 560℃左右回火达到硬度峰值。这是因为高硬度的细小弥散分布的 W、Mo 等的合金碳化物从马氏体中析出,造成了第二相的"弥散硬化"效应,使钢的硬度明显上升;同时从残余奥氏体中析出合金碳化物,降低了残余奥氏体中的合金浓度,使 M_s 点上升,随后冷却时残余奥氏体转变为马氏体,发生了"二次淬火"现象,也使硬度提高;这两个原因造成"二次硬化",保证钢的硬度和热硬性。当回火温度大于 560℃时,碳化物

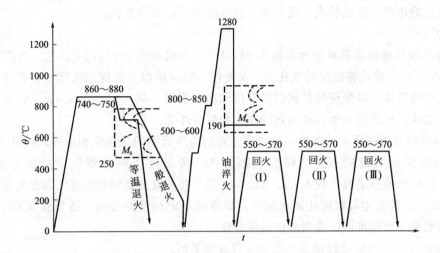

图 4-6　W18Cr4V 高速钢淬火回火工艺曲线图

发生聚集长大，导致硬度下降。

为了逐步减少残余奥氏体量，要进行多次回火。W18Cr4V 钢淬火后约有 30% 残余奥氏体，经一次回火后约剩 15%～18%，二次回火降到 3%～5%，经过三次回火后残余奥氏体才基本转变完成。高速钢回火后组织为极细的回火马氏体＋较多粒状碳化物及少量残余奥氏体（<1%～2%），回火后硬度为 63～66HRC。

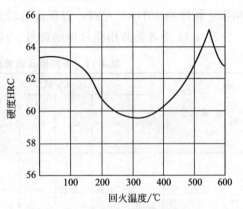

图 4-7　W18Cr4V 高速钢回火温度与硬度的关系

我国常用的高速钢有两种：一种是钨系 W18Cr4V；另一种是钨-钼系 W6Mo5Cr4V2。W6Mo5Cr4V2 钢的热塑性、韧性、耐磨性和热硬性均优于 W18Cr4V 钢，并且碳化物细小，分布均匀，密度小，价格也比较便宜，但磨削加工性不如 W18Cr4V 钢，热处理时的脱碳敏感性也较大。这种钢可用于制造耐磨性和韧性很好配合的高速切削刀具如丝锥、钻头等；尤其是适合用热轧制、扭制变形加工成形工艺制造的钻头等刀具。W18Cr4V 钢用于制造一般高速切削车刀、刨刀、铣刀、插齿刀等。

（3）模具钢

模具钢分为冷作模具钢和热作模具钢。冷作模具钢用于制造各种冷冲模、冷挤压模和拉丝模等，工作温度不超过 200～300℃。热作模具钢用于制造各种热锻模、压铸模、高速锻模等，工作时型腔表面温度可达 600℃以上。

① 性能要求　冷作模具工作时要承受很大压力、冲击载荷和摩擦。主要损坏形式是磨损，也常出现断裂和变形等。因此冷作模具钢应具有高硬度、高耐磨性、高韧性和疲劳强度，热处理变形要小。

热作模具钢在工作中承受较大的冲击载荷和塑变摩擦，强烈的冷热循环所引起的不均匀热应力以及高温氧化，使模具常出现龟裂、塌陷、磨损等失效现象。因此对热作模具钢性能的要求是要有高的热硬性和高温耐磨性、高的抗氧化能力、高的热强性和足够高的韧性。由

第 4 章　金属材料　**109**

于热作模具的体积一般比较大，还要求有较高的淬透性和导热性。

② 成分特点

a. 冷作模具钢的碳质量分数多在 1.0% 以上，有时高达 2.0% 以上。它一方面要保证能与 Cr、Mo、V 形成足够数量的碳化物，又要使一定的碳溶于高温奥氏体中，获得碳质量分数过饱和的马氏体，以保证模具钢的高硬度和高耐磨性。加入 Cr、Mo、W、V 等合金元素可以强化基体，形成碳化物，提高钢的硬度和耐磨性等。

b. 热锻模具钢碳质量分数既不能过高，否则将降低钢的导热性和韧性；但又不能过低，否则就不能保证所需的强度、硬度和耐磨性，所以热作模具钢的碳质量分数一般在 0.50%～0.60% 的范围内。加入 Cr、Ni、Mn 等元素可以提高钢的淬透性和强度等性能。加入 W、Mo、V 等元素可以防止回火脆性，提高热稳定性及热硬性。适当提高 Cr、Mo、W 在钢中的质量分数还可以提高钢的抗热疲劳性。

c. 冷作模具钢的热处理特点与低合金刃具钢类似。

热作模具钢的最终热处理一般为淬火后高温（或中温）回火，以获得均匀的回火索氏体组织，硬度在 40HRC 左右，以保证有较高的韧性。

表 4-11 是各类常用模具钢的牌号、成分、热处理、性能及用途。

表 4-11 常用模具钢的牌号、成分、热处理、性能及用途

类别	牌号	化学成分/%							热处理				应用举例
									淬火		回火		
		w_C	w_{Mn}	w_{Si}	w_{Cr}	w_W	w_V	w_{Mo}	温度/℃	硬度 HRC	温度/℃	硬度 HRC	
冷模具钢	Cr12	2.00～2.30	≤0.35	≤0.40	11.5～13.00	—	—	—	980 油	62～65	180～220	60～62	冷冲模、冲头、冷切剪刀
									1080 油	45～50	520 (三次)	59～60	
	Cr12MoV	1.45～1.70	≤0.35	≤0.40	11.0～12.50	—	0.15～0.30	0.40～0.60	1030 油	62～63	160～180	61～62	冷切剪刀、拉丝模
									1120 油	41～50	510 (三次)	60～61	
热模具钢	5CrNiMo	0.50～0.60	0.50～0.80	≤0.35	0.50～0.80	镍 1.40～1.80	—	0.15～0.30	830～860 油	≤47	530～550	364～402HB	大型锻模
	5CrMnMo	0.50～0.60	1.20～1.60	0.25～0.60	0.60～0.90	—	—	0.15～0.30	820～850 油	≥50	560～580	324～364HB	中型锻模
	6SiMnV	0.55～0.65	0.90～1.20	0.80～1.10	—	—	0.15～0.30	—	820～860 油	≥56	490～510	374～444HB	中小型锻模
	3Cr2W8V	0.30～0.40	0.20～0.40	≤0.35	2.20～2.70	7.50～9.00	0.20～0.50	—	1050～1100 油	≥50	560～580 (三次)	44～48	螺钉或铆钉热压模、热剪切刀

（4）量具用钢

量具用钢用于制造各种量测工具，如卡尺、千分尺、螺旋测微仪、块规、塞规等。

① 工作条件和性能要求 量具在使用过程中主要是受到磨损，因此对量具钢的主要性能要求是：工作部分有高的硬度和耐磨性，以防止在使用过程中因磨损而失效；组织稳定性高，在使用过程中尺寸形状不变，以保证高的尺寸精度；还要求有良好的磨削加工性和耐腐蚀性。

② 化学成分特点及常用钢种 量具用钢的成分与低合金刃具钢相同，即为高碳（0.9%～1.5%）和加入提高淬透性的合金元素 Cr、W、Mn 等。对于在化工、煤矿、野外使用的对耐蚀性要求较高的量具可用 4Cr13、9Cr18 等钢制造。

③ 热处理特点 为了保证量具在使用过程中具有较高的尺寸稳定性，通常在冷却速度较缓慢的冷却介质中淬火，并进行冷处理（-78～-50℃），使残余奥氏体转变成马氏体。淬火后长时间低温回火（低温时效），进一步降低内应力，且使回火马氏体进一步稳定。精度要求高的量具，在淬火、冷处理和低温回火后，尚需进行 120～130℃、几小时至几十小时的时效处理，使马氏体正方度降低、残余奥氏体稳定和消除残余应力。此外，许多量具在最终热处理后一般要进行电镀铬防护处理，可提高表面装饰性和耐磨耐蚀性。

CrWMn 钢制造量块的生产工艺：锻造—球化退火—切削加工—淬火—冷处理—低温回火—粗磨—等温人工时效—精磨—去应力退火—研磨。

常用的量具用钢的选用见表 4-12。

表 4-12 量具用钢的选用举例

量具	钢号
平样板或卡板	10、20 或 50、55、60、60Mn、65Mn
一般量规与块规	T10A、T12A、9CrSi
高精度量规与块规	Cr 钢、CrMn 钢、GCr15
高精度且形状复杂的量规与块规	CrWMn（低变形钢）
抗蚀量具	4Cr13、9Cr18（不锈钢）

4.1.6 特殊性能钢

特殊性能钢是指不锈钢、耐热钢、耐磨钢等一些具有特殊的化学和物理性能的钢。

扫码看视频课
28

（1）不锈钢

不锈钢是指在大气和一般介质中具有很高耐腐蚀性的钢种。不锈钢并非不生锈，只是在不同介质中的腐蚀形式不一样。

① 金属腐蚀的概念 金属腐蚀通常可分为化学腐蚀和电化学腐蚀两种类型。化学腐蚀是金属在干燥气体或非电解质溶液中发生纯粹的化学作用，腐蚀过程不产生微电流，钢在高温下的氧化属于典型的化学腐蚀；电化学腐蚀是金属在电解质溶液中产生原电池，腐蚀过程中有微电流产生，包括金属在大气、海水、酸、碱、盐等溶液中产生的腐蚀，钢在室温下的锈蚀主要属于电化学腐蚀。金属材料的腐蚀大多数是电化学腐蚀。即当两种互相接触的金属放入电解质溶液时，由于两种金属的电极电位不同，彼此之间就形成一个微电池，从而有电流产生。此微电池中，电极电位低的金属为阳极，不断被溶解，而电极电位高的金属为阴极，不被腐蚀。

根据电化学腐蚀的基本原理，对不锈钢通常采取以下措施来提高其性能。

a. 尽量获得单相的均匀的金属组织，这样金属在电解质溶液中只有一个极，从而减少原电池形成的可能性。

b. 通过加入合金元素提高金属基体的电极电位。金属材料中，一般第二相的电极电位都比较高，往往会使基体成为阳极而受到腐蚀，加入某些合金元素来提高基体的电极电位，就能延缓基体的腐蚀，使金属抗蚀性大大提高。例如在钢中加入大于 13% 的 Cr，则铁素体的电极电位由 $-0.56V$ 提高到 $0.2V$，从而使金属的抗腐蚀性能提高。

c. 加入合金元素使金属表面在腐蚀过程中形成致密保护膜如氧化膜（又称钝化膜），使金属材料与介质隔离开，防止进一步腐蚀。如 Cr、Al、Si 等合金元素就易于在材料表面形成致密的氧化膜 Cr_2O_3、Al_2O_3、SiO_2 等，将介质与金属材料分开。

② 化学成分特点　金属腐蚀大多数是电化学腐蚀。提高金属抗电化学腐蚀性能的主要途径是合金化。在不锈钢中加入的主要的合金元素为 Cr、Ni、Mo、Cu、Ti、Nb、Mn、N 等。

a. Cr 是不锈钢合金化的主要元素。钢中加入铬，可以提高电极电位，从而提高钢的耐腐蚀性能。因此，不锈钢多为高铬钢，含铬量都在 13% 以上。此外，Cr 能提高基体铁素体的电极电位，在一定成分下也可获得单相铁素体组织。铬在氧化性介质（如水蒸气、大气、海水、氧化性酸等）中极易钝化，生成致密的氧化膜，使钢的耐蚀性大大提高。

b. Ni 是扩大奥氏作区元素，可获得单相奥氏体组织，显著提高耐蚀性；或形成奥氏体＋铁素体组织，通过热处理，提高钢的强度。

c. Cr 在非氧化性酸（如盐酸、稀硫酸和碱溶液等）中的钝化能力差，加入 Mo、Cu 等元素，可提高钢在非氧化性酸中的耐蚀能力。

d. Ti、Nb 能优先同碳形成稳定碳化物，使 Cr 保留在基体中，避免晶界贫铬，从而减轻钢的晶界腐蚀倾向。

e. 锰和氮（镍稀缺），用部分 Mn 和 N 代替 Ni 以获得奥氏体组织，并能提高铬不锈钢在有机酸中的耐蚀性。

③ 常用不锈钢　不锈钢按室温组织的状态可分为马氏体不锈钢、铁素体不锈钢、奥氏体不锈钢。常用不锈钢见表 4-13。

表 4-13　常用不锈钢的牌号、化学成分、热处理、力学性能及用途

类别	牌号	化学成分/%				热处理/℃	力学性能					用途
		w_C	w_{Cr}	w_{Ni}	w_{Ti}		σ_b /MPa	σ_s /MPa	δ /%	ψ /%	HRC	
奥氏体型	0Cr18Ni9	≤0.08	17~19	8~12		1050~1100 水淬	≥490	≥180	≥40	≥60		具有良好的耐蚀及耐晶间腐蚀性能，是化工行业良好的耐蚀材料
	1Cr18Ni9	≤0.12	17~19	8~12		1100~1150 水淬	≥550	≥200	≥45	≥55		制作耐硝酸、冷磷酸、有机酸及盐、碱溶液腐蚀的设备零件
	1Cr18Ni9Ti	≤0.12	17~19	8~11	≤0.8	1100~1150 水淬	≥550	≥200	≥40	≥50		耐酸容器及设备衬里，输送管道等设备和零件，抗磁仪表、医疗器械

类别	牌号	化学成分/%				热处理/℃	力学性能					用途
		w_C	w_{Cr}	w_{Ni}	w_{Ti}		σ_b /MPa	σ_s /MPa	δ /%	ψ /%	HRC	
马氏体型	1Cr13	0.08~0.15	12~14			1000~1050 油或水淬 700~790 回火	≥600	≥420	≥20	≥60	—	制作能抗弱腐蚀性介质、能承受冲击负荷的零件,如汽轮机叶片、水压机阀、结构架、螺栓、螺母等
	2Cr13	0.16~0.24	12~14			1000~1050 油或水淬 700~790 回火	≥660	≥450	≥16	≥55	—	
	3Cr13	0.25~0.34	12~14			1000~1050 油淬 200~300 回火	—	—	—	—	48	制作具有较高硬度和耐磨性的医疗工具、量具、滚珠轴承等
	4Cr13	0.35~0.45	12~14			1000~1050 油淬 200~300 回火	—	—	—	—	50	制作具有较高硬度和耐磨性的医疗工具、量具、滚珠轴承等
铁素体型	1Cr17	≤0.12	16~18			750~800 空冷	≥400	≥250	≥20	≥50	—	制作硝酸工厂设备如吸收塔、热交换器、酸槽、输送管道及食品工厂设备等
	Cr25Ti	≤0.12	25~27		0.6~0.8	700~800 空冷	450	300	20	45		生产硝酸及磷酸设备等工业中

a. 马氏体不锈钢   常用马氏体不锈钢的含碳量为 0.1%~0.45%,含铬量为 12%~14%,属于铬不锈钢,通常指 Cr13 型不锈钢。典型钢号有 1Cr13、2Cr13、3Cr13、4Cr13 等。

由于铬容易与碳形成 $(Cr,Fe)_{23}C_6$ 等含铬碳化物,降低了基体中的铬的质量分数,从而影响抗腐蚀性能。另外,含铬碳化物的电极电位不同于基体,和基体形成原电池,金属被腐蚀。为了提高耐蚀性,马氏体不锈钢的含碳量都控制在很低的范围,一般不超过 0.4%。

由此不难看出,含碳量低的 1Cr13、2Cr13 钢耐蚀性较好,且有较好的力学性能,具有抗大气、蒸汽等介质腐蚀的能力,常作为耐蚀的结构钢使用。为了获得良好的综合性能,常调质处理,得到回火索氏体组织,需要指出是这类钢的焊接性和冷冲压性都不很高,且有回火脆性,因此回火后必须快速冷却。常用来制造汽轮机叶片、锅炉管附件等。

而 3Cr13、4Cr13 钢因含碳量增加,强度和耐磨性提高,但耐蚀性就相对差一些,通过淬火+低温回火(200~300℃),得到回火马氏体,具有较高的强度和硬度(50HRC),因此常作为工具钢使用,制造医疗器械、刃具、热油泵轴等。

b. 铁素体不锈钢   这类钢从室温加热到高温 960~1100℃,都不发生相变,其显微组织始终是单相铁素体组织,因此被称为铁素体不锈钢。常用的铁素体不锈钢的含碳量较低,低于 0.15%,含铬量为 12%~32%,工业上常用的所谓 Cr17Mo 型钢有 1Cr17、1Cr17Ti、1Cr28、1Cr25Ti 等。

由于铁素体不锈钢在加热和冷却时不发生相变,因此不能用热处理方法使钢强化,只能通过冷塑性变形强化。

由于含碳量相应地降低，含铬量相应地提高，其耐蚀性、塑性、焊接性均优于马氏体不锈钢。若在钢中加入 Ti 则能细化晶粒、稳定碳和氮，改善韧性和焊接性。铁素体不锈钢在450～550℃长期使用或停留会引起所谓"475℃脆性"，主要是由于共格富铬金属间化合物（含 80% 的 Cr 和 20% 的 Fe）析出引起，通过加热到约 600℃ 再快冷，可以消除脆化。

铁素体型不锈钢主要用于对力学性能要求不高而耐蚀要求高的环境下，例如化工设备、容器、管道和用于硝酸和氮肥等化工生产的结构件。

c. 奥氏体不锈钢　在含 Cr18% 的钢中加入 8%～11%Ni，就是 18-8 型的奥氏体不锈钢，如 1Cr18Ni9Ti 是最典型的钢号。镍扩大奥氏体区，由于它的加入，在室温下就能得到亚稳定的单相奥氏体组织。钢中还常加入 Ti 或 Nb，以防止晶间腐蚀。由于含有较高的铬和镍，并呈单相奥氏体组织，因而奥氏体不锈钢具有比铬不锈钢更高的化学稳定性及耐蚀性，是目前应用最多性能最好的一类不锈钢。

奥氏体不锈钢常用的热处理工艺通常有三种：固溶处理、稳定化处理和去应力处理。

由于 18-8 型的奥氏体不锈钢在退火状态下组织为奥氏体＋碳化物，其中碳化物的存在对钢的耐腐蚀性有很大损伤，故奥氏体不锈钢常用的热处理工艺是把钢加热至 1050～1150℃ 使碳化物充分溶解，然后水冷，也就是使碳化物溶解在高温下所得到的奥氏体中，再通过快冷，避免碳化物析出，在室温下即可获得单相的奥氏体组织，这就是固溶处理方法。这类钢不仅耐腐蚀性能好，而且钢的冷热加工性和焊接性也很好，广泛用于制造化工生产中的某些设备及管道等。

18-8 型的奥氏体不锈钢还具有一定的耐热性，可用于 700℃ 高温环境。但是为了避免在450～850℃ 加热或焊接时，晶界析出铬的碳化物（$Cr_{23}C_6$），而在介质中引起的晶间腐蚀，因而通常在钢中加入一定量的稳定碳化物元素 Ti、Nb 等可防止产生晶间腐蚀倾向。一般在固溶处理后通常还进行稳定化处理，即将钢加热到 850～880℃，使钢中铬的碳化物完全溶解，而钛等的碳化物不完全溶解。然后缓慢冷却。为了防止晶间腐蚀，也可以生产超低碳的不锈钢，如 0Cr18Ni9、00Cr18Ni9 等（其含碳量分别为≤0.08% 和≤0.03%）。

奥氏体型不锈钢虽然耐蚀性优良，但在有应力时，在某些介质中（尤其含有 Cl 的介质中）易发生应力腐蚀破裂，而温度会增大产生这一破坏的敏感性，因此这类钢在变形、加工和焊接后必须进行充分的去应力退火处理，以消除加工应力，避免应力腐蚀失效。一般是将钢加热到 300～350℃ 消除冷加工应力；若想消除焊接残余应力，则需加热到 850℃ 以上。

（2）耐热钢

耐热钢是指在高温下具有高的热化学稳定性和热强性的特殊性能钢。

① 耐热钢工作条件及耐热性要求　在航空航天、化工及军事等特殊条件下工作的零件，常常使用具有高耐热性的耐热钢。钢的耐热性包括高温抗氧化性和高温强度两方面的含义。金属的高温抗氧化性是指金属在高温下对氧化作用的抗力；而高温强度是指钢在高温下承受机械负荷的能力。所以，耐热钢既要求高温抗氧化性能好，又要求高温强度高。

a. 高温抗氧化性　氧化是一种典型的化学腐蚀，在高温空气、燃烧废气等氧化性气氛中，金属与氧接触发生化学反应即氧化腐蚀，生成的氧化膜就会附在金属的表面。随着氧化的进行，氧化膜的厚度继续增加，金属氧化到一定程度后是否继续氧化，直接取决于金属表面氧化膜的性能。如果生成的氧化膜致密而稳定、与基体金属结合力高，就能阻止氧原子向金属内部的扩散，降低氧化速度。相反，若氧化膜强度低，会加速氧化而使零件过早失效。

一般碳钢在高温时表面生成疏松多孔的氧化亚铁（FeO），易剥落，且环境中氧原子能不断地通过 FeO 扩散至钢基体，使钢连续不断地被氧化。耐热钢通过合金化方法，如向钢中加入 Cr、Si、Al 和 Ni 等元素后，钢在高温氧化环境下表面就容易生成高熔点、致密，且与基体结合牢固的 Cr_2O_3、SiO_2、Al_2O_3 等氧化膜，或与铁一起形成致密的复合氧化膜，这就抑制了疏松 FeO 的生成，阻止了氧的扩散；另外为防止碳与 Cr 等抗氧化元素的作用而降低材料耐氧化性，耐热钢一般只含有较低的碳，为 $0.1\%\sim0.2\%$。

b. 高温强度　又称热强性，是钢在高温下抵抗塑性变形和破坏的能力。金属在高温下所表现的力学性能与室温下大不相同。在室温下的强度值与载荷作用的时间无关，但金属在高温下，当工作温度大于再结晶温度、工作应力大于此温度下的弹性极限时，随时间的延长，金属会发生极其缓慢的塑性变形，这种现象叫作蠕变。

金属的高温强度通常以蠕变极限和持久强度表示。蠕变强度是指金属在一定温度下，一定时间内，产生一定变形量所能承受的最大应力。持久强度是指金属在一定温度下，一定时间内，所能承受的最大断裂应力。

为了提高钢的高温强度，在钢中加入合金元素，形成单相固溶体，提高原子结合力，减缓元素的扩散，提高再结晶温度，能进一步提高热强性，即固溶强化的方法，也可采用沉淀析出相强化的方法，加入铌、钛、钒等合金元素，形成 NbC、TiC、VC 等碳化物，在晶内弥散析出，阻碍位错的滑移，提高塑变抗力，提高热强性。若加入银、锆、钒、硼等晶界吸附元素，可利用晶界强化的方法降低晶界表面能，使晶界碳化物趋于稳定，使晶界强化，从而提高钢的热强性。

② 化学成分特点　由于碳会使钢的塑性、抗氧化性、焊接性能降低，所以，耐热钢的碳质量分数一般都不高，通常在 $0.1\%\sim0.5\%$ 范围内。耐热钢中不可缺少的合金元素是 Cr、Si 或 Al，特别是 Cr。这些元素与氧的亲和力大，能在钢的表面形成一层钝化膜，提高了钢的抗氧化性，Cr 还有利于热强性。合金元素 Mo、W 可以提高再结晶温度，而 V、Nb、Ti 等元素加入钢中，能形成细小弥散的碳化物，起弥散强化的作用，提高室温和高温强度。

③ 常用耐热钢　选用耐热钢时，必须注意工作温度范围以及在这个温度下的力学性能指标。

a. 珠光体型耐热钢　这类钢碳的质量分数较低，合金元素总量也小于 $3\%\sim5\%$，常用钢号有 15CrMo、12CrMoV 等。其工作温度为 $350\sim550℃$，由于含合金元素量少，工艺性好，常用于制造锅炉、化工压力容器、热交换器、汽阀等耐热构件。

b. 马氏体型耐热钢　这类钢 Cr 的质量分数较高，耐热性和淬透性都比较好，有 1Cr13、2Cr13、4Cr9Si2、1Cr11MoV、1Cr1WMoV 钢等。一般在调质状态下使用，组织为均匀的回火索氏体。其使用温度为 $550\sim600℃$，主要用于制造承受较大载荷的零件，如汽轮机叶片、增压器叶片、内燃机排气阀、转子、轮盘及紧固件等。

c. 奥氏体型耐热钢　当工作温度在 $750\sim800℃$ 时就要选用耐热性好的奥氏体型耐热钢，这类钢除含有大量的 Cr、Ni 元素外，还可能含有较高的其他合金元素，如 Mo、V、W、Ti 等。常用钢种有 1Cr18Ni9Ti、2Cr21Ni12N、4Cr14Ni14W2Mo 等。Cr 的主要作用是提高抗氧化性和高温强度，Ni 主要是使钢形成稳定的奥氏体，并与铬相配合提高高温强度，Ti 提高钢的高温强度。用于制造一些比较重要的零件，如燃气轮机轮盘和叶片、排气阀、炉用部件等。这类钢一般进行固溶处理。常见耐热钢见表 4-14。

表 4-14 常见耐热钢的牌号、化学成分、热处理温度及用途

类别	钢号	化学成分/%							热处理温度/℃	部分力学性能			用 途
		w_C	w_{Si}	w_{Mn}	w_{Ni}	w_{Cr}	w_{Mo}	其他		$\sigma_{0.2}$/MPa ≥	σ_b/MPa ≥	HB	
马氏体型	4Cr9Si2	0.35~0.50	2.00~3.00	≤0.70	≤0.60	8~10	—	—	淬火 1020~1040 油冷 回火 700~780 油冷	590	885	—	有较高的热强性，制造内燃机进气阀、轻负荷发动机的排气阀
	4Cr10Si2Mo	0.35~0.45	1.90~2.60	≤0.70	≤0.60	9.0~10.5	0.70~0.90	—	淬火 1010~1040 油冷 回火 720~760 空冷	685	885	—	有较高的热强性，制造内燃机进气阀、轻负荷发动机的排气阀
	1Cr13	≤0.15	≤1.00	≤1.00	≤0.60	11.5~13.5	—	—	淬火 950~1000 油冷 回火 700~750 快冷	345	540	≥159	制造 800℃ 以下耐氧化用部件
珠光体型	15CrMo	0.12~0.18	0.17~0.37	0.40~0.70	—	0.8~1.10	0.40~0.55	—	正火 900~950 空冷 回火 630~700 空冷	—	—	—	≤540℃ 锅炉受热管子、垫圈等
	12CrMoV	0.08~0.15	0.17~0.37	0.40~0.70	—	0.40~0.60	0.25~0.35	w_V 0.15~0.30	正火 960~980 空冷 回火 700~760 空冷	—	—	—	≤570℃ 的各种过热器管、导管和相应的锻件
奥氏体型	1Cr18Ni9Ti	≤0.12	≤1.00	≤2.00	8.00~11.00	17.00~19.00	—	w_{Ti} 0.8	固溶处理 1000~1100 快冷	206	502	187	<610℃ 锅炉和汽轮机过热管道，构件等
	4Cr14Ni14W2Mo	0.40~0.50	≤0.80	≤0.70	13.00~15.00	13.00~15.00	0.25~0.40	w_W 2.00~2.75	固溶处理 820~850 快冷	314	706	248	500~600℃ 超高参数锅炉和汽轮机零件
	2Cr21Ni12N	0.15~0.28	0.75~25	1.0~1.6	10.50~12.50	20~22	—	w_N 0.15~0.30	固溶 1050~1150 快冷；时效 750~800 空冷	430	820	≤269	以抗氧化为主的汽油及柴油机用排气阀

（3）耐磨钢

从广泛的意义上讲，表面强化结构钢、工具钢和滚动轴承钢等具有高耐磨性的钢种都可称做耐磨钢，但这里所指的耐磨钢主要是指在强烈冲击载荷或高压力的作用下发生表面硬化而具有高耐磨性的高锰钢，如车辆履带、挖掘机铲斗、破碎机颚板和铁轨分道叉等。

常用的高锰钢的牌号有 ZGMn13 钢（ZG 是铸钢两字汉语拼音的字母）等，这种钢的含碳量为 0.8%～1.4%，保证钢的耐磨性和强度；含锰 11%～14%，锰是扩大奥氏体区的元素，它和碳配合，使钢在常温下呈现单相奥氏体组织，因此高锰钢又称为奥氏体锰钢。

为了使高锰钢具有良好的韧性和耐磨性，必须对其进行"水韧处理"，即将钢加热到 1000～1100℃，保温一定时间，使碳化物全部溶解，然后在水中快冷，碳化物来不及析出，在室温下获得均匀单一的奥氏体组织。此时钢的硬度很低（约为 210HBS），而韧性很高。

当工件在工作中受到强烈冲击或强大压力而变形时，高锰钢表面层的奥氏体会产生变形出现加工硬化现象，并且还发生马氏体转变及碳化物沿滑移面析出，使硬度显著提高，能迅速达到 500～600HB，耐磨性也大幅度增加，心部则仍然是奥氏体组织，保持原来的高塑性和高韧性状态。需要指出的是高锰钢经水韧处理后，不可再回火或在高于 300℃ 的温度下工作，否则碳化物又会沿奥氏体晶界析出而使钢脆化。

高锰耐磨钢常用于制作球磨机衬板、破碎机颚板、挖掘机斗齿、坦克或某些重型拖拉机的履带板、铁路道岔和防弹钢板等。在一般的工作条件下，材料只承受较小的压力或冲击力，不能产生或仅有较小的加工硬化效果，也不能诱发马氏体转变，此时高锰钢的耐磨性甚至低于一般的淬火高碳钢或铸铁。

4.2　铸铁

铸铁是工业上应用最广泛的材料之一。它的使用价值与铸铁中碳的存在形式密切相关。一般说来，铸铁中的碳主要以石墨形式存在时，才能被广泛应用。

扫码看视频课
29

从铁碳合金相图知道，铸铁是含碳量大于 2.11% 的铁碳合金。工业上常用铸铁的成分范围是：2.5%～4.0% C，1.0%～3.0% Si，0.5%～1.4% Mn，0.01%～0.50% P，0.02%～0.20% S；除此之外，为了提高铸铁的力学性能，还可加入一定量的合金元素，如 Cr、Mo、V、Cu、Al 等，组成合金铸铁。可见，在成分上铸铁与钢的主要不同是：铸铁含碳和含硅量较高，杂质元素硫、磷较多。

同钢相比，铸铁生产设备和工艺简单、成本低廉，虽然强度、塑性和韧性较差，不能进行锻造，但是它却具有一系列优良的性能，如良好的铸造性、减摩性和耐磨性、良好的消震性和切削加工性以及缺口敏感性低等。因此，铸铁广泛应用于机械制造、冶金、石油化工、交通、建筑和国防等工业部门。特别是近年来由于稀土镁球墨铸铁的发展，更进一步打破了钢与铸铁的使用界限，不少过去使用碳钢和合金钢制造的重要零件，如曲轴、连杆、齿轮等，如今已可采用球墨铸铁来制造，"已铁代钢""已铸代锻"。这不仅为国家和企业节约了大量的优质钢材，而且还大大减少了机械加工的工时，降低了产品的成本。

铸铁之所以具有一系列优良的性能，除了因为它的含碳量较高，接近于共晶合金成分，使得它的熔点低、流动性好以外，而且还因为它的含碳和含硅量较高，使得它其中的碳大部分不再是化合状态（Fe₃C）而以游离的石墨状态存在。铸铁组织的一个特点就是其中含有石墨，而石墨本身具有润滑作用，因而使铸铁具有良好的减摩性和切削加工性。

4.2.1 铸铁的石墨化过程

铸铁组织中石墨的结晶形成过程叫作"石墨化"过程。

在铁碳合金中，碳可能以两种形式存在，即化合状态的渗碳体（Fe₃C）和游离状态的石墨（常用 G 来表示）。其中渗碳体的晶体结构见第 2 章。石墨是碳的一种结晶形态，$w_C\% = 100\%$，具有简单六方晶格，原子呈层状排列（如图 4-8 所示）。同一层晶面上碳原子间距为 $0.142\mu m$，相互呈共价键结合；层与层之间的距离为 $0.34\mu m$，原子间呈分子键结合。因其面间距较大，结合力弱，故其结晶形态常易发展成为片状，且石墨本身的强度、塑性和韧性非常低，接近于零。

（1）铁碳双重相图

在铁碳合金中，已形成渗碳体的铸铁在高温下进行长时间退火，其中的渗碳体便会分解为铁和石墨，即 Fe₃C ⟶ 3Fe＋C（石墨）。可见，碳呈化合状态存在的渗碳体并不是一种稳定的相，它不过是一种亚稳定的状态；而碳呈游离状态存在的石墨则是一种稳定的相。通常，在铁碳合金的结晶过程中，之所以自其液体或奥氏体中析出的是渗碳体而不是石墨，这主要是因为渗碳体的含碳量（6.69%）比石墨的含碳量（约 100%）更接近合金成分的含碳量（2.5%～4.0%），析出渗碳体时所需的原子扩散量较小，渗碳体的晶核形成较容易。但在冷却极其缓慢（即提供足够的扩散时间）的条件下，或在合金中含有可促进石墨形成的元素（如 Si 等）时，那么在铁碳合金的结晶过程中，可直接自液体或奥氏体中析出稳定的石墨相，而不再析出渗碳体。因此，对铁碳合金的结晶过程和组织形成规律来说，根据冷却速度和成分不同，实际上存在两种相图，可用 Fe-Fe₃C 相图和 Fe-G（石墨）相图叠合在一起形成的铁碳双重相图来描述（图 4-9）。图中实线部分即为前面所讨论的亚稳定的 Fe-Fe₃C

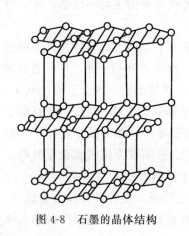

图 4-8 石墨的晶体结构

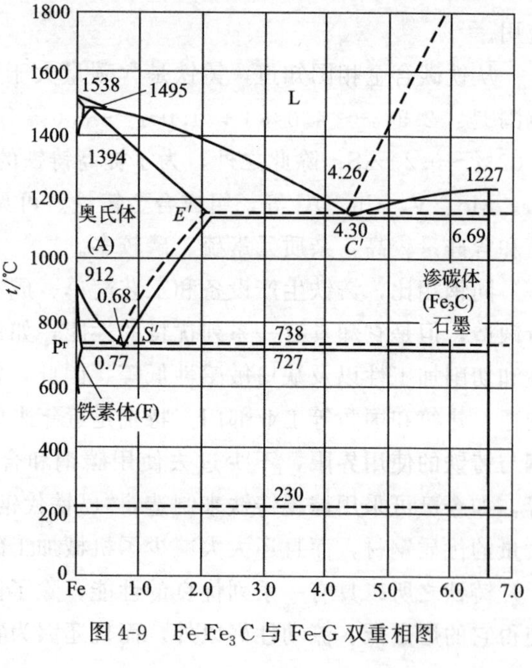

图 4-9 Fe-Fe₃C 与 Fe-G 双重相图

相图，虚线部分则是稳定的 Fe-G 相图。虚线与实线重合的线条用实线表示。由图可见，虚线在实线的上方或左上表明 Fe-G（石墨）系较 $Fe-Fe_3C$ 系更为稳定。视具体合金的结晶条件不同，铁碳合金可全部或部分地按照其中的一种或另一种相图进行结晶。

（2）铸铁石墨化的三个阶段

根据 Fe-G（石墨）系相图，在极缓慢冷却条件下，铸铁石墨化过程如图 4-10 所示可分成三个阶段：

第一阶段，也叫高温石墨化阶段，即由液体中直接结晶出初生相石墨，或在 1154℃ 通过共晶转变而形成石墨，即 $LC' \longrightarrow AE' + G$；

第二阶段，也叫石墨化过程阶段，即在 738～1154℃ 之间的冷却过程中，自奥氏体中析出二次石墨；

第三阶段，也叫低温石墨化阶段，即在 738℃ 时通过共析转变而形成石墨。即 $AS' \longrightarrow FP' + G$。

铸铁的组织与石墨化过程及其进行的程度密切相关。由于高温下具有较高的扩散能力，所以第一、二阶段的石墨化比较容易进行，即通常都按照 Fe-G 相图进行结晶；而第三阶段的石墨化温度较低，扩散能力低，且常因铸铁的成分和冷却速度等条件的不同，而被全部或部分抑制，从而得到三种不同的组织，即铁素体 F＋石墨 P、铁素体 F＋珠光体 P＋石墨 G、珠光体 P＋石墨 G。铸铁的一次结晶过程决定了石墨的形态，而二次结晶过程决定了基体组织。下面以共晶成分的铸铁为例，简要描述其石墨化过程（见图 4-9 和图 4-10）。

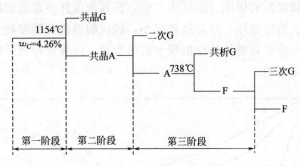

图 4-10　铸铁石墨化过程

共晶成分铁液从高温一直缓冷至 1154℃ 开始凝固，形成奥氏体加石墨的共晶体。此时奥氏体的饱和碳含量为 $w_C = 2.08\%$。随着温度下降，奥氏体的溶碳量下降，其溶解度按 $E'S'$ 线变化，过饱和碳从奥氏体中析出二次石墨。当温度降至 738℃ 时，奥氏体含碳量达到 $w_C = 0.68\%$，发生共析转变，奥氏体形成铁素体加石墨共析体。此时铁素体的固溶度为 $w_C = 0.0206\%$。温度再继续下降，铁素体中固溶碳量减少，其溶解度沿 $P'Q$ 线变化，冷至室温时，铁素体中含碳量远小于 $w_C = 0.006\%$。从铁素体中析出的三次石墨量很少。

（3）影响石墨化的主要因素

铸铁的石墨化程度受许多因素影响，其中，铸铁的化学成分和结晶过程中的冷却速度是影响石墨化的主要因素。

① 铸铁化学成分的影响　实践表明，铸铁中的 C 和 Si 是影响石墨化过程的主要元素，它们有效地促进石墨化进程，铸铁中碳和硅的含量愈高，则愈充分石墨化。故生产中为了使铸件在浇注后能够避免产生白口或麻口而得到灰口，且不致含有过多和粗大的片状石墨，通

常把铸铁中必须加入足够的 C、Si 促进石墨化，一般其成分控制在 2.5%～4.0%C 及 1.0%～2.5%Si；除了碳和硅以外，铸铁中的 Al、Ti、Ni、Cu、P、Co 等元素也是促进石墨化的元素，而 S、Mn、Mo、Cr、V、W、Mg、Ce 等碳化物形成元素则阻止石墨化。Cu 和 Ni 既能促进共晶时的石墨化，又能阻碍共析时的石墨化。S 不仅能强烈地阻止石墨化，而且还会降低铸铁的力学性能和流动性，使铸铁容易产生裂纹，故其含量应尽量低，一般应在 0.1%～0.15% 以下。而锰因可与硫形成 MnS，减弱了硫的有害作用。锰既可以溶解在基体中，也可溶解在渗碳体中形成 $(Fe,Mn)_3C$，溶解在渗碳体中的锰可增强铁与碳的结合力，则阻碍石墨化过程，增加铸铁白口深度。所以铸铁中含锰质量分数控制在 0.5%～1.4% 范围内。P 是微弱促进石墨化的元素，但当磷的质量分数超过 0.3%，灰在铸铁中出现低熔点的二元或三元磷共晶存在于晶界，增加铸铁的冷脆倾向。所以一般小于 0.20%。

② 铸铁冷却速度的影响　对于同一成分的铁碳合金，在熔炼条件等完全相同的情况下，石墨化过程主要取决于冷却条件。铸件的冷却速度对石墨化的影响很大，即冷却愈慢，愈有利于扩散，对石墨化便愈有利，而快冷则阻止石墨化。当铁液或奥氏体以极缓慢速度冷却（过冷度很小）至图 4-9 中的 $S'E'C'$ 和 SEC 之间温度范围时，通常按 Fe-G（石墨）系结晶，石墨化过程能较充分地进行。如果冷速较快，过冷度较大，通过 $S'E'C'$ 和 SEC 范围共晶石墨或二次石墨来不及析出，而过冷到实线以下的温度时，则将析出 Fe_3C。在铸造时，除了造型材料和铸造工艺会影响冷却速度以外，铸件的壁厚不同，也会具有不同的冷却速度，得到不同的组织。图 4-11 所示为在一般砂型铸造条件下，铸件的壁厚和铸铁中碳和硅的含量对其组织（即石墨化程度）的影响。实际生产中，在其他条件一定的情况下，铸铁的冷却速度取决于铸件的壁厚。铸件越厚，冷却速度越小，铸铁的石墨化程度越充分。对于不同壁厚的铸件，也常根据这一关系调整铸铁中的碳和硅的含量，以保证得到所需要的灰口组织。这一点与铸钢件是截然不同的。

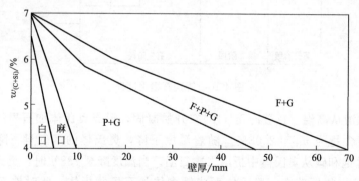

图 4-11　铸铁成分（C＋Si）%和铸件壁厚对石墨化（组织）的影响

4.2.2　铸铁的分类及牌号

（1）铸铁的分类

① 根据铸铁在结晶过程中的石墨化程度不同，也就是碳在铸铁中的存在形式，铸铁可分为如下三类。

a. 白口铸铁　即第一、二和三阶段的石墨化全部都被抑制，完全按照 $Fe-Fe_3C$ 相图进行结晶而得到的铸铁。这类铸铁组织中的碳全部呈化合碳的状态，形成渗碳体，并具有莱氏体的组织，其断裂时断口呈白亮颜色，故称白口铸铁。其性能硬脆，故在工业上很少应用，主要用作炼钢原料。

b. 灰口铸铁 即在第一、二阶段石墨化的过程中都得到了充分石墨化的铸铁，碳大部分或全部以游离的石墨形式存在，因断裂时断口呈暗灰色，故称为灰口铸铁。工业上所用的铸铁几乎全部都属于这类铸铁。这类铸铁根据第三阶段石墨化程度的不同，又可分为三种不同基体组织的灰口铸铁，即铁素体、铁素体加珠光体和珠光体灰口铸铁。

c. 麻口铸铁 即在第一阶段的石墨化过程中未得到充分石墨化的铸铁。碳一部分以渗碳体形式存在，另一部分以游离态石墨形式存在，断口上呈黑白相间的麻点。其组织介于白口与灰口之间，含有不同程度的莱氏体，也具有较大的硬脆性，工业上也很少应用。

② 根据铸铁中石墨结晶形态的不同，铸铁又可分为如下三类。

a. 灰口铸铁 铸铁组织中的石墨形态呈片层状结晶，这类铸铁的力学性能不太高，但生产工艺简单，价格低廉，故在工业上应用最为广泛；

b. 可锻铸铁 铸铁组织中的石墨形态呈团絮状，其力学性能（特别是冲击韧性）比普通灰口铸铁要好，但其生产工艺冗长，成本高，故只用来制造一些重要的小型铸件；

c. 球墨铸铁 铸铁组织中的石墨形态呈球状，这种铸铁不仅力学性能较高，生产工艺远比可锻铸铁简单，并且可通过热处理进一步显著提高强度，故近年来日益得到广泛的应用，在一定条件下可代替某些碳钢和合金钢制造各种重要的铸件，如曲轴、齿轮。

(2) 铸铁的牌号

铸铁的牌号由铸铁代号、合金元素符号及质量分数、力学性能所组成。牌号中第一位是铸铁的代号，其后为合金元素的符号及其质量分数，最后为铸铁的力学性能。常规元素碳、硅、锰、硫一般不标注。其他合金元素的质量分数大于或等于1%时，用整数表示；小于1%时，一般不标注，只有对该合金特性有较大影响时，才予以标注。当铸铁中有几种合金化元素时，按其质量分数递减的顺序排列，质量分数相同时分数按元素符号的字母顺序排列。力学性能标注部分为一组数据时表示其抗拉强度值；为两组数据时，第一组表示抗拉强度值，第二组表示伸长率，两组数字之间"-"隔开。常见铸铁名称、代号及牌号表示方法如表 4-15 所示。

表 4-15 常见铸铁名称、代号及牌号表示方法

铸铁名称	代 号	牌号表示方法实例
灰铸铁	HT	HT100
蠕墨铸铁	RuT	RuT400
球墨铸铁	QT	QT400-17
黑心可锻铸铁	KTH	KTH300-06
白心可锻铸铁	KTB	KTB350-04
珠光体可锻铸铁	KTZ	KTZ450-06
耐磨铸铁	MT	MTCu1PTi-150
抗磨白口铁	KmTB	KmTBMn5Mo2Cu
抗磨球墨铸铁	KmTQ	KmTQMn6
冷硬铸铁	LT	LTCrMoR6（R 表示稀土元素）
耐蚀铸铁	ST	STSi5R
耐蚀球磨铸铁	STQ	STQA15Si5

铸铁名称	代　号	牌号表示方法实例
耐热铸铁	RT	RTCr2
耐热球磨铸铁	RTQ	RTQAl6

4.2.3　常用铸铁

扫码看视频课 31

（1）灰口铸铁

① 灰口铸铁的化学成分、组织与性能　灰口铸铁的成分范围是 2.5%～4.0%C，1.0%～3.0%Si，0.5%～1.4%Mn，0.01%～0.20%P，0.02%～0.20%S，其中 C、Si、Mn 是调节组织的元素，P 是控制使用的元素，S 是应该限制的元素。究竟选用何种成分，应根据铸件基体组织及尺寸大小来决定。

灰口铸铁的第一、二阶段石墨化过程均能充分进行，其组织类型主要取决于第三阶段的石墨化程度。根据第三阶段石墨化程度的不同，可分别获得如下三种不同基体组织的灰口铸铁。

a. 铁素体灰口铸铁　若第三阶段石墨化过程得到充分进行，最终得到的组织是铁素体基体上分布着片状石墨，如图 4-12（a）所示。

b. 珠光体＋铁素体灰口铸铁　若第三阶段即共析阶段的石墨化过程仅部分进行，获得的组织是珠光体＋铁素体基体上分布着片状石墨，如图 4-12（b）所示。

(a) 铁素体基(200×)

c. 珠光体灰口铸铁　若第三阶段石墨化过程完全被抑制，获得的组织是珠光体基体上分布片状石墨，如图 4-12（c）所示。实际铸件能否得到灰口组织和得到何种基体组织，主要取决于其结晶过程中的石墨化程度。

灰口铸铁的基体组织对性能有着很大的影响。铁素体灰口铸铁的强度、硬度和耐磨性都比较低，但塑性较高。铁素体灰口铸铁多用于制造负荷不太重要的零件。珠光体特别是细小粒状珠光体灰口铸铁强度和硬度高、耐磨性好，但塑性比铁素体灰口铸铁低，多用于受力较大、耐磨性要求高的重要铸件，如汽缸套、活塞、轴承座等。在实际生产过程中，难以获得基体全部为珠光体的铸态组织，常见的是铁素体和珠光体组织，其性能也介于铁素体灰口铸铁和珠光体灰口铸铁之间。

(b) 铁素体基+珠光体基(500×)

灰口铸铁的抗拉强度、塑性及韧性均比同基体的钢低。这是由于石墨的强度、塑性、韧性极低，它的存在不仅割裂了金属基体的连续性，缩小了承受载荷

(c) 珠光体基(500×)

图 4-12　不同基体组织的灰口铸铁

的有效面积，而且在石墨片的尖端处导致应力集中，使铸铁发生过早的断裂。随着石墨片的数量、尺寸、分布不均匀性的增加，灰口铸铁的抗拉强度、塑性、韧性进一步降低。

灰口铸铁的硬度和抗压强度取决于基体组织，石墨对其影响不大。因此，灰口铸铁的硬度和抗压强度与同基体的钢相差不多。灰口铸铁的抗压强度约为其抗拉强度的 3～4 倍，因而广泛用作受压零构件如机座、轴承座等。此外，灰口铸铁还具有较好的铸造性能、切削加工性能、减摩性、减震性以及较低的缺口敏感性。

② 灰口铸铁的牌号　我国国家标准对灰口铸铁的牌号、力学性能及其他技术要求均有新的规定。

按规定，灰口铸铁有 6 个牌号：HT100（铁素体灰口铸铁）、HT150（铁素体珠光体灰口铸铁）、HT200 和 HT250（珠光体灰口铸铁）、HT300 和 HT350（孕育铸铁）。"HT"为"灰铁"二字汉语拼音的缩写，后续的三位数字表示直径为 30mm 铸件试样的最低抗拉强度值 σ_b（MPa）。例如灰口铸铁 HT200，表示最低抗拉强度为 200MPa。灰口铸铁的分类、牌号及显微组织如表 4-16 所示。

表 4-16　灰口铸铁的分类、牌号及显微组织

分　类	牌　号	显微组织	
		基　体	石　墨
普通灰铸铁	HT100	F+少量 P	粗片
	HT150	F+P	较粗片
	HT200	P	中等片
孕育铸铁	HT250	细 P	较细片
	HT300	S 或 T	细片
	HT350		

③ 灰口铸铁的孕育处理　改善灰口铸铁的力学性能关键，是改善铸铁中石墨片的形状、数量、大小和分布情况。于是生产上常进行孕育处理。孕育处理就是在浇注前向铁水中加入少量（铁水总质量的 4%左右）的孕育剂（如硅铁、硅钙合金）进行孕育（变质）处理，使铸铁在凝固过程中产生大量的人工晶核，以促进石墨的形核和结晶，从而获得细小珠光体，基体上分布有少量细小、均匀分布的石墨片组织。

孕育处理后的铸铁称为孕育铸铁或变质铸铁。由于其强度、塑性、韧性比普通灰铸铁高，因此常用作汽缸、曲轴、凸轮轴等较重要的零件。

④ 灰口铸铁的热处理图　虽然通过热处理只能改变铸铁的基体组织，而不能改变片状石墨的形状和分布状态，但可以消除铸件的内应力、消除白口组织和提高铸件表面的耐磨性。

a. 去应力退火　在铸造过程中，由于各部分的收缩和组织转变的速度不同，使铸件内部产生不同程度的内应力。这样不仅降低铸件强度，而且使铸件产生翘曲、变形，甚至开裂。因此，铸件在切削加工前通常要进行去应力退火，又称为人工时效处理。其典型时效热处理工艺曲线如图 4-13 所示。即将铸件缓慢加热到 500～560℃适当保温（每 100mm 截面保温 2h）后，随炉缓冷至 150～200℃出炉空冷，此时内应力可被消除 90%。去应力退火加热温度一般不超过 560℃，以免共析渗碳体分解、球化，降低铸件强度、硬度和耐磨性。

b. 消除白口，改善切削加工性能的高温退火 铸件冷却时，表层及截面较薄处由于冷却速度快，易出现白口组织使硬度升高，难以切削加工。为了消除自由渗碳体，降低硬度，改善铸件的切削加工性能和力学性能，可对铸件进行高温退火处理，使渗碳体在高温下分解成铁和石墨。图 4-14 是高温石墨化退火热处理工艺曲线。即将铸件加热至 850～950℃保温 1～4h，使部分渗碳体分解为石墨，然后随炉缓冷至 400～500℃，再置于空气中冷却，最终得到铁素体基体或铁素体加珠光体基灰铸铁，从而消除白口、降低硬度、改善切削加工性。

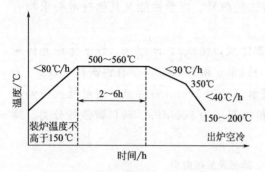

图 4-13 典型时效热处理工艺曲线

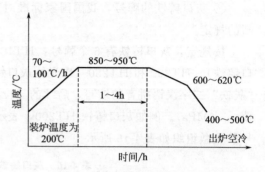

图 4-14 高温石墨化退火热处理工艺曲线

c. 表面淬火 某些大型铸件的工作表面需要有较高的硬度和耐磨性，如机床导轨的表面及内燃机汽缸套的内壁等，在机加工后可用快速加热的方法对铸铁表面进行淬火热处理。淬火后铸铁表面为马氏体＋石墨的组织。珠光体基体铸铁淬火后的表面硬度可达到 50HRC 左右。

（2）可锻铸铁

可锻铸铁是由白口铸铁通过高温石墨化退火或氧化脱碳热处理，改变其金相组织或成分而获得的具有较高韧性的铸铁。由于铸铁中石墨呈团絮状分布，故大大削弱了石墨对基体的割裂作用。与灰口铸铁相比，可锻铸铁具有较高的强度和一定的塑性和韧性。可锻铸铁又称为展性铸铁或玛钢，但实际上可锻铸铁并不能锻造。

① 可锻铸铁的类型 可锻铸铁按化学成分、石墨化退火条件和热处理工艺不同，可分为黑心可锻铸铁（包括珠光体可锻铸铁）、白心可锻铸铁两类。当前广泛采用的是黑心可锻铸铁。

将白口铸件毛坯在中性介质中经高温石墨化退火而获得的铸铁件，若金相组织为铁素体基体上分布着团絮状石墨，其断口由于石墨大量析出而使心部颜色为暗黑色，表层因部分脱碳而呈白亮色的，称为黑心可锻铸铁。若金相组织为珠光体基体上分布团絮状石墨，则称为珠光体可锻铸铁。因其断口呈灰色，习惯上也将其称为黑心可锻铸铁。

白心可锻铸铁是将白口铸件毛坯放在氧化介质中经石墨化退火及氧化脱碳得到的。表层出于完全脱碳形成单一的铁素体组织，其断口为灰色。根据铸件断面大小不同，心部组织可以是珠光体＋铁素体＋退火碳（即退火过程中由渗碳体分解形成的石墨）或珠光体＋退火碳。心部断口为灰白色，故称之为白心可锻铸铁。

② 可锻铸铁的化学成分特点及可锻化（石墨化）退火

a. 成分范围 为使铸铁凝固获得全部白口组织，同时使随后的石墨化退火周期尽量短，并有利于提高铸铁的力学性能，可锻铸铁的化学成分应控制在 2.4%～2.7%C、1.4%～

18%Si、0.5%~0.7%Mn、<0.8%P、<0.25%S、<0.06%Cr 范围内。

b. 黑心可锻铸铁石墨化退火工艺　黑心可锻铸铁的石墨化退火工艺如图 4-15 所示。将浇铸成的白口铸铁加热到 900~980℃保温约 15h，使渗碳体分解为奥氏体加石墨。由于固态下石墨在各个方向上的长大速度相差不多，故石墨至团絮状。在随后的缓慢冷却过程中，奥氏体将沿早已形成的团絮状石墨表面析出二次石墨，至共析转变温度范围（720~750℃）时，奥氏体分解为铁素体加石墨。结果得到铁素

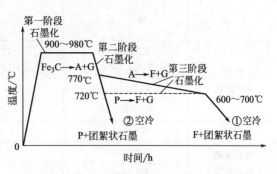

图 4-15　黑心可锻铸铁的石墨化退火工艺曲线

体可锻铸铁，其退火工艺曲线如图 4-15 中①所示。

如果在通过共析转变温度时的冷却速度较快，则将得到珠光体可锻铸铁，其退火工艺曲线如图 4-15 中②所示。按上述工艺获得的可锻铸铁的显微组织如图 4-16 所示。可锻铸铁的退火周期较长，约 70h。为了缩短退火周期，常采用如下方法。

（a）孕育处理　用硼铋等复合孕育剂，在铁水凝固时阻止石墨化，在退火时促进石墨化过程，使石墨化退火周期缩短一半左右。

（b）低温时效　退火前将白口铸铁在 300~400℃进行 3~6h 的时效，使碳原子在时效过程中发生偏析，从而使随后的高温石墨化阶段的石墨核心有所增加。实践证明，经时效后可显著缩短退火周期。

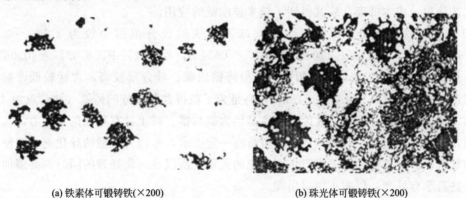

(a) 铁素体可锻铸铁(×200)　　　　　　　　　　　(b) 珠光体可锻铸铁(×200)

图 4-16　可锻铸铁的显微组织

③ 可锻铸铁的牌号、性能、用途　可锻铸铁的牌号（表 4-17）中"KT"是"可铁"二字汉语拼音的第一个大写字母，表示可锻铸铁。其后加汉语拼音字母"H"则表示黑心可锻铸铁（如 KTH330-08），加"Z"表示珠光体基可锻铸铁（如 KTZ550-04），加"B"表示白心可锻铸铁（如 KTB380-12）。随后两组数字分别表示最低抗拉强度（MPa）和最低伸长率 δ（%）。

可锻铸铁的特性和用途。普通黑心可锻铸铁具有一定的强度和较高的塑性与韧性，常用作汽车、拖拉机后桥外壳，低压阀门及各种承受冲击和振动的农机具。珠光体可锻铸铁具有优良的耐磨性、切削加工性和极好的表面硬化能力，常用作曲轴、凸轮轴、连杆、齿轮等承

表 4-17 可锻铸铁的分类、牌号及力学性能

分 类	牌 号	壁厚/mm	力学性能		
			σ_b/MPa	δ_3/%	硬度 HBS
黑心 可锻铸铁	KTH300-6	>12	300	6	120～163
	KTH 330-8	>12	330	8	120～163
	KTH350-10	>12	350	10	120～163
	KTH370-12	>12	370	12	120～163
珠光体基 可锻铸铁	KTZ450-5		450	5	152～219
	KTZ500-4		500	4	179～241
	KTZ600-3		600	3	201～269
	KTZ700-2		700	2	240～270
白心 可锻铸铁	KTB350-4		350	4	230
	KTB380-12		380	12	200
	KTB400-5		400	5	220
	KTB450-7		450	7	220

注：试棒直径 16mm。

受较高载荷、耐磨损的重要零件。而白心可锻铸铁在机械工业中则应用很少。

(3) 球墨铸铁

在浇注前向铁水中加入少量的球化剂（镁或稀土镁）和孕育剂（75%Si 的硅铁），获得具有球状石墨的铸铁，称为球墨铸铁。由于它具有优良的力学性能、加工性能、铸造性能，生产工艺简单，成本低廉，故其得到了越来越广泛的应用。

① 球墨铸铁的成分、组织、性能 球墨铸铁的成分范围一般为 3.5%～3.9%C，2.0%～2.6% Si，0.6% ～ 1.0% Mn，< 0.06% S，< 0.1% P，0.03% ～ 0.06% Mg，0.02%～0.06%RE。与灰口铸铁相比，球墨铸铁的碳、硅含量较高，含锰较低，对磷、硫限制较严。碳当量（C_E＝4.5%～4.7%）高是为了获得共晶成分的铸铁（共晶点为 4.6%～4.7%），使之具有良好的铸造性能。低硫是因为硫与镁、稀土具有很强的亲和力，从而消耗球化剂，造成球化不良。对镁和稀土残留量有一定要求，是因为适量的球化剂才能使石墨完全呈球状析出。由于镁和稀土是阻止石墨化的元素，所以在球化处理的同时，必须加入适量的硅铁进行孕育处理，以防止白口出现。

球墨铸铁的组织特征为钢的基体加球状石墨。常见的球墨铸铁组织如图 4-17 所示。

球墨铸铁的性能与其组织特征有关。由于石墨呈球状分布时，不仅造成的应力集中小，而且对基体的割裂作用也最小。因此，球墨铸铁的基体强度利用率可达 70%～90%，而灰口铸铁的基体强度利用率仅为 30%～50%。所以，球墨铸铁的抗拉强度、塑性、韧性不仅高于其他铸铁，而且可与相应组织的铸钢相当。特别是球墨铸铁的屈强比（σ_s/σ_b）为 0.7～0.8，几乎比钢高一倍。这一性能特点有很大的实际意义。因为在机械设计中，材料的许用应力是按屈服强度来确定的，因此，对于承受静载荷的零件，用球墨铸铁代替铸钢，就可以减轻机器重量。

球墨铸铁不仅具有良好的力学性能，同时也保留灰口铸铁具有的一系列优点，特别是通过热处理可使其力学性能达到更高水平，从而扩大了球墨铸铁的使用范围。

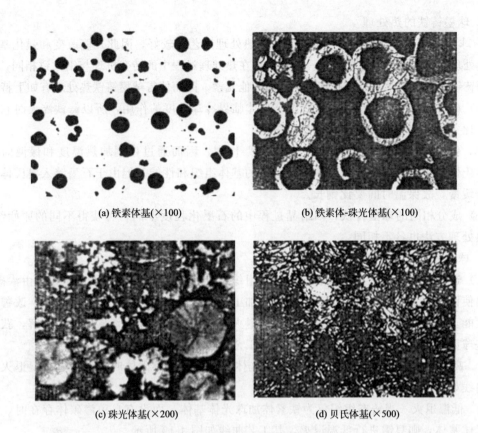

(a) 铁素体基(×100)　　　　　　　　(b) 铁素体-珠光体基(×100)

(c) 珠光体基(×200)　　　　　　　　(d) 贝氏体基(×500)

图 4-17　不同基体的球墨铸铁组织

② 球墨铸铁的牌号及用途　表 4-18 为球墨铸铁的牌号、基体组织和性能。牌号中"QT"是"球铁"二字汉语拼音的第一个大写字母，表示球墨铸铁的代号，后面两组数字分别表示最低抗拉强度（MPa）和最小伸长率 δ（％）。

表 4-18　球墨铸铁的牌号、基体组织和性能

牌　　号	基体组织	力学性能 ≥				
		σ_b/MPa	$\sigma_{0.2}$/MPa	δ_5/％	α_k/(kJ/m²)	HBS
QT400-17	F	400	250	17	600	≤179
QT420-10	F	420	270	10	300	≤207
QT500-5	F+P	500	350	5	—	147～241
QT600-2	P	600	420	2	—	229～302
QT700-2	P	700	490	2	—	229～302
QT800-2	P	800	560	2	—	241～321
QT1200-1	下 B	1200	840	1	300	≥38HRC

球墨铸铁的用途：铁素体基体球墨铸铁具有较高的塑性和韧性，常用来制造变压阀门、汽车后桥壳、机器底座。珠光体基球墨铸铁具有中高强度和较高的耐磨性，常用作拖拉机或柴油机的曲轴、油轮轴、部分机床上的主轴、轧辊等。贝氏体基球墨铸铁具有高的强度和耐磨性，常用于汽车上的齿轮、传动轴及内燃机曲轴、凸轮轴等。

③ 球墨铸铁的热处理

a. 球墨铸铁热处理的特点　球墨铸铁的热处理工艺性较好，因此凡能改变和强化基体的各种热处理方法均适用于球墨铸铁。球墨铸铁在热处理过程中的转变机理与钢大致相同，但由于球墨铸铁中有石墨存在且含有较高的硅及其他元素，因而使得球墨铸铁热处理有如下特点。

（a）硅有提高共析转变温度且降低马氏体临界冷却速度的作用，所以铸铁淬火时它的加热温度比钢高，淬火冷却速度可以相应缓慢。

（b）铸铁中由于石墨起着碳的"储备库"作用，因而通过控制加热温度和保温时间可调整奥氏体的含碳量，以改变铸铁热处理后的基体组织和性能。但由于石墨溶入奥氏体的速度十分缓慢，故保温时间要比钢长。

（c）成分相同的球墨铸铁，因结晶过程中的石墨化程度不同，可获得不同的原始组织，故其热处理方法也各不相同。

b. 球墨铸铁常用的热处理方法

（a）退火　球墨铸铁在浇注后，其铸态组织常会出现不同程度的珠光体和自由渗碳体。这不仅使铸铁的力学性能降低，且难以切削加工。为提高铸态球铁的塑性和韧性，改善切削加工性能，以消除铸造内应力，就必须进行退火，使其中珠光体和渗碳体得以分解，获得铁素体基球墨铸铁。根据铸态组织不同，退火工艺有两种。

Ⅰ. 高温退火　当铸态组织中不仅有珠光体而且有自由渗碳体时，应进行高温退火。其工艺曲线如图 4-18 所示。

Ⅱ. 低温退火　当铸态组织仅为铁素体加珠光体基体，而没有自由渗碳体存在时，为获得铁素体基体，则只需进行低温退火，其工艺曲线如图 4-19 所示。

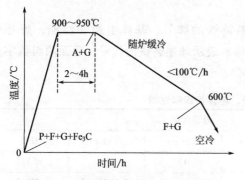

图 4-18　球墨铸铁高温退火工艺曲线

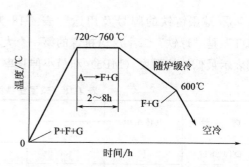

图 4-19　球墨铸铁低温退火工艺曲线

（b）正火　球墨铸铁进行正火的目的，是使铸态下基体的混合组织全部或大部分变为珠光体，从而提高其强度和耐磨性。

Ⅰ. 高温正火　将铸件加热到共析温度以上，使基体组织全部奥氏体化，然后空冷（含硅量高的厚壁件，可采用风冷、喷雾冷却），使其获得珠光体球墨铸铁。

正火后，为消除内应力，可增加一次消除内应力的退火（或回火）。其工艺曲线如图 4-20 所示。

Ⅱ. 低温正火　将铸件加热到共析温度范围内，使基体组织部分奥氏体化，然后出炉空冷，可获得珠光体加铁素体基的球墨铸铁。其塑性、韧性比高温正火高，但强度略低。其工艺曲线如图 4-21 所示。

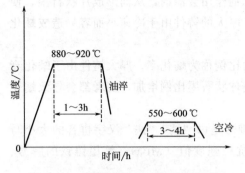

图 4-20　球墨铸铁高温正火工艺曲线

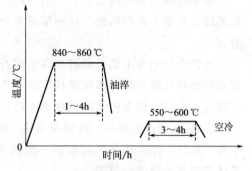

图 4-21　球墨铸铁低温正火工艺曲线

(c) 调质处理　对于受力复杂、截面大、综合力学性能要求较高的重要铸件，可采用调质处理。其工艺曲线如图 4-22 所示。

调质处理后得到回火索氏体加球状石墨，硬度为 245～335HB，具有良好的综合力学性能。柴油机曲轴等重要的零件常采用此种处理方法。球墨铸铁淬火后，也可采用中温或低温回火，获得贝氏体或回火马氏体基组织，使其具有更高的硬度和耐磨性。

(d) 等温淬火　对于一些形状复杂，要求综合力学性能较高，热处理易变形与开裂的零件，常采用等温淬火。

将零件加热到 860～920℃，保温时间约比钢长 1 倍，保温后，迅速放入温度为 250～300℃的等温盐浴中，进行 0.5～1.5h 的等温处理，然后取出空冷，获得下贝氏体加球状石墨为主的组织。其工艺曲线如图 4-23 所示。

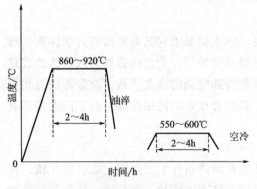

图 4-22　球墨铸铁调质处理工艺曲线

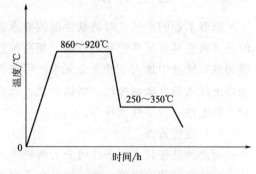

图 4-23　球墨铸铁等温淬火工艺曲线

(4) 蠕墨铸铁

在钢的基体上分布着蠕虫状石墨的铸铁，称为蠕墨铸铁。蠕虫状石墨的形状介于片状石墨和球状石墨之间，也称为厚片状石墨。

① 蠕墨铸铁的获得及蠕化处理　在浇注前用蠕化剂处理铁水，从而获得蠕虫状石墨的过程称为蠕化处理。常用的蠕化剂有稀土硅钙、稀土硅铁和镁钛稀土硅铁合金。这些蠕化剂除了能使石墨成为厚片状外，均容易造成铸铁的白口倾向增加，因此在进行蠕化处理的同时，必须向铁水中加入一定量的硅铁或硅钙进行孕育处理，以防止白口倾向，并保证石墨细小均匀分布。

如果铸铁结晶时间过长，已加入的足够量的蠕化剂作用会消退，从而形成片状石墨，使蠕墨铸铁衰退为灰口铸铁。这种情况称为蠕化衰退。厚大的铸件由于冷速小而容易造成蠕化衰退。

铸铁金相组织中蠕虫状石墨在全部石墨中所占的比例称为蠕化率。厚大铸件由于蠕化衰退而易得到片状石墨，薄壁铸件则由于冷速快而易使球状石墨比例增加，二者都会导致蠕化率降低。合格的蠕墨铸铁的蠕化率不得低于50%。

② 蠕墨铸铁的牌号、性能及用途　蠕墨铸铁的牌号是以"蠕""铁"汉字拼音的大小写字母"RuT"作为代号，后面的一组数字表示最低抗拉强度值（MPa）。蠕墨铸铁的牌号、基体组织和力学性能见表4-19。

表 4-19　蠕墨铸铁的牌号、基体组织和力学性能

牌　　号	基体组织	力学性能 ≥			
		σ_b/MPa	$\sigma_{0.2}$/MPa	δ_5/%	HBS
RuT420	P	420	335	0.75	200~280
RuT380	P	380	300	0.75	193~274
RuT340	P+F	340	270	1.0	170~249
RuT300	F+P	300	240	1.5	140~217
RuT260	F	260	195	3	121~197

蠕墨铸铁的力学性能优于灰口铸铁，低于球墨铸铁。但其导热性、抗热疲劳性和铸造性能均比球墨铸铁好，易于得到致密的铸件。因此蠕墨铸铁也称为"紧密石墨铸铁"，应用于铸造内燃机缸盖、钢锭模、阀体、泵体等。

4.2.4　合金铸铁

随着工业的发展，对铸铁性能的要求愈来愈高，即不但要求它具有更高的力学性能，有时还要求它具有某些特殊的性能，如高耐磨性、耐热及耐蚀等。为此向铸铁（灰口铸铁或球墨铸铁）铁液中加入一些合金元素，可获得具有某些特殊性能的合金铸铁。合金铸铁与相似条件下使用的合金钢相比，熔炼简便、成本低廉，其具有良好的使用性能。但它们大多具有较大的脆性，力学性能较差。

（1）耐磨铸铁

耐磨铸铁按其工作条件可分为两种类型：一种是在润滑条件下工作的，如机床导轨、汽缸套、活塞环和轴承等；另一种是在无润滑的干摩擦条件下工作的，如犁铧、轧辊及球磨机零件等。

在干摩擦条件下工作的耐磨铸铁，应具有均匀的高硬度组织。如白口铸铁、冷硬铸铁都是较好的耐磨材料。为进一步提高铸铁的耐磨性和其他力学性能，常加入 Cr、Mn、Mo、V、Ti、P、B 等合金元素，形成耐磨性更高的合金铸铁。如犁铧、轧辊及球磨机零件等。

在润滑条件下工作的耐磨铸铁，其组织应为软基体上分布有硬的组织组成物，以便在磨后使软基体有所磨损，形成沟槽，保持油膜。普通的珠光体基体的铸铁基本上符合这一要求，其中的铁素体为软基体，渗碳体层片为硬组分，而石墨同时也起储油和润滑作用。为了进一步改善珠光体灰口铸铁的耐磨性，通常将铸铁中的含磷量提高到 0.4%～0.7%左右，即形成高磷铸铁。其中磷形成 Fe_3P，并与铁素体或珠光体组成磷共晶，呈断续的网状分布在珠光体基体上，形成坚硬的骨架，使铸铁的耐磨性显著提高。在普通高磷铸铁的基础上，再加入 Cr、Mn、Cu、M、V、Ti、W 等合金元素，就构成了高磷合金铸铁。这样不仅细化和强化了基体组织，也进一步提高了铸铁的力学性能和耐磨性。生产上常用其制造机床导轨、汽车发动机缸套等零件。

此外，我国还发展了钒钛铸铁、铬钼铜合金铸铁、锰硼铸铁及中锰球墨铸铁等耐磨铸铁，它们均具有优良的耐磨性。

（2）耐热铸铁

耐热铸铁具有良好的耐热性，可代替耐热钢用作加热炉炉底板、马弗罐、坩埚、废气管道、换热器及钢锭模等。

普通灰口铸铁在高温下除了会发生表面氧化外，还会发生"热生长"的现象。这是由于氧化性气体容易通过在高温下工作的铸件的微孔、裂纹或沿石墨边界渗入铸件的内部，生成密度小的氧化物，以及因渗碳体的分解而发生石墨化，最终引起体积增大。经过反复的受热，铸铁的体积会产生不可逆的膨胀，这种现象叫铸铁的热生长。铸铁抗氧化与抗生长的性能称为耐热性。具备良好耐热性的铸铁叫作耐热铸铁。为了提高铸铁的耐热性，一种方法是在铸铁中加入硅、铝、铬等合金元素，使铸件表面形成一层致密的 SiO_2、Al_2O_3、Cr_2O_3 氧化膜，保护内层组织不被继续氧化。另一种方法是提高铸铁的相变点，使基体组织为单相铁素体，不发生石墨化过程，因而提高了铸铁的耐热性。

常用耐热铸铁的化学成分和力学性能如表 4-20 所示。

表 4-20 常用耐热铸铁的化学成分和力学性能

铸铁牌号	化学成分/%							抗拉强度 /MPa	硬度/HBS
	w_C	w_{Si}	w_{Mn}	w_P	w_S	w_{Cr}	w_{Al}		
					不小于				
RTCr2	3.0～3.8	2.0～3.0	1.0	0.20	0.12	>1.0～2.0	—	150	207～288
RTCr16	1.6～2.4	1.5～2.2	1.0	0.10	0.05	15.0～18.0	—	340	400～450
RTSi5	2.4～3.2	4.5～5.5	0.8	0.20	0.12	0.5～1.0	—	140	160～270
RQTSi4Mo	2.7～3.5	3.5～4.5	0.5	0.10	0.03	w_{Mo} 0.3～0.7		540	197～280
RQTAl4Si4	2.5～3.0	3.5～4.5	0.5	0.10	0.02	—	4.0～5.0	250	285～341
RQTAl5Si5	2.3～2.8	4.5～5.2	0.5	0.10	0.02	—	>5.0～5.8	200	302～363

（3）耐蚀铸铁

耐蚀铸铁主要应用于化工部门，制作管道、阀门、泵类等零件。为提高其耐磨性，常加入 Si、Al、Cr、Ni 等元素，使铸件表面形成牢固、致密的保护膜；使铸铁组织成为单相基体上分布着数量较少且彼此孤立的球状石墨，并提高铸铁基体的电极电位。

耐蚀铸铁的种类很多，有高硅耐蚀铸铁、高铝耐蚀铸铁、高铬耐烛铸铁等。其中应用最广泛的是高硅耐蚀铸铁，碳含量＜12%，硅含量为 10%～18%。这种铸铁在含氧酸（如硝酸、硫酸）中的耐蚀性不亚于比 1Cr18Ni9Ti。但在碱性介质和盐酸、氢氟酸中，由于铸铁表面的 SiO_2 保护膜被破坏，使耐蚀性下降。为改善其在碱性介质中的耐蚀性，可向铸铁中加入 6.5%～8.5%的 Cu；为改善在盐酸中的耐蚀性，可向铸铁中加入 2.5%～4.0%的 Mn。

为进一步提高耐蚀性，还可向铸铁中加入微量的硼和稀土镁合金进行球化处理。

4.3 有色金属及其合金

扫码看视频课
32

通常把除铁、铬、锰之外的金属称为有色金属。我国有色金属矿产资源十分丰富，钨、锡、钼、锑、汞、铅、锌的储量居世界前列，稀土金属以及钛、铜、铝、锰的储量也很丰富。与黑色金属相比，有色金属具有许多优良的特性，从而决定了有色金属在国民经济中占有十分重要的地位。例如，铝、镁、钛等金属及其合金，具有相对密度小、比强度高的特点，在飞机制造、汽车制造、船舶制造等工业上应用十分广泛。又如，银、铜、铝等有色金属，导电性和导热性能优良，在电气工业和仪表工业上应用十分广泛。再如，钨、钼、钽、铌及其合金是制造在1300℃以上使用的高温零件及电真空材料的理想材料。虽然有色金属的年消耗量目前仅占金属材料年消耗量的5%，但任何工业部门都离不开有色金属材料，在空间技术、计算机、电子等新兴领域，有色金属材料都占有极其重要和关键的地位。一般地，有色金属的分类如下。

① 有色纯金属　分为重金属、轻金属、贵金属、半金属和稀有金属五类。

② 有色合金按合金系统　分为重有色金属合金、轻有色金属合金、贵金属合金和稀有金属合金等。

③ 按合金用途　可分为变形（压力加工用合金）、铸造合金、轴承合金、印刷合金、硬质合金、焊料、中间合金和金属粉末等。

4.3.1 铝及铝合金

纯铝是元素周期表中的ⅢA族元素，是一种具有银白色金属光泽的金属，其一般物理性能如表4-21所示。

表4-21　铝的物理性能

名　称	高纯铝(99.996%)	工业纯铝(99.0%)
熔点/℃	660.24	655
熔化潜热/(cal/g)	94.6	93
沸点/℃	2467	—
蒸发潜热/(cal/g)	2000	—
比热容(20℃)/[cal/(g℃)]	—	0.2473
密度(25℃)/(10^3g/cm^3)	2.6989	2.728
线膨胀系数(20~100℃)/(10^{-6}/℃)	—	23.8
晶格常数(25℃)/nm	0.4049	—

注：1cal=4.18J。

纯铝是一种具有面心立方晶格的金属，无同素异构转变。由于铝的化学性质活泼，在大气中极易与氧作用生成一层牢固致密的氧化膜，防止了氧与内部金属基体的作用，所以纯铝在大气和淡水中具有良好的耐蚀性，但在碱和盐的水溶液中，表面的氧化膜易破坏，使铝很快被腐蚀。纯铝具有很好的低温性能，在0~253℃之间塑性和冲击韧性不降低。纯铝具有一系列优良的工艺性能，易于铸造，易于切削，也易于通过压力加工制成各种规格的半成品。

工业纯铝是含有少量杂质的纯铝，主要杂质为铁和硅，此外尚有铜、锌、镁、锰和钛等。杂质的性质和含量对铝的物理性能、化学性能、力学性能乃至工艺性能均有影响。一般情况下，随着主要杂质含量的增高，纯铝的导电性能和耐蚀性能均降低，其力学性能表现为强度升高，塑性降低。

工业纯铝的强度很低，抗拉强度仅为50MPa，虽然可通过冷作硬化的方式强化，但也不能直接用于制作结构材料。通过合金化及时效强化的铝合金，具有400～700MPa的抗拉强度，才能成为飞机的主要结构材料。

目前，用于制造铝合金的合金元素大致分为主要元素（硅、铜、镁、锰、锌、锂）和次要元素（铬、钛、锆、稀土、钙、镍、硼等）两类。铝与主加元素的二元相图的近铝端一般都具有如图4-24所示的形式。根据该相图可以把铝合金分为变形铝合金和铸造铝合金。相图上最大饱和溶解度 D 是这两类合金的理论分界线。

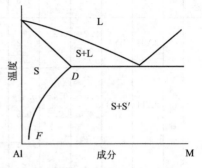

图4-24　铝合金近铝端相图

（1）变形铝合金

变形铝合金通过熔炼铸成锭子后，要经过加工制成板材、带材、管材、棒材、线材等半成品，故要求合金应有良好的塑性变形能力。合金成分小于 D 点的合金，其组织主要为固溶体，在加热至固溶线以上温度时，甚至可得到均匀的单相固溶体，其塑性变形能力很好，适于锻造、轧制和挤压。为了提高合金强度，合金中可包含有一定数量的第二相，很多合金中第二组元的含量超过了极限溶解度 D。但当第二相是硬脆相时，第二组元的含量只允许少量超过 D 点。

变形铝合金分为两大类，一类是凡成分在 F 点以左的合金，其固溶体成分不随温度而变化，不能通过时效处理强化合金，故称为热处理不能强化的铝合金。非热处理强化铝合金是防锈铝合金，耐腐蚀、易加工成形和易于焊接，强度较低，适宜制作耐腐蚀和受力不大的零部件及装饰材料，这类合金牌号用LF加序号表示，如LF21、LF3等；另一类是成分在 F、D 之间的合金，其固溶体的成分将随温度而变化，可以进行时效处理强化，称为热处理能强化的铝合金。

热处理强化铝合金通过固溶处理和时效处理，大体可分为三种：一种是硬铝，以 Al-Cu-Mg 合金为主，应用广泛，有强烈的时效强化能力，可制作飞机受力构件，牌号用 LY加序号表示，如 LY12、LY6 等；第二种是锻铝，以 Al-Mg-Si 合金为主，冷热加工性好，耐腐蚀，低温性能好，适合制作飞机上的锻件，其牌号用 LD＋序号表示。如 LD2、LD6等；第三种是超硬铝，以 Al-Zn-Mg-Cu 合金为主，是强度最高的铝合金，其牌号用 LC 加序号表示，如 LC4、LC6 等。此外，还有新发展的铝合金，如铝锂合金、快速凝固铝合金等。如表4-22所示。

下面主要讨论变形铝合金的两种处理方式：变质处理和时效处理。

① 变形铝合金的变质处理　近二十年来，在各类变形铝合金的半连续铸造中，已经广泛采用变质处理方法，以细化基体铝的晶粒。许多元素或化合物都可以用来细化铝晶粒，以过渡族元素的效果最佳，细化作用由强到弱顺序排列如下：

表 4-22　常用变形铝合金代号、牌号、化学成分、力学性能及用途

类别	牌号	代号	化学成分(质量分数)/%					处理状态①	力学性能②			用途举例
			w_{Cu}	w_{Mg}	w_{Mn}	w_{Zn}	其他		σ_b/MPa	δ/%	HBS	
不能热处理强化的铝合金	防锈铝合金 5A05	LF5	0.1	4.8~5.5	0.3~0.6	0.2	w_{Si}0.5 w_{Fe}0.5	M	280	20	70	焊接油箱、油管、焊条、铆钉以及中等载荷零件及制品
	防锈铝合金 3A21	LF21	0.2	0.05	1.0~1.6	0.1	w_{Si}0.6 w_{Ti}0.15 w_{Fe}0.5	M	130	20	30	焊接油箱、油管、焊条、铆钉以及轻载荷零件及制品
能热处理强化的铝合金	硬铝合金 2A01	LY1	2.2~3.0	0.2~0.5		0.2	0.10 w_{Si}0.5 w_{Ti}0.15 w_{Fe}0.5	线材 CZ	300	24	70	工作温度不超过100℃的结构用中等强度铆钉
	硬铝合金 2A11	LY11	3.8~4.8	0.4~0.8	0.4~0.8	0.3	w_{Si}0.7 w_{Fe}0.7 w_{Ni}0.1 w_{Ti}0.15	板材 CZ	420	18	100	中等强度结构零件,如骨架、模锻的固定接头、支柱、螺旋桨叶片、局部镦粗的零件、螺栓和铆钉
	硬铝合金 2A12	LY12	3.8~4.9	1.2~1.8	0.3~0.9	0.3	w_{Si}0.5 w_{Ni}0.1 w_{Ti}0.15 w_{Fe}0.5	板材 CZ	470	17	105	高强度结构零件,如骨架、蒙皮、隔框、肋、梁、铆钉等在150℃以下工作的零件
	超硬铝合金 7A04	LC4	1.4~2.0	1.8~2.8	0.2~0.6	5.0~7.0	w_{Si}0.5 w_{Fe}0.5 w_{Cr}0.1~0.25	CS	600	12	150	结构中主要受力件,如飞机大梁、桁架、加强框、蒙皮、接头及起落架
	锻铝合金 2A50	LD5	1.8~2.6	0.4~0.8	0.4~0.8	0.3	w_{Si}0.7~1.2	CS	420	13	105	形状复杂中等强度的锻件及模锻件
	锻铝合金 2A70	LD7	1.9~2.5	1.4~1.8		0.2	0.3 w_{Ti}0.02~0.1 w_{Ni}0.9~1.5 w_{Fe}0.9~1.5	CS	415	13	120	内燃机活塞、高温下工作的复杂锻件、板材,可作高温下工作的结构件

① M—包铝板材退火状态；CZ—包铝板材淬火自然时效状态；CS—包铝板材人工时效状态。

② 防锈铝合金为退火状态指标；硬铝合金为（淬火＋自然时效）状态指标；超硬铝合金为（淬火、人工时效）状态指标；锻铝合金为（淬火＋人工时效）状态指标。

对纯铝　　　　Ti、Zr、V、Nb、Mo、W、B、Ta

对铝硅合金　　Ti、Zr、Nb、Mo、W、B

对铝铜合金　　Ti、Zr、Nb、B

采用不同加入方式，产生最佳细化效果的时间也不同。采用合金线材时，最佳时间为1~5min；采用合金锭时，最佳时间为5~10min。超过10min，细化效果开始降低，1小时后，实际上已不存在细化功效了。

随着钛加入量的增多，晶粒细化效果增加，当达到一定量后，细化效果已十分明显，如图 4-25 所示。加入量超过0.005%后，对于工业纯铝来说，细化效果继续增加，当加入量过多时，细化效果不再明显。铝合金也有类似的情形。

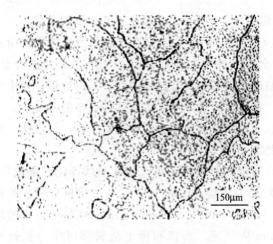
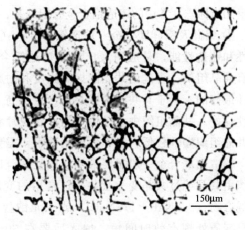

(a) 不添加细化剂   (b) 添加约0.006%Ti

图 4-25　添加钛细化剂的纯铝金相组织

② 变形铝合金的时效处理　铝合金的时效硬化现象是德国 A. 维尔姆首先在 Al-3.5% Cu-0.5%Mg 合金中发现的。铝合金就是利用时效硬化现象进行强化的。

通过研究和实践发现，硬铝合金在刚淬火后，强度和硬度并不升高，但放置一些时间（6~7 天）后，硬度和强度显著升高，人们把这种现象，即淬火后铝合金的强度和硬度随时间而发生显著提高的现象，称为时效，又称为时效硬化现象。

时效温度和时效速度有密切关系，升高时效温度，可使时效速度加快，但时效温度越高，所获得的最大强度愈低。当时效温度超过 150℃，保温一定时间后，合金即开始软化，或称"过时效"。时效温度愈高，开始软化的时间愈早，软化速度也越快。

在 −5℃ 进行时效时，时效强化进行得很缓慢，在 −50℃ 及其以下进行时效时，时效过程基本停止，各种性能亦无明显变化。因此，降低温度是抑制时效的有效方法。

（2）铸造铝合金

用于直接铸成各种形状复杂的甚至是薄壁的成形件。浇注后，只需进行切削加工即可成为零件或成品。故要求合金具有良好的流动性。凡成分大于 D 点的合金，由于有共晶组织存在，其流动性较好，且高温强度也比较高，可以防止热裂现象，故适于铸造。因此，大多数铸造铝合金中合金元素的含量均大于极限溶解度 D。当然，实际上当合金元素小于极限溶解度 D，也是可以进行成形铸造的。

铸造铝合金的代号由 "ZL＋三位阿拉伯数字" 组成。"ZL" 是 "铸铝" 二字汉语拼音缩写，其后第一位数字表示合金系列，如 1、2、3、4 分别表示铝硅、铝铜、铝镁、铝锌系列合金；第二、三位数字表示顺序号。例如，ZL102 表示铝硅系 02 号铸造铝合金。若为优质合金在代号后加 "A"，压铸合金在牌号前面冠以字母 "YZ"。

铸造铝合金的牌号是由 "Z＋基本金属的化学元素符号＋合金元素符号＋数字" 组成。其中，"Z" 是 "铸" 字汉语拼音缩写，合金元素符号后的数字是以名义百分数表示的该元素的质量分数。例如：ZALSi12 表示 $w_{Si}=12\%$ 的铸造铝合金。

铸造铝合金应具有高的流动性，较小的收缩性、热裂、缩孔和疏松倾向小等良好的铸造性能。共晶合金或合金中有一定量共晶组织就具有优良的铸造性能。为了综合运用热处理强化和过剩相强化，铸造铝合金的成分都比较复杂，合金元素的种类和数量相对较多，以所含主要合金组元为标志，常用的铸造铝合金有铝硅系、铝铜系、铝镁系、铝稀土系和铝锌系合金。

① 铝硅及铝硅镁合金　铸造铝硅合金（又称硅铝明）。由于具有良好的力学性能、耐腐蚀性和铸造性能，是应用最广泛的铸造铝合金。其最基本的合金为 ZL102 二元铸造合金，具有共晶组织。含硅的共晶能提高强度和耐磨件，液态有良好的流动性，是铸造铝合金中流动性最好的。由于其共晶中硅晶体含量不高，不会使塑性降低太多。这种合金的密度小，焊接性良好。共晶组织中硅晶体呈粗针状或片状，过共晶合金中还有少量初生硅，呈块状。这种共晶组织塑性较低，达不到实用要求，需要细化组织。

铸造铝硅合金一般需要采用变质处理，以改变共晶硅的形态，使硅晶体细化和颗粒化，组织由共晶或过共晶变为亚共晶。常用的变质剂为钠盐，加入 1%～3%（质量分数）的钠盐混合物（2/3NaF＋1/3NaCl）或三元钠盐（25%NaF＋62%NaCl＋13%KCl）。钠盐的缺点是变质处理有效时间短，加入后要在 30min 内浇完。而锶和稀土金属都可作为长效变质剂。

这种变质作用一般认为是由于吸附作用。通常铝硅共晶结晶时，硅晶体形成时易产生孪晶，使其沿孪晶方向（211）长成粗片状，在加入变质剂后，钠原子在结晶硅的表面有强烈偏聚，降低硅的生长速度并促使其发生分枝或细化。

另外，加入变质剂也使铝硅合金变为亚共晶组织，由初始 α 固溶体和细小的共晶组织所组成。这样，合金的强度和塑性都提高了。变质前其 $\sigma_b=147$MPa，$\delta=2\%～3\%$；变质后 $\sigma_b=166$MPa，$\delta=6\%～10\%$。ZL102 合金的强度不算高，但流动性好，可生产形状复杂薄壁、受力不大的精密铸件。

② 铝铜铸造合金　其主要强化相是 $CuAl_2$，所以有较高的强度和热稳定性，适于铸造耐热铸件，但铜含量高了使合金的质量密度增大，耐蚀性降低，铸造性能变差。

③ 铝镁铸造合金　其优点是密度小，强度和韧性较高，并具有优良的耐蚀性、切削性和抛光性。为了改善铝镁铸造合金的铸造性能，加入 $w_{Si}=0.8\%～1.2\%$ 及微量钛。其中钛形成细小的 Al_3Ti，起细化晶粒作用。

④ 铝锌铸造合金　价格便宜，铸造性优良，经变质处理和时效处理后强度较高，但耐腐蚀性差，热裂倾向大。常用于制造汽车、拖拉机、发动机零件、形状复杂的仪器零件和医疗器械等。

常用铸造铝合金的牌号（代号）、化学成分、力学性能及用途见表 4-23。

表 4-23　铸造铝合金的牌号（代号）、化学成分、力学性能及用途

类别	牌号	代号	化学成分(质量分数)/%						处理状态		力学性能			用途举例
			w_{Si}	w_{Cu}	w_{Mg}	w_{Mn}	其他	w_{Al}	铸造[1]	热处理[2]	σ_b/MPa	δ/%	HBS	
铝硅合金	ZAlSi12	ZL102	10.0～13.0					余量	SB	F	143	4	50	形状复杂、低载的薄壁零件，如仪表、水泵壳体，船舶零件等
									JB	F	153	2	50	
									SB	T2	133	4	50	
									J	T2	143	3	50	
	ZAlSi5Cu1Mg	ZL105	4.5～5.5	1.0～1.5	0.4～0.6			余量	J	T5	231	0.5	70	工作温度225℃以下的发动机曲轴箱、汽缸体、盖等
									J	T7	173	1	65	

类别	牌号	代号	化学成分(质量分数)/%						处理状态		力学性能			用途举例
			w_{Si}	w_{Cu}	w_{Mg}	w_{Mn}	其他	w_{Al}	铸造①	热处理②	σ_b/MPa	δ/%	HBS	
铝铜合金	ZAlCu5Mn	ZL201		4.5~5.3		0.6~1.0	w_{Ti} 0.15~0.35	余量	S S	T4 T5	290 330	3 4	70 90	工作温度小于300℃的零件,如内燃机汽缸头、活塞
铝镁合金	ZAlMg10	ZL301			9.5~11.5			余量	S	T4	280	9	20	承受冲击载荷,在大气或海水中工作的零件如水上飞机、舰船配件
	ZAlMg5Si1	ZL303	0.8~0.3		4.5~5.5	0.1~0.4		余量	S J	F	143	1	55	
铝锌合金	ZAlZn11Si7	ZL401	6.0~8.0		0.1~0.3		$w_{Zn}=$ 9.0~13.0	余量	J	T1	241	1.5	90	承受高静载荷或冲击载荷,不能进行热处理的铸件,如汽车、仪表零件、医疗器械等
	ZAlZn6Mg	ZL402			0.5~0.65		$w_{Cr}=$ 0.4~0.6 $w_{Zn}=$ 5.0~6.5 $w_{Ti}=$ 0.15~2.5	余量	J	T1	231	4	70	

① J—金属型;S—砂型;B—变质处理。

② F—铸态;T1—人工时效;T2—退火;T4—固溶处理后自然时效;T5—固溶处理+不完全人工时效;T7—固溶处理+稳定化处理。

4.3.2 铜及铜合金

(1) 纯铜

纯铜呈紫红色,又称紫铜,相对密度8.9,熔点为1083℃。它分为两大类,一类为含氧铜,另一类为无氧铜。由于有良好的导电性、导热件和塑性,并兼有耐蚀性和可焊接性,它是化工、船舶和机械工业中的重要材料。

扫码看视频课

33

工业纯铜的导电性和导热性在64种金属中仅次于银。冷变形后,纯铜的导电率变化小。形变80%后导电率下降不到3%,故可在冷加工状态用作导电材料。杂质元素都会降低其导电性和导热性,尤以磷、硅、铁、钛、铍、铅、锰、砷、锑等影响最强烈;形成非金属夹杂物的硫化物、氧化物、硅酸盐等影响小,不溶的铅、铋等金属夹杂物影响也不大。

铜的电极电位较正,在许多介质中都耐蚀,可在大气、淡水、水蒸气及低速海水等介质中工作,铜与其他金属接触时成为阴极,而其他金属及合金多为阳极,并发生阳极腐蚀,为此需要镀锌保护。铜的另一个特性是无磁性,常用来制造不受磁场干扰的磁学仪器。铜有极高的塑性,能承受很大的变形量而不发生破裂。

工业纯铜的氧含量w_O低于0.01%的称为无氧铜,以TU1和TU2表示,用作电真空器件。TUP为磷脱氧铜,用作焊接钢材,制作热交换器、排水管、冷凝管等。TUMn为锰脱氧铜，用于电真空器件。T1～T4 为纯铜，含有一定氧。T1 和 T2 的氧含量较低，用于导电合金；T3 和 T4 含氧较高，$w_O < 0.1\%$，一般用作铜材。

（2）铜合金的分类及编号

按照化学成分，铜合金可分为黄铜、白铜及青铜三大类。

① 黄铜　以锌为主要元素的铜合金，称为黄铜。常用黄铜中含锌量在 0～50% 范围内，含锌量再高，因性能很脆而不宜使用。黄铜具有良好力学性能，易加工成形，并且对大气、海水有相当好的抗蚀能力。另外，黄铜还具有价格低廉、色泽美丽等优点，是用途最广的重要有色金属材料。按其余合金元素种类可分为普通黄铜和特殊黄铜，按生产方法可分为压力加工产品和铸造产品两类。压力加工黄铜的编号方法举例如下：H62 表示含 62%Cu 和 38%Zn 的普通黄铜；HMn80-2 表示含 80%Cu 和 2%Mn 的特殊黄铜，称为锰黄铜。铸造黄铜的编号方法举例如下：ZHSi80-3 表示含 80%Cu 和 3%Si 的铸造硅黄铜；ZHAl66-6-3-2 表示含 66%Cu、6%Al、3%Fe 和 2%Mn 的铸造铝黄铜。常用加工黄铜、铸造黄铜的代号、化学成分、性能及用途如表 4-24、表 4-25 所示。

表 4-24　常用加工黄铜的代号、化学成分、性能及用途

类别	代号	化学成分（质量分数）/%						力学性能			用途举例
		w_{Cu}	w_{Pb}	w_{Al}	w_{Sn}	其他	w_{Zn}	σ_b/MPa	δ/%	HBS	
普通黄铜	H96	95.0～97.0	0.03	—	—	$w_{Fe}0.1$ $w_{Ni}0.5$	余量	450	2	—	冷凝、散热管、汽车水箱带、导电零件
	H70	68.5～71.5	0.03	—	—	$w_{Fe}0.1$ $w_{Ni}0.5$ $w_{Ni}0.5$	余量	660	3	150	弹壳、造纸用管、机械电器零件
铅黄铜	HPb63-3	62.0～65.0	2.4～3.0	—	—	—	余量	650	4	—	要求可加工性极高的钟表、汽车零件
	HPb59-1	57.0～60.0	0.8～0.9	—	—	—	余量	650	16	140	热冲压及切削加工零件，如销、螺钉、垫片
铝黄铜	HAl67-2.5	66.0～68.0	0.5	2.0～3.0	—	$w_{Fe}0.6$	余量	650	12	170	海船冷凝器管及其他耐蚀零件
	HAl60-1-1	58.0～61.0	—	0.7～1.5	—	$w_{Fe}0.7～1.5$	余量	750	8	180	齿轮、蜗轮、衬套、轴及其他耐蚀零件
锡黄铜	HSn90-1	88.0～91.0	—	—	0.25～0.7	—	余量	520	5	148	汽车、拖拉机弹性套管及耐蚀减摩零件等
	HSn62-1	61.0～63.0	—	—	0.75～1.1	—	余量	700	4	—	船舶、热电厂中高温耐蚀冷凝器管

表 4-25　常用铸造黄铜的牌号、化学成分、性能用途

类别	牌号 (旧牌号)	化学成分(质量分数)/%					铸造 方法	力学性能			用途举例
		w_{Cu}	w_{Al}	w_{Mn}	w_{Si}	其他		σ_b /MPa	δ/%	HBS	
普通 铸造 黄铜	ZCuZn38 (ZH62)	60.0～ 63.0	—	—	—	w_{Zn} 余量	S J	285 295	30 30	60 70	一般结构件和耐蚀 零件，如法兰、阀座、支 架、手柄、螺母等
铸造 铝黄 铜	ZCuZn25Al6Fe3Mn3 (ZHA166-6-3-2)	60.0～ 66.0	4.5～ 7.0	1.5～ 4.0		$w_{Fe}=$ 2.0～4.0, w_{Zn} 余量	S J	725 740	10 7	160 170	高强耐磨零件如桥 梁支撑板、螺母、螺杆、 耐磨板、蜗轮等
	ZCuZn31Al2 (ZHAl67-2.5)	66.0～ 68.0	2.0～ 3.0			w_{Zn} 余量	S J	295 390	12 15	80 90	适于压力铸造零件， 如电动机、仪表等压铸 件、耐蚀零件
铸锰 黄铜	ZCuZn38Mn2Pb2 (ZHMn58-2-2)	57.0～ 60.0		1.5～ 2.5		$w_{Pb}=$ 1.5～2.5, w_{Zn} 余量	S J	245 345	10 18	70 70	一般用途的结构件， 如套筒、被套、轴瓦、滑 块等

a. 普通黄铜　是指铜与锌的二元合金，其力学性能与含锌量的关系见图 4-26。

含锌量大于 7%（尤其大于 20%）的经冷加工的黄铜，在潮湿的大气中，特别是在含有氢的情况下，易产生晶间腐蚀以致使黄铜破裂，这种现象叫应力破裂。防止应力破裂的方法是在 260～300℃ 的低温下，进行 1～3h 的退火，以降低或消除内应力。

H68 强度较高，塑性特别好，适于冷冲压或深冲拉伸制造各种形状复杂的零件。大量用作枪弹壳和炮弹筒，素有"弹壳黄铜"之称。

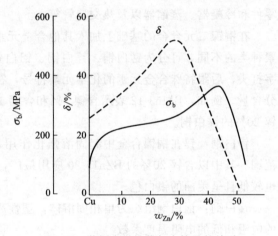

图 4-26　黄铜力学性能与含锌量的关系

H62 为两相黄铜，强度高，塑性也比较好，可用作水管、油管等，是应用很广的合金，素有"商业黄铜"之称。

b. 特殊黄铜　在普通黄铜的基础上，再加入铝、锰、硅、铅等元素的黄铜，称为特殊黄铜。

这些合金元素加入量较少时，除了铁和铅外，其他元素均不与铜形成新的组织，而是如同锌的作用一样，即相当一部分锌的作用。铁和铅由于在铜中溶解度极小，因而常呈铁相和铅粒独立存在于黄铜的显微组织中。

这些合金元素加入的目的，主要为了提高黄铜的某些性能，如力学性能、抗蚀性能、抗磨性等。

铝黄铜：铝主要用于提高黄铜的强度和耐蚀性。

锡黄铜：锡主要用于提高其耐蚀性，广泛用于船舶零件。

锰黄铜：锰主要为了提高黄铜的力学性能和耐热性能，同时也可提高在海水、氯化物和过热蒸汽中的耐蚀性。

硅黄铜：加入硅主要是为了提高力学性能和耐磨性，同时也可提高铸造流动性和抗蚀性。

铅黄铜：铅在黄铜中不溶解，而呈独立相存在于组织中，因而可提高耐磨性和切削加工性。

镍黄铜：加入镍主要是为了提高力学性能和耐蚀性。

铁黄铜：加入铁主要是为了细化晶粒和提高力学性能，常与锰同时加入。

② 白铜 以镍为主要合金元素的铜基合金，称为白铜。白铜分为结构白铜和电工白铜两类。其牌号表示方法举例如下：B30 表示含 30％Ni 的简单白铜；BMn40-1.5 表示含 40％Ni 和 1.5％Mn 的复杂白铜，又可称为锰白铜，俗称"康铜"。

铜与镍都是面心立方晶格金属，其电化学性质和原子半径也相差不大。由于铜与镍可无限互溶，所以各种铜镍合金均为单相组织。因此，这类合金不能进行热处理强化，主要是通过固溶强化和加工硬化来提高力学性能。

铜镍二元合金称为简单白铜。简单白铜具有高的抗腐蚀疲劳性，也有高的抗海水冲蚀性和抗有机酸的腐蚀性。另外，它还具有优良的冷、热加工工艺性。常用的简单白铜有 B5、B19 和 B30 等牌号。简单白铜广泛地用来制造在蒸汽、淡水和海水中工作的精密仪器、仪表零件和冷凝器、蒸馏器以及热交换管等。

在铜镍二元合金的基础上加入其他合金元素的铜基合金，称为特殊白铜。以加入合金元素种类的不同，可分为锰白铜、锌白铜、铝白铜等。特殊白铜牌号表示方法如下：以"B"字打头，后跟特殊合金元素的化学元素符号，符号后的数字分别表示镍和特殊合金元素的百分含量。例如，BMn3-12 表示含镍 3％和含锰 12％的锰白铜。BZn15-20 表示含镍 15％和含锌 20％的锌白铜。

锌白铜：锌在铜镍合金中起固溶强化作用，还能提高耐蚀性。含锌量可在 13％～45％范围。其中以含锌 20％的 BZn15-20 应用最广，有相当好的耐蚀性和力学性能。另外，成本也较低且呈美丽的银白色。

锰白铜：锰白铜组织为单相固溶体，塑性高，容易进行冷、热压力加工。锰白铜具有高的电阻和低的电阻温度系数。

③ 青铜 人们把除镍和锌之外的其他合金元素为主要添加元素的铜合金，统称为青铜。按所含主要元素的种类分为锡青铜、铝青铜、铅青铜、硅青铜、铍青铜、钛青铜、铬青铜等。青铜的牌号表示方法举例如下：QBe2 表示含 2％Be 的压力加工铍青铜；QAl9-2 表示含 9％Al 和 2％Mn 的压力加工铝青铜。ZQPb30 表示含 30％的 Pb 的铸造铅青铜；ZQSn6-6-3 表示含 6％Sn、6％Zn 和 3％Pb 的铸造锡青铜。常用加工青铜、铸造青铜的代号、化学成分、性能及用途如表 4-26、表 4-27 所示。

a. 锡青铜 锡青铜的耐蚀性比纯铜和黄铜都高，不论在湿气中、蒸汽中或海水、淡水中都具有良好的抗蚀性。

锡青铜中还可以加入其他合金元素以改善性能。例如，加入锌，可提高流动性，并可通过固溶强化作用提高合金的强度。又如，加入铅可以使合金的组织中存在软而细小的黑灰色铅夹杂物，提高锡青铜的耐磨性和切削加工性。再如，加入磷可以提高合金的流动性，当含磷量大于 0.2％时，还会生成 Cu_3P 硬质点，提高合金的耐磨性。

表 4-26　加工青铜的代号、化学成分、性能及用途

类别	代号	化学成分(质量分数)/%			力学性能			用途举例
		主加元素	其　他		σ_b /MPa	δ/%	HBS	
锡青铜	QSn4-3	$w_{Sn}=$ 3.5~4.5	$w_{Zn}=$ 2.7~3.3	杂质总和 0.2，w_{Cu} 余量	550	4	160	弹性元件，化工机械耐磨零件和抗磁零件
	QSn6.5-0.1	$w_{Sn}=$ 6.0~7.0	$w_{Zn}=$ 0.3	$w_P=0.1$~0.25，w_{Cu} 余量，杂质总和 0.1	750	10	160~200	弹簧接触片，精密仪器中的耐磨零件和抗磁零件
铝青铜	QAl9-2	$w_{Al}=$ 8.0~10.0	$w_{Mn}=$ 1.5~2.5	$w_{Zn}=1.0$ 杂质总和 1.7，w_{Cu} 余量	700	4~5	160~200	海轮上的零件，在 250℃ 以下工作的管配件和零件
	QAl10-3-1.5	$w_{Al}=$ 8.5~10.0	$w_{Fe}=$ 2.0~4.0	$w_{Mn}=$ 1.0~2.0 杂质总和 0.75，w_{Cu} 余量	800	9~12	160~200	船舶用高强度耐蚀零件，如齿轮、轴承
硅青铜	QSi3-1	$w_{Si}=$ 2.7~3.5	$w_{Mn}=$ 1.0~1.5	$w_{Zn}=0.5$，$w_{Fe}=0.3$，$w_{Sn}=0.25$ 杂质总和 1.1，w_{Cu} 余量	700	1~5	180	弹簧、耐蚀零件以及蜗轮、蜗杆、齿轮、制动杆等
	QSi1-3	$w_{Si}=$ 0.6~1.1	$w_{Ni}=$ 2.4~3.4	$w_{Mn}=$ 0.1~0.4 杂质总和 0.5，w_{Cu} 余量	600	8	150~ 200	发动机和机械制造中的构件，在 300℃ 以下工作的摩擦零件
铍青铜	QBe2	$w_{Be}=$ 1.8~2.1	$w_{Ni}=$ 0.2~0.5	杂质总和 0.5，w_{Cu} 余量	1250	2~4	330	重要的弹簧和弹性元件，耐磨零件以及高压、高速、高温轴承

表 4-27　常用铸造青铜的牌号、化学成分、性能及用途

类别	牌号 (旧牌号)	化学成分(质量分数)/%			铸造方法	力学性能			用途举例
		主加元素	其他			σ_b /MPa	δ /%	HBS	
铸造锡青铜	ZCuSn3Zn7Pb5Ni1 (ZQSn3-7-5-1)	$w_{Sn}=$ 2.0~4.0	$w_{Zn}=6.0$~9.0 $w_{Pb}=4.0$~7.0 $w_{Ni}=0.5$~1.5	w_{Cu} 余量	S J	175 215	8 10	60 71	在各种液体燃料、海水、淡水和蒸汽(<225℃)中工作的零件，压力小于 2.5MPa 的阀门和管配件
	ZCuSn5Pb5Zn5 (ZQSn5-5-5)	$w_{Sn}=$ 4.0~6.0	$w_{Zn}=4.0$~6.0 $w_{Pb}=4.0$~6.0	w_{Cu} 余量	S J	200 200	13 13	70 90	在较高负荷、中等滑动速度下工作的耐磨、耐蚀零件，如轴瓦、缸套、活塞、离合器、蜗轮等
	ZCuSn10Pb1 (ZQSn10-1)	$w_{Sn}=$ 9.0~11.5	$w_{Pb}=0.5$~1.0	w_{Cu} 余量	S J	220 310	3 2	90 115	在高负荷、高滑动速度下工作的耐磨零件，如连杆、轴瓦、衬套、缸套、蜗轮等

类别	牌号 (旧牌号)	化学成分(质量分数)/%		铸造 方法	力学性能			用途举例
		主加元素	其他		σ_b /MPa	δ /%	HBS	
铸造 铅青铜	ZCuPb10Sn10 (ZQPb10-10)	$w_{Pb}=$ $8.0\sim11.0$	$w_{Sn}=9.0\sim11.0$ w_{Cu} 余量	S J	180 220	7 5	62 65	表面压力高、又存在侧压的滑动轴承、轧辊、车辆轴承及内燃机的双金属轴瓦等
	ZCuPb30 (ZQPb30)	$w_{Pb}=$ $27.0\sim33.0$	w_{Cu} 余量	J			40	高滑动速度的双金属轴瓦、减摩零件等
铸造 铅青铜	ZCuAl8Mn13Fe3 (ZQAl8-13-3)	$w_{Al}=$ $7.0\sim9.0$	$w_{Mn}=12.0\sim14.5$ w_{Cu} 余量	S J	600 650	15 10	160 170	重型机械用轴套及要求强度高、耐磨、耐压零件,如衬套、法兰、阀体、泵体等
	ZCuAl8Mn13Fe3Ni2 (ZQAl8-13-3-2)	$w_{Al}=$ $7.0\sim8.5$	$w_{Ni}=1.8\sim2.5$ $w_{Fe}=2.5\sim4.0$ w_{Cu} 余量 $w_{Mn}=11.5\sim14.0$	S J	645 670	20 18	160 170	要求强度高耐蚀的重要铸件,如船舶螺旋桨、高压阀体及耐压、耐磨零件如蜗轮、齿轮等

b. 铝青铜 含铝量为 5%～8% 的铝青铜,具有 α 单相组织,塑性优良,适于冷、热压力加工,故常以压力加工产品使用。含铝量为 9%～11% 的铝青铜,为 $\alpha+(\alpha+\gamma_2)_{共析体}$ 组织,强度较高,不能进行冷加工,只能进行热压力加工(主要用于热挤压)。另外,铝青铜自液态结晶时,由于它的液相线和固相线间隔很小,故不易发生像锡青铜那样的化学成分偏析,而且流动性好,缩孔集中,易获得致密的铸件。

铝青铜在大气、海水、碳酸以及大多数有机酸溶液中有比黄铜和锡青铜还高的抗蚀性。

c. 铍青铜 铍青铜是一种可时效硬化的合金,经淬火及时效处理后具有很高的强度、硬度、疲劳极限和弹性极限。

铍青铜不仅具有高的强度和弹性,而且耐蚀、耐磨、耐寒,无磁性;另外,导电导热性也好,受冲击不起火花。因此,铍青铜是优良的弹性材料,可用于制造高级精密的弹簧、膜片膜盒等弹性元件,还可以制造高速、高温、高压下工作的轴承、衬套、齿轮等耐磨零件,也可以用来制造换向开关、电接触器以及矿山、炼油厂要求不产生火花的工具。

4.3.3 钛及钛合金

钛合金是近年来快速发展的材料。钛及钛合金密度小(4.5g/cm³),比强度大大高于钢,比强度和比模量性能突出。波音 777 的起落架采用钛合金制造,大大减轻了重量,经济效益极为显著。钛的耐腐蚀性能优异,是目前耐

扫码看视频课

34

海水腐蚀的最好材料。钛是制造工作温度 500℃ 以下如火箭低温液氮燃料箱、导弹燃料罐、核潜艇船壳、化工厂反应釜等构件的重要材料。我国钛产量居世界第一，TiO_2 储量约 8 亿吨，特别是在攀枝花、海南岛资源非常丰富。

钛合金高温强度差，不宜在高温中使用。尽管钛的熔点为 1675℃，比镍等金属材料高好几百度，但其使用温度较低，最高的工作温度只有 600℃。如当前使用的飞机涡轮叶片材料是镍铝高温合金。若能采用耐高温钛合金，材料的比强度、耐蚀性和寿命将大大提高。为解决钛合金的高温强度，世界各国正积极研究采用中间化合物即金属和金属之间的化合物作为高温材料。中间化合物熔点较高、结合力强，特别是钛铝合金，密度又小，作为航空的高温材料有较大的优越性和发展前途。目前研制的有序化中间化合物使钛合金使用温度达到 600℃ 以上，Ti_3Al 达到 750℃，$TiAl$ 达到 800℃，并有望提高到 900℃ 以上。α 型钛合金 TA7 具有良好的超低温性能，在航空工业中用于制造机匣、压气机内环等。α 型钛合金不能热处理强化，必要时可进行退火处理，以消除残余应力。$\alpha+\beta$ 型钛合金 TC4 可热处理强化，淬火-时效处理态的 σ_b 比退火态高 180MPa。TC4 以合金综合性能良好，焊接性也令人满意，因此在航空航天工业中应用的钛合金多为该合金。其主要缺点是淬透性较差，不超过 25mm，为此发展了高淬透性且强度也略高于 TC4 的 TC10 合金。

由于钛合金的比强度大，又具有较好的韧性和焊接性，钛合金在航空工业中得到广泛应用，主要用于制造重量轻、可靠性强的结构，例如中央翼盒、机翼转轴、进气道框架、机身桁条、发动机支架、发动机机匣、压气机盘、叶片、外涵道等。民用飞机中钛结构的重量已占 5%，军用飞机则达 25% 以上，钛合金的重量若由 8% 增加到 25%，发动机的推力/重量的比值可增加一倍左右。在航天工程中，比强度更为重要，钛合金主要用来制造压力容器、储箱、发动机壳体、卫星蒙皮、构架、发动机喷管延伸段、航天飞机机身、机翼上表面、层翼、梁、肋等。阿波罗登月飞机上的压力容器，70% 以上是用钛合金制造的。

思 考 题

1. 单项选择题

(1) 除（　）以外，其他合金元素溶入 A 体中，都能使 C 曲线右移，提高钢的淬透性。

A. Co   B. Ni   C. W   D. Cr

(2) 除（　）以外，其他合金元素都使 M_s，M_f 点下降，使淬火后钢中残余奥氏体量增加。

A. Cr、Al   B. Ni、Al   C. Co、Al   D. Mo、Co

(3) Q345（16Mn）是一种（　）。

A. 调质钢，可制造车床齿轮   B. 渗碳钢，可制造主轴

C. 低合金结构钢，可制造桥梁   D. 弹簧钢，可制造弹簧

(4) 40Cr 中 Cr 的主要作用是（　）。

A. 提高耐蚀性   B. 提高回火稳定性及固溶强化 F

C. 提高切削性   D. 提高淬透性及固溶强化 F

(5) GCr15 是一种滚动轴承钢，其（　）。

A. 碳含量为 1%，铬含量为 15%   B. 碳含量为 0.1%，铬含量为 15%

C. 碳含量为 1%，铬含量为 1.5%   D. 碳含量为 0.1%，铬含量为 1.5%

(6) 0Cr18Ni19 钢固溶处理的目的是（　）。

A. 增加塑性   B. 提高强度   C. 提高韧性   D. 提高耐蚀性

（7）白口铸铁与灰铸铁在组织上的主要区别是（　　）。

A. 无珠光体　　　　B. 无渗碳体　　　　C. 无铁素体　　　　D. 无石墨

（8）可锻铸铁通常用于制造较高强度或较高塑性的（　　）。

A. 薄壁铸件　　　　B. 薄壁锻件　　　　C. 厚壁锻件　　　　D. 任何零件

（9）为了获得最佳力学性能，铸铁组织中的石墨应呈（　　）。

A. 粗片状　　　　B. 细片状　　　　C. 团絮状　　　　D. 球状

（10）对铸铁石墨化，硫起（　　）作用。

A. 促进　　　　B. 阻碍　　　　C. 无明显作用　　　　D. 间接促进

（11）对铸铁石墨化，硅起（　　）作用。

A. 促进　　　　B. 强烈促进　　　　C. 无明显作用　　　　D. 间接促进

（12）在机械制造中应用最广泛、成本最低的铸铁是（　　）。

A. 白口铸铁　　　　B. 灰铸铁　　　　C. 可锻铸铁　　　　D. 球墨铸铁

2. 简答题

（1）合金钢中经常加入的合金元素有哪些？按其与碳的作用如何分类？

（2）合金元素在钢中以什么形式存在？

（3）合金元素对 Fe-Fe₃C 合金状态图有什么影响？这种影响有什么工业意义？

（4）为什么碳钢在室温下不存在单一的奥氏体或单一的铁素体组织，而合金钢中有可能存在这类组织？

（5）在碳质量分数相同的情况下：

① 为什么大多数合金钢的奥氏体化加热温度比碳素钢的高？

② 为什么含 Ti、Cr、W 等合金钢的回火稳定性比碳素钢的高？

（6）说明用 20Cr 钢制造齿轮的工艺路线，并指出其热处理特点。

（7）合金渗碳钢中常加入哪些合金元素？它们对钢的热处理、组织和性能有何影响？

（8）说明合金调质钢的最终热处理的名称及目的。

（9）为什么合金弹簧钢把 Si 作为重要的主加合金元素？弹簧淬火后为什么要进行中温回火？

（10）为什么滚动轴承钢的含碳量均为高碳？为什么限制钢中含 Cr 量不超过 1.65%？滚动轴承钢预备热处理和最终热处理的特点？

（11）一般刃具钢要求什么性能？高速钢要求什么性能？为什么？

（12）为什么刃具钢中含高碳？合金刃具钢中加入哪些合金元素？其作用怎样？

（13）用 9SiCr 钢制成圆板牙，其工艺流程为：锻造→球化退火→机械加工→淬火→低温回火→磨平面→开槽加工。试分析：①球化退火、淬火及低温回火的目的。②球化退火、淬火及低温回火的大致工艺参数。

（14）什么叫热硬性（红硬性）？它与"二次硬化"有何关系？W18Cr4V 钢的二次硬化发生在哪个回火温度范围？

（15）模具钢分几类？各采用何种最终热处理工艺？为什么？

（16）制造量具的钢有哪几种？有什么要求？热处理工艺有什么特点？

（17）不锈钢通常采取哪些措施来提高其性能？

（18）1Cr13、2Cr13、3Cr13、4Cr13 钢在成分上、用途上和热处理工艺上有什么不同？

（19）影响耐热钢热强性的因素有哪些？如何解决？

（20）指出下列钢号的钢种、成分及主要用途和常用热处理。

T10A、55、Q235、16Mn、20CrMnTi、40Cr、60Si2Mn、GCr15、9SiCr、W18Cr4V、1Cr18Ni9Ti、1Cr13、Cr₁₂MoV、5CrNiMo

（21）何谓石墨化？石墨化的影响因素有哪些？

（22）试述石墨形态对铸铁性能的影响。

（23）为什么相同基本的球墨铸铁的力学性能比灰铸铁高得多？

（24）说明下列牌号属于何种铸铁，并指出其主要用途及常用热处理方法。

HT150、HT350、KTH300-06、KTZ45-06、QT400-15、QT600-3

（25）何谓硅铝明？它属于哪一类铝合金？为什么硅铝明具有良好的铸造性能？在变质处理前后其组织和性能有何变化？这类铝合金主要用于何处？

（26）黄铜属于什么合金？举例说明简单黄铜和复杂黄铜的牌号。

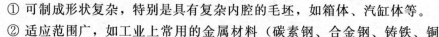

第5章
铸造成形技术

将液态金属浇注到具有与零件形状、尺寸相适应的铸型型腔中，待其冷却凝固，以获得毛坯零件的生产方法，称为铸造。

铸造成形的优点如下。

① 可制成形状复杂，特别是具有复杂内腔的毛坯，如箱体、汽缸体等。

扫码看视频课
35

② 适应范围广，如工业上常用的金属材料（碳素钢、合金钢、铸铁、铜合金、铝合金等）都可铸造，其中广泛应用的铸铁件只能用铸造方法获得。铸件的大小几乎不限，从几克到数百吨；铸件的壁厚可由 1mm 到 1m；铸造的批量不限，从单件、小批，直到大量生产。

③ 铸造可直接利用成本低廉的废机件和切屑，设备费用较低。同时，铸件加工余量小，节省金属，减少切削加工量，从而降低制造成本。

在铸造生产中，最基本的工艺方法是砂型铸造，用这种方法生产的铸件占总产量的90%以上。此外，还有多种特种铸造方法，如熔模铸造、金属型铸造、压力铸造、离心铸造等，它们在不同条件下各有其优势。

5.1 铸造成形基本原理

5.1.1 充型能力

铸造生产过程复杂，影响铸件质量的因素颇多，废品率一般较高。其中合金的铸造性能的优劣对能否获得优质铸件有着重要影响。铸造合金在铸造过程中呈现出的工艺性能，称为铸造性能。合金的铸造性能主要指充型能力、收缩性、偏析、吸气等，而液态合金的充型能力和收缩性是影响成形工艺及铸件质量的两个最基本的问题。

液态合金填充铸型的过程，简称充型。

液态合金充满铸型型腔，获得形状完整、轮廓清晰铸件的能力，称为液态合金的充型能力。在液态合金的充型过程中，有时伴随着结晶现象。若充型能力不足，在型腔被填满之前，形成的晶粒将充型的通道堵塞，金属液被迫停止流动，于是铸件将产生浇不足或冷隔等缺陷。

充型能力主要受金属液本身的流动性、铸型性质、浇注条件及铸件结构等因素的影响。

（1）合金的流动性

液态合金本身的流动能力，称为合金的流动性，是合金主要铸造性能之一。合金的流动性愈好，充型能力愈强，愈便于浇注出轮廓清晰、薄而复杂的铸件。同时，有利于非金属夹杂物和气体的上浮与排除，还有利于对合金冷凝过程所产生的收缩进行补缩。

液态合金的流动性通常以"螺旋形试样"（图 5-1）长度来衡量。显然，在相同的浇注条件下，合金的流动性愈好，所浇出的试样愈长。表 5-1 列出了常用铸造合金的流动性，其中灰铸铁、硅黄铜的流动性最好，铸钢的流动性最差。

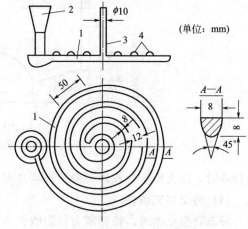

图 5-1　液态金属流动性试样
1—试样铸件；2—浇口；3—冒口；4—试样凸点

表 5-1　常用铸造合金流动性

合　　金	造型材料	浇注温度/℃	螺旋线长度/mm
灰口铸铁　　C+Si=6.2% 　　　　　　C+Si=5.2% 　　　　　　C+Si=4.2%	砂型	1300	1800 1000 600
铸钢(0.4%C)	砂型	1600 1640	100 200
锡青铜[(9%~11%)Sn+(2%~4%)Zn]	砂型	1040	420
硅黄铜[(1.5%~4.5%)Si]	砂型	1100	1000
铝合金(硅铝明)	金属型(300℃)	680~720	700~800

影响合金流动性的因素很多，但以化学成分的影响最为显著。共晶成分合金的结晶是在恒温下进行的，此时，液态合金从表层逐层向中心凝固，由于已结晶的固体层内表面比较光滑，对金属液的流动阻力小，故流动性最好。除纯金属外，其他成分合金是在一定温度范围内逐步凝固的，此时，结晶是在一定宽度的凝固区内同时进行的，流动性变差，显然，合金成分愈远离共晶点，结晶温度范围愈宽，流动性愈差。图 5-2 所示为铁碳合金的流动性与含碳量的关系。由图可见，亚共晶铸铁随含碳量的增加，结晶温度范围减小，流动性提高。

（2）浇注条件

① 浇注温度　浇注温度对合金的充型能力有着决定性影响。提高浇注温度，合金的黏度下降，流速加快，还能使铸型温度升高，合金在铸型中保持流动的时间长，从而大大提高合金的充型能力。但浇注温度过高，铸件容易产生缩孔、缩松、粘砂、气孔、粗晶等缺陷，故在保证充型能力足够的前提下，浇注温度应尽量降低。

② 充型压力　液态合金所受的压力愈大，充型能力愈好。如压力铸造、低压铸造和离

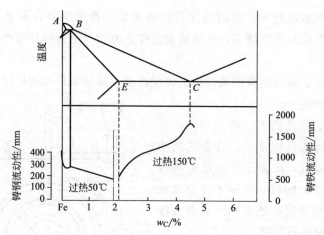

图 5-2　Fe-C 合金流动性与含碳量关系

心铸造时，因充型压力较砂型铸造提高甚多，所以充型能力较强。

（3）铸型填充条件

液态合金充型时，铸型阻力将影响合金的流动速度，而铸型与合金间的热交换又将影响合金保持流动的时间。因此，如下因素对充型能力均有显著影响。

① 铸型材料　铸型材料的热导率和比热容愈大，对液态合金的激冷能力愈强，合金的充型能力就愈差。如金属型铸造较砂型铸造容易产生浇不足和冷隔缺陷。

② 铸型温度　金属型铸造、压力铸造和熔模铸造时，铸型被预热到数百度，由于减缓了金属液的冷却速度，故使充型能力得到提高。

③ 铸型中气体　在金属液的热作用下，铸型（尤其是砂型）将产生大量气体，如果铸型排气能力差，型腔中气压将增大，以致阻碍液态合金的充型。为了减小气体的压力，除应设法减少气体的来源外，应使铸型具有良好的透气性，并在远离浇口的最高部位开设出气口。

5.1.2　铸件的凝固方式

铸件的成形过程是液态金属在铸型中的凝固过程。合金的凝固方式对铸件的质量、性能以及铸造工艺等都有极大的影响。

扫码看视频课

36

铸件在凝固过程中，其断面一般存在 3 个区域，即固相区、凝固区和液相区，其中液相和固相并存的凝固区对铸件质量影响最大。通常根据凝固区的宽窄将铸件的凝固方式分为逐层凝固、糊状凝固和中间凝固方式。

（1）逐层凝固

纯金属或共晶成分的合金在凝固过程中因不存在液、固相并存的凝固区，故断面上外层的固体和内层的液体由一条界线（凝固前沿）清楚地分开，如图 5-3（a）所示。随着温度的下降，固体层不断加厚，液体层不断减少，直到中心层全部凝固。这种凝固方式称为逐层凝固。

（2）中间凝固

介于逐层凝固和糊状凝固之间的凝固方式称为中间凝固，如图 5-3（b）所示。大多数合金均属于中间凝固方式。

（3）糊状凝固

当合金的结晶温度范围很宽，且铸件断面温度分布较为平坦时，在凝固的某段时间内，铸件表面并不存在固体层，而液、固并存的凝固区贯穿整个断面，如图 5-3（c）所示。由于这种凝固方式与水泥凝固方式很相似，先成糊状而后固化，故称为糊状凝固。

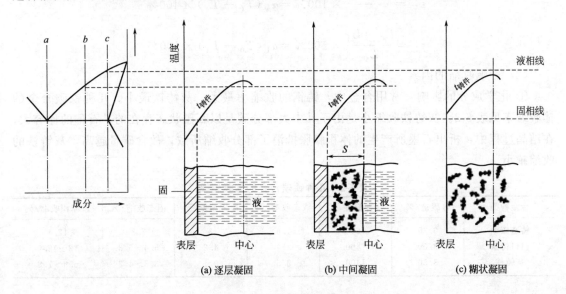

(a) 逐层凝固　　　(b) 中间凝固　　　(c) 糊状凝固

图 5-3　铸件的凝固方式

5.1.3　铸造合金的收缩

（1）收缩的概念

铸件在冷却过程中，其体积或尺寸缩减的现象，称为收缩，它是铸造合金的物理本性。收缩给铸造工艺带来许多困难，是多种铸造缺陷（缩孔、缩松、裂纹、变形等）产生的根源。

金属从液态冷却到室温要经历三个相互联系的收缩阶段，如图 5-4 所示。

① 液态收缩　从浇注温度到凝固开始温度（液相线温度）间的收缩。

② 凝固收缩　从凝固开始温度到凝固终止温度（固相线温度）间的收缩。

③ 固态收缩　从凝固终止温度到室温间的收缩。

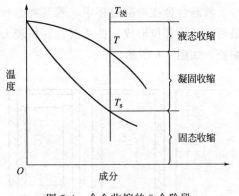

图 5-4　合金收缩的 3 个阶段

合金的总体积收缩为上述 3 个阶段收缩之和，与金属本身的成分、浇注温度及相变有关。合金的收缩量是用体收缩率和线收缩率表示的。

合金的液态收缩和凝固收缩表现为合金体积的缩小，使型腔内金属液面下降，通常用单位体积的收缩量（即体收缩率）来表示，它们是铸件产生缩孔和缩松缺陷的基本原因；合金的固态收缩不仅引起合金体积上的缩减，同时，更明显地表现在铸件尺寸上的缩减，因此固态收缩常用单位长度上的收缩量（即线收缩率）来表示，它是铸件产生内应力以致引起变形和产生裂纹的主要原因。

当合金由温度 t_0 下降到 t_1 时，其体收缩率和线收缩率分别如下，即

$$\varepsilon_V = \frac{V_0 - V_1}{V_0} \times 100\% = \alpha_V (T_0 - T_1) \times 100\%$$

$$\varepsilon_L = \frac{L_0 - L_1}{L_0} \times 100\% = \alpha_L (T_0 - T_1) \times 100\%$$

（2）影响收缩的因素

① 化学成分的影响　常用合金中，铸钢的收缩率最大，灰铸铁最小。几种铁碳合金的体收缩率见表 5-2。灰铸铁收缩小是由于其中大部分碳是以石墨状态存在的，石墨的比容大，在结晶过程中，析出石墨所产生的体积膨胀抵消了部分收缩所致，故含碳量越高，灰铸铁的收缩越小。

表 5-2　几种铁碳合金的体收缩率

合金种类	含碳量/%	浇注温度/℃	液态收缩/%	凝固收缩/%	固态收缩/%	总体积收缩/%
铸造碳钢	0.35	1610	1.6	3	7.8	12.4
白口铸铁	3.00	1400	2.4	4.2	5.4~6.3	12~12.9
灰铸铁	3.50	1400	3.5	0.1	3.3~4.2	6.9~7.8

② 浇注温度的影响　合金的浇注温度愈高，过热度愈大，液态收缩量愈大。

③ 铸件结构与铸型条件的影响　铸件冷却收缩时，因其形状、尺寸的不同，各部分的冷却速度不同，导致收缩不一致，且互相阻碍；此外，铸型和型心对铸件收缩产生阻碍，故铸件的实际收缩率总是小于其自由收缩率，但会增大铸造应力。

（3）铸件的缩孔与缩松

液态合金在冷凝过程中，若其液态收缩和凝固收缩所缩减的容积得不到补足，则在铸件最后凝固的部位形成一些孔洞，容积较大而集中的称缩孔，如图 5-5 所示；细小而分散的称缩松，如图 5-6 所示。

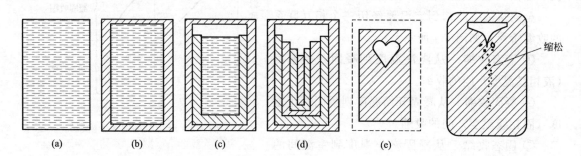

(a)　　　(b)　　　(c)　　　(d)　　　(e)

缩松

图 5-5　缩孔形成过程示意图　　　　　图 5-6　缩松示意图

一般来讲，纯金属和共晶合金在恒温下结晶，铸件由表及里逐层凝固，容易形成缩孔，缩孔常集中在铸件的上部或厚大部位等最后凝固的区域，具有一定凝固温度范围的合金，凝固是在较大的区域内同时进行，容易形成缩松。缩松常分布在铸件壁的轴线区域及厚大部位等。

缩孔和缩松会减小铸件的有效面积，并在该处产生应力集中，降低其力学性能，缩松还可使铸件因渗漏而报废。因此，必须依据技术要求，采取适当的工艺措施予以防止。实践证明，只要能使铸件实现顺序凝固原则，尽管合金的收缩较大，也可获得没有缩孔的致密铸件。

所谓顺序凝固就是在铸件上可能出现缩孔的厚大部位通过安放冒口等工艺措施，使铸件远离冒口的部位（图5-7中Ⅰ）先凝固；尔后是靠近冒口部位（图中Ⅱ、Ⅲ）凝固；最后才是冒口本身的凝固。按照这样的凝固顺序，先凝固部位的收缩，由后凝固部位的金属液来补充；后凝固部位的收缩，由冒口中的金属液来补充，从而使铸件各个部位的收缩均能得到补充，而将缩孔转移到冒口之中。冒口是多余部分，在铸件清理时予以切除。

为了使铸件实现顺序凝固，在安放冒口的同时，还可在铸件上某些厚大部位增设冷铁。图5-8所示铸件的热节不止一个，若仅靠顶部冒口难以向底部凸台补缩，为此，在该凸台的型壁上安放了两个外冷铁。由于冷铁加快了该处的冷却速度，使厚度较大的凸台反而最先凝固，由于实现了自下而上的定向凝固，从而防止了凸台处缩孔、缩松的产生。可以看出，冷铁仅是加快某些部位的冷却速度，以控制铸件的凝固顺序，但本身并不起补缩作用。冷铁通常用钢或铸铁制成。

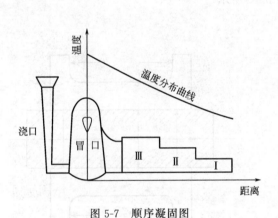

图5-7 顺序凝固图

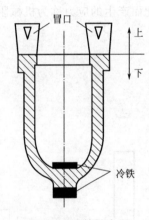

图5-8 冷铁的应用

安放冒口和冷铁实现顺序凝固，虽可有效地防止缩孔和宏观缩松，但却耗费许多金属和工时，加大了铸件成本。同时，顺序凝固扩大了铸件各部分的温度差，促进了铸件的变形和裂纹倾向。因此，主要用于必须补缩的场合，如铝青铜、铝硅合金和铸钢件等。

5.1.4　铸造应力及铸件的变形和裂纹

铸件在凝固和随后的冷却过程中，因收缩受到阻碍而引起的内应力称为铸造应力。这些内应力有时是在冷却过程中暂存的，有时则一直保留到室温，后者称为残留内应力。应力是铸件发生变形和裂纹的主要原因。

（1）铸造应力

按照铸造内应力的产生原因，可分为热应力、相变应力和机械阻碍应力。

① 热应力　铸件在凝固和其后的冷却过程中，因种种原因可能使各部分的冷却速度不同，结果造成铸件各部分收缩量不一致，因此在铸件内产生热应力。

铸件在冷却过程中，从凝固终止温度到再结晶温度阶段，金属的塑性比较好，这个阶段产生的热应力会因塑性变形而自行消除。待冷至再结晶温度以下，金属则处于弹性状态，因此冷至室温后的铸件内部就会形成残留应力。

固态收缩使铸件厚壁或心部受拉，薄壁或表层受压。合金的固态收缩率越大，铸件壁厚差别越大，形状越复杂，所产生的热应力就越大。

预防热应力的基本途径是尽量减少铸件各个部位间的温度差，使其均匀地冷却。为此，可将浇口开在薄壁处，使薄壁处铸型在浇注过程中的升温较厚壁处高，因而可补偿薄壁处的冷速快的现象。有时为增快厚壁处的冷速，还可在厚壁处安放冷铁（见图5-9）。因此，采用同时凝固原则可减少铸造内应力，防止铸件的变形和裂纹缺陷，又可免设冒口而省工省料。其缺点是铸件心部容易出现缩孔或缩松。同时凝固原则主要用于灰铸铁、锡青铜等。这是由于灰铸铁的缩孔、缩松倾向小；而锡青铜倾向于糊状凝固，采用定向凝固也难以有效地消除其显微缩松缺陷。

② 相变应力　铸件冷却过程中，有的合金要经历固态相变，此时比容发生变化。新旧两相的比容差越大，相变应力就越大。

③ 机械阻碍应力　铸件在冷却过程中，收缩会受到铸型、型心及浇注系统的机械阻碍，因此而产生的应力称为机械阻碍应力，如图5-10所示。

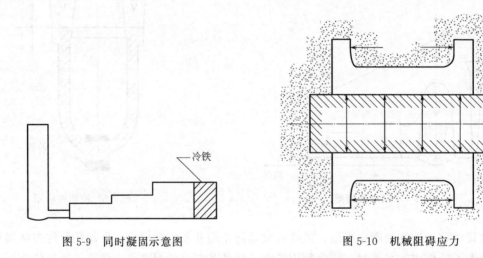

图 5-9　同时凝固示意图　　　　　　　　图 5-10　机械阻碍应力

如果铸型或型心的退让性好，机械阻碍应力则小。铸件的机械阻碍应力在铸件落砂之后可自行消除，但它在铸件冷却过程中可与热应力共同起作用，增大了铸件某些部位的应力，增加了铸件产生裂纹的可能性。

对铸件进行时效处理是消除铸造应力的有效措施。时效分自然时效、人工时效和振动时效。自然时效是将铸件置于露天场地一年以上，让其内应力自行消除。人工时效又称为去应力退火，是将铸件加热到550～650℃，保温2～4h，随炉冷至200℃以下，然后出炉。振动时效是将铸件在共振频率下振动10～60min，即可消除铸件中的残留应力。

（2）铸件的变形和防止措施

如果铸件存在内应力，则铸件处于不稳定状态，它将自发地通过变形来减小其内应力，使其趋于稳定状态。当铸造残留应力超过金属的屈服强度时，往往会产生变形。

如前所述，在热应力作用下，铸件厚的部分受拉应力，薄的部分受压应力，因此变形总是朝着冷却慢的厚部方向凹陷，而薄的部分发生外凸。如图 5-11 的 T 形梁，当板 I 厚、板 II 薄时，浇注后板 I 受拉，板 II 受压。若铸件的刚度不够，将发生板 I 内凹、板 II 外凸的变形。反之，当板 I 薄、板 II 厚时，将发生反向翘曲。

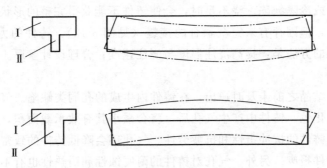

图 5-11　T 形梁铸钢件变形示意图

为了防止铸件产生变形，除在铸件设计时尽可能使铸件的壁厚均匀、形状对称外，还可以采用反变形法防止铸件的变形。反变形法是根据铸件的变形规律，在模样上预先作出相当于铸件变形量的反变形量，以抵消铸件的变形。

（3）铸件的裂纹和防止措施

当铸造内应力超过金属的抗拉强度时，铸件将产生裂纹。按裂纹形成的温度范围分为热裂纹和冷裂纹两种。

① 热裂纹　热裂纹是铸件在凝固后期高温下形成的裂纹，裂纹沿晶粒边界产生并扩展，外观形状曲折而不规则，裂纹周边呈氧化色。

由于热裂纹是在合金凝固后期的高温下形成的，此时金属绝大部分已成固体，但其强度很低，这时铸件中有较小的铸造应力就可能引起热裂。尤其是当铸造合金含硫时，容易形成低熔点 FeS 共晶（988℃）。这些低熔点共晶呈液态薄膜状存在于晶界上，削弱了晶粒间的结合强度，在铸造应力作用下极易沿晶界产生裂纹。

热裂纹一般分布在有尖角或断面突变的应力集中部位或热节处。合金的收缩率大、高温强度低、铸件结构不合理、铸型和型心机械阻力大及铸造工艺不合理等原因都易使铸件产生热裂纹。此外，尽量降低金属中硫的含量，减少低熔点化合物，可显著提高金属的抗热裂能力。

② 冷裂纹　冷裂纹是铸件冷却到较低温度时形成的裂纹。裂纹特征是穿过晶内和晶界，呈连续直线状，表面光滑且有金属光泽。

冷裂纹常出现在铸件受拉应力的部位，尤其是在应力集中的部位。脆性大、塑性差的金属，如白口铸铁、高碳钢及某些合金铜铸件最易产生冷裂纹，大型复杂的铸件也易形成冷裂纹。防止冷裂的方法是尽量减小铸造应力，还应控制铸造合金中的含磷量，避免生成冷脆的铁磷共晶物 Fe_3P。

5.1.5　铸件常见缺陷

铸件生产工序多，很容易使铸件产生各种缺陷。某些有缺陷的产品经修补后仍可使用的成为次品，严重的缺陷则使铸件成为废品。为保证铸件的质量应首先正确判断铸件的缺陷类别，并进行分析，找出原因，以采取改进措施。砂型铸造的铸件常见的缺陷有：冷隔、浇不足、气孔、粘砂、夹砂、砂眼、胀砂等。

（1）冷隔和浇不足

液态金属充型能力不足，或充型条件较差，在型腔被填满之前，金属液便停止流动，将使铸件产生浇不足或冷隔缺陷。浇不足时，会使铸件不能获得完整的形状；冷隔时，铸件虽可获得完整的外形，但因存有未完全融合的接缝（见图 5-12），铸件的力学性能严重受损。防止浇不足和冷隔的方法是：提高浇注温度与浇注速度；合理设计壁厚。

（2）气孔

气体在金属液结晶之前未及时逸出，在铸件内生成的孔洞类缺陷。气孔的内壁光滑，明亮或带有轻微的氧化色。铸件中产生气孔后，将会减小其有效承载面积，且在气孔周围会引起应力集中而降低铸件的抗冲击性和抗疲劳性。气孔还会降低铸件的致密性，致使某些要求承受水压试验的铸件报废。另外，气孔对铸件的耐腐蚀性和耐热性也有不良的影响。

防止气孔产生的有效方法是：降低金属液中的含气量，增大砂型的透气性，以及在型腔的最高处增设出气冒口等。

（3）粘砂

铸件表面上粘附有一层难以清除的砂粒称为粘砂，见图 5-13。粘砂既影响铸件外观，又增加铸件清理和切削加工的工作量，甚至会影响机器的寿命。例如铸齿表面有粘砂时容易损坏，泵或发动机等机器零件中若有粘砂，则将影响燃料油、气体、润滑油和冷却水等流体的流动，并会沾污和磨损整个机器。

防止粘砂的方法是：在型砂中加入煤粉，以及在铸型表面涂刷防粘砂涂料等。

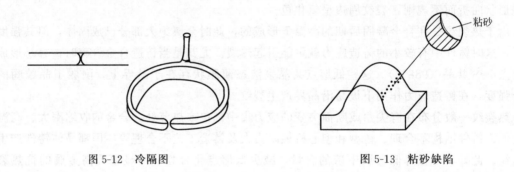

图 5-12　冷隔图　　　　　　　　　　　图 5-13　粘砂缺陷

（4）夹砂

在铸件表面形成的沟槽和疤痕缺陷，在用砂型铸造厚大平板类铸件时极易产生。铸件中产生夹砂的部位大多是与砂型上表面相接触的地方，型腔上表面受金属液辐射热的作用，容易拱起和翘曲，当翘起的砂层受金属液流不断冲刷时可能断裂破碎，留在原处或被带入其他部位。铸件的上表面越大，型砂体积膨胀越大，形成夹砂的倾向性也越大。

防止夹砂的方法是：避免大的平面结构。

（5）砂眼

在铸件内部或表面充塞着型砂的孔洞类缺陷。主要由于型砂或心砂强度低；型腔内散砂未吹尽；铸型被破坏；铸件结构不合理等原因产生的。

防止砂眼的方法是：提高型砂强度；合理设计铸件结构；增加砂型紧实度。

（6）胀砂

浇注时在金属液的压力作用下，铸型型壁移动，铸件局部胀大形成的缺陷。

为了防止胀砂，应提高砂型强度、砂箱刚度、加大合箱时的压箱力或紧固力，并适当降低浇注温度，使金属液的表面提早结壳，以降低金属液对铸型的压力。

5.2 铸造成形方法

5.2.1 砂型铸造工艺

扫码看视频课

37

砂型铸造就是将液态金属浇入砂型的铸造方法。型（心）砂通常是由石英砂、黏土（或其他黏结材料）和水按一定比例混制而成的。型（心）砂要有"一强三性"即一定的强度，透气性、耐火性和退让性。砂型可用手工制造，也可用机器造型。

砂型铸造是目前最常用最基本的铸造方法，其造型材料来源广，价格低廉，所用设备简单，操作方便灵活。不受铸造合金种类、铸件形状和尺寸的限制，并适合于各种生产规模。目前我国砂型铸件约占全部铸件产量的80%以上。

（1）砂型铸造工艺过程

砂型铸造工艺过程如图5-14所示。首先，根据零件的形状和尺寸设计并制造出模样和心盒，配制好型砂和心砂；用型砂和模样在砂箱中制造砂型，用心砂在心盒中制造型心，并把砂心装入砂型中，合箱即得完整的铸型；将金属液浇入铸型型腔，冷却凝固后落砂清理即得所需的铸件。

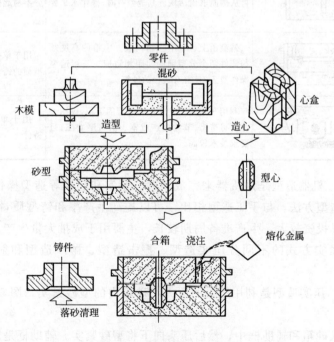

图 5-14 砂型铸造工艺过程

（2）砂型铸造方法

① 手工造型 手工造型的方法很多，按模样特征分为：整模造型、分模造型、活块造

型、刮板造型、假箱造型和挖砂造型等；按砂箱特征分为：两箱造型、三箱造型、地坑造型、脱箱造型等。

造型方法的选择具有较大灵活性，一个铸件往往可用多种方法造型，应根据铸件结构特点、形状和尺寸、生产批量及车间具体条件等，进行分析比较，以确定最佳方案。表 5-3 为各种手工造型方法的特点和适用范围。

表 5-3　各种手工造型方法的特点和适用范围

造型方法	简图	特　点	适用范围
整模造型		模样是整体的，分型面为平面，铸型型腔全部在半个铸型内。其造型简单，不会发生错箱	铸件最大截面在端部，且为平面铸件
分模造型		模样沿最大截面处分为两半，型腔位于上、下两个半箱内，其造型简单，节省工时	用于铸件最大截面在中部（或圆形）的铸件
挖砂造型		模样虽是整体的，但铸件的分型面为曲面。造型时挖掉阻碍起模的型砂。其造型费工，生产率低	用于单件、小批量、分型面不是平面的铸件
假箱造型		在造型前预制一个底胎（假箱），然后在底胎上造下型，底胎不参加浇注。比挖砂造型操作简便，且分型面整齐	用于批量生产需挖砂的铸件
活块造型		铸件上有妨碍起模的小凸台、肋板等，制模时将这些作成活动部分，起模时，先起出主模，再从侧面取出活块。其造型费时，操作水平要求高	用于单件、小批量、带有突出部分不易起模的铸件
三箱造型		铸型由上、中、下三箱构成。中箱的高度须与铸件两个分型面的间距相适应。三箱造型操作费工，且需有适合的砂箱	用于单件、小批量、具有两个分型面的铸件
地坑造型		利用车间地面砂床作为铸型的下箱，仅用上箱便可造型，节约生产成本。但造型费工，且要求技术较高	用于单件、小批量的大、中型铸件

② 机器造型　机器造型是用机器来完成填砂、紧实和起模等造型操作过程，是现代化铸造车间的基本造型方法。与手工造型相比，可以提高生产率和铸型质量，减轻劳动强度。但设备及工装模具投资较大，生产准备周期较长，主要用于成批大量生产。

机器造型按紧实方式的不同分压实造型、振击造型、抛砂造型和射砂造型四种基本方式。

a. 压实造型　压实造型是利用压头的压力将砂箱内的型砂紧实，图 5-15 为压实造型示意图。

先将型砂填入砂箱和辅助框中，然后压头向下将型砂紧实。辅助框是用来补偿紧实过程中砂柱被压缩的高度。压实造型生产率较高，但砂型沿砂箱高度方向的紧实度不够均匀，一般越接近模板，紧实度越差。因此，只适于高度不大的砂箱。

b. 振击造型　这种造型方法是利用振动和撞击力对型砂进行紧实，如图 5-16 所示。

砂箱填砂后，振击活塞将工作台连同砂箱举起一定高度，然后下落，与缸体撞击，依靠型砂下落时的冲击力产生紧实作用，砂型紧实度分布规律与压实造型相反，愈接近模板，紧实度愈高。因此，振击造型常与压实造型联合使用，以便型砂紧实度分布更加均匀。

　　c. 抛砂造型　图 5-17 为抛砂机的工作原理。抛砂头转子上装有叶片，型砂由皮带输送机连续地送入，高速旋转的叶片接住型砂，并分成一个个砂团，当砂团随叶片转到出口处时，由于离心力的作用，以高速抛入砂箱，同时完成填砂和紧实。

　　d. 射砂造型　射砂紧实多用于制心。图 5-18 为射砂机工作原理。由储气筒中迅速进入射腔的压缩空气，将型心砂由射砂孔射入心盒的空腔中，而压缩空气经射砂板上的排气孔排出，射砂过程是在较短的时间内同时完成填砂和紧实，生产率极高。

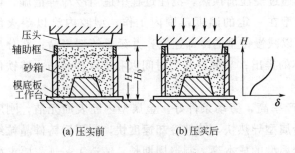

(a) 压实前　　　　(b) 压实后

图 5-15　压实造型示意图

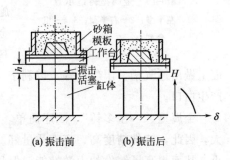

(a) 振击前　　　　(b) 振击后

图 5-16　振击造型示意图

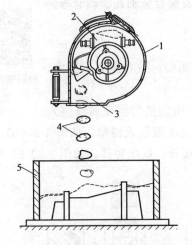

图 5-17　抛砂机的工作原理图

1—机头外壳；2—型砂入口；3—砂团出口；

4—被紧实的砂团；5—砂箱

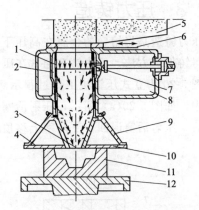

图 5-18　射砂机工作原理图

1—射砂筒；2—射腔；3—射砂孔；4—排气孔；

5—砂斗；6—砂闸板；7—进气阀；8—储气筒；

9—射砂头；10—射砂板；11—心盒，12—工作台

5.2.2　金属型铸造

　　金属型铸造是将液态金属浇入金属铸型，以获得铸件的铸造方法。由于金属型可重复使用，所以又称永久型铸造。

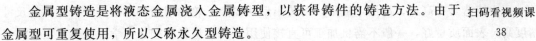

扫码看视频课

38

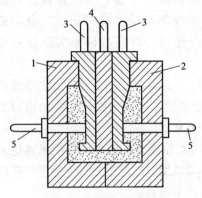

图 5-19 金属型铸造示意

1—左半型；2—右半型；3,4—组合型心；5—销孔型心

根据铸件的结构特点，金属型可采用多种形式。图 5-19 为活塞的金属型铸造示意。该金属型由左半型 1 和右半型 2 组成，采用垂直分型，活塞的内脏由组合式型心构成。铸件冷却凝固后，先取出中间的组合型心 4，再取出左、右两侧的组合型心 3，然后沿水平方向拔出左右销孔型心 5，最后分开左右两个半型，即可取出铸件。

金属型导热快，无退让性和透气性，铸件容易产生浇不足、冷隔、裂纹、气孔等缺陷。此外，在高温金属液的冲刷下，型腔易损坏。为此，需要采取如下工艺措施：通过浇注前预热，浇注过程中适当冷却等措施，使金属型在一定的温度范围内工作，型腔内涂以耐火涂料，以减慢铸型的冷却速度，并延长铸型寿命；在分型面上做出通气槽、出气口等，以利于气体的排出；掌握好开型时间以利于取件和防止铸铁件产生白口。

金属型"一型多铸"，工序简单，生产率高，劳动条件好。金属型内腔表面光洁，刚度大，因此，铸件精度高，表面质量好。金属型导热快，铸件冷却速度快，凝固后铸件晶粒细小，从而提高了铸件的力学性能。但是金属型的成本高，制造周期长，铸造工艺规程要求严格，铸铁件还容易产生白口组织。因此，金属型铸造主要适用于大批量生产形状简单的有色合金铸件，如铝活塞、汽缸体、缸盖、油泵壳体，以及铜合金轴瓦、轴套等。

5.2.3　压力铸造

压力铸造是将熔融的金属在高压下，快速压入金属型，并在压力下凝固，以获得铸件的方法。压力铸造通常在压铸机上完成。

扫码看视频课

39

图 5-20 为立式压铸机工作过程示意图。合型后，用定量勺将金属液注入压室中，如图 5-20(a) 所示，压射活塞向下推进，将金属液压入铸型，如图 5-20(b)；金属凝固后，压射活塞退回，下活塞上移顶出余料，动型移开，取出铸件，如图 5-20(c) 所示。

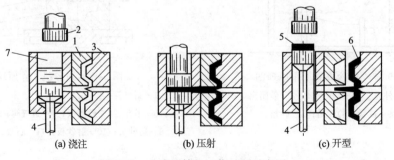

(a) 浇注　　　　　(b) 压射　　　　　(c) 开型

图 5-20　立式压铸机工作过程示意图

1—定型；2—压射活塞；3—动型；4—下活塞；5—余料；6—压铸件；7—压室

压力铸造是在高速、高压下成形，可铸出形状复杂、轮廓清晰的薄壁铸件，铸件的尺寸精度高，表面质量好，一般不需机加工可直接使用，而且组织细密、力学性能高；在压铸机

上生产，生产率高，劳动条件好。

但是，压铸设备投资大，压型制造费用高，周期长，压型工作条件恶劣，易损坏，因此，压力铸造主要用于大量生产低熔点合金的中小型铸件，在汽车、拖拉机、航空、仪表、电器、纺织、医疗器械、日用五金及国防等部门获得广泛的应用。

5.2.4 熔模铸造

扫码看视频课 40

熔模铸造是用易熔材料制成模样，造型之后将模样熔化，排出型外，从而获得无分型面的型腔。由于熔模广泛采用蜡质材料制成，又常称"失蜡铸造"。这种铸造方法能够获得具有较高精度和表面质量的铸件，故有"精密铸造"之称。

熔模铸造的工艺过程如图 5-21 所示。主要包括蜡模制造、结壳、脱蜡、焙烧和浇注等过程。

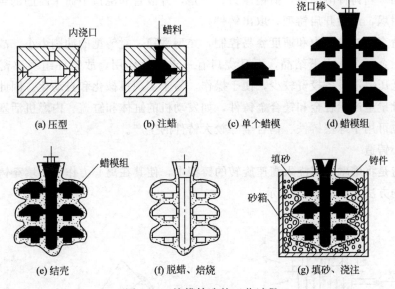

图 5-21　熔模铸造的工艺过程

① 蜡模制造　通常根据零件图制造出与零件形状尺寸相符合的模具（称压型），把熔化成糊状的蜡质材料压入压型，等冷却凝固后取出，就得到蜡模。在铸造小型零件时，常把若干个蜡模黏合在一个浇注系统上，构成蜡模组，以便一次浇出多个铸件。

② 结壳　把蜡模组放入胶黏剂和石英粉配制的涂料中浸渍，使涂料均匀地覆盖在蜡模表层，然后在上面均匀地撒一层石英砂，再放入硬化剂中硬化。如此反复 4～6 次，最后在蜡模组外表形成由多层耐火材料组成的坚硬的型壳。

③ 脱蜡　通常将附有型壳的蜡模组浸入 85～95℃ 的热水中，使蜡料熔化并从型壳中脱除，以形成型腔。

④ 焙烧和浇注　型壳在浇注前，必须在 800～950℃ 下进行焙烧，以彻底去除残蜡和水分。为了防止型壳在浇注时变形或破裂，可将型壳排列于砂箱中，周围用干砂填紧。焙烧后通常趁热（600～700℃）进行浇注，以提高充型能力。

熔模铸件精度高，表面质量好，可铸出形状复杂的薄壁铸件，大大减少机械加工工时，显著提高金属材料的利用率。

熔模铸造的型壳耐火性强，适用于各种合金材料，尤其适用于那些高熔点合金及难切削加工合金的铸造。并且生产批量不受限制，单件、小批、大量生产均可。

但熔模铸造工序繁杂，生产周期长，铸件的尺寸和重量受到限制（一般不超过 25kg）。主要用于成批生产形状复杂、精度要求高或难以进行切削加工的小型零件，如汽轮机叶片和叶轮、大模数滚刀等。

5.2.5 其他铸造方法

（1）低压铸造

低压铸造是介于金属型铸造和压力铸造之间的一种铸造方法，是在较低的压力下，将金属液注入型腔，并在压力下凝固，以获得铸件。如图 5-22 所示，在一个密闭的保温坩埚中，通入压缩空气，使坩埚内的金属液在气体压力下，从升液管内平稳上升充满铸型，并使金属在压力下结晶。当铸件凝固后，撤销压力，于是，升液管和浇口中尚未凝固的金属液在重力作用下流回坩埚，最后开启铸型，取出铸件。

低压铸造充型时的压力和速度容易控制，充型平稳，对铸型的冲刷力小，故可适用各种不同的铸型；金属在压力下结晶，而且浇口有一定补缩作用，故铸件组织致密，力学性能高。另外，低压铸造设备投资较少，便于操作，易于实现机械化和自动化。因此，低压铸造广泛用于大批量生产铝合金和镁合金铸件，如发动机的缸体和缸盖、内燃机活塞、带轮、粗纱锭翼等，也可用于球墨铸铁、铜合金等较大铸件的生产。

（2）离心铸造

离心铸造是将熔融金属浇入高速旋转的铸型中，使其在离心力作用下填充铸型和结晶从而获得铸件的方法，如图 5-23 所示。

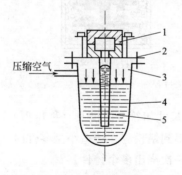

图 5-22 低压铸造图

1—铸型；2—密封盖；3—坩埚；

4—金属液；5—升液管

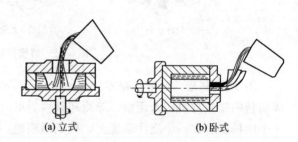

(a) 立式　　　　　　　　(b) 卧式

图 5-23 离心铸造示意图

离心铸造不用型心，不需要浇口，工艺简单，生产率和金属的利用率高，成本低，在离心力作用下，金属液中的气体和夹杂物因密度小而集中在铸件内表面，金属液自外表面向内表面顺序凝固。因此铸件组织致密，无缩孔、气孔、夹渣等缺陷，力学性能高，而且提高了金属液的充型能力。但是，利用自由表面所形成的内孔，尺寸误差大，内表面质量差，且不适于密度偏析大的合金。目前主要用于生产空心回转体铸件，如铸铁管、汽缸套、活塞环及滑动轴承等，也可用于生产双金属铸件。

5.2.6 铸造方法的选择

各种铸造方法均有其优缺点，选用那种铸造方法，必须依据生产的具体特点来定，既要保证产品质量，又要考虑产品的成本和现场设备、原材料供应情况等，要进行全面分析比较，以选定最适当的铸造方法。表 5-4 列出了几种常用的铸造方法，供选择时参考。

表 5-4　常用铸造方法比较

铸造方法	砂型铸造	熔模铸造	金属型铸造	压力铸造	低压铸造
铸件尺寸精度	IT14～16	IT11～14	IT12～14	IT11～13	IT12～14
铸件表面粗糙度值 $R_a/\mu m$	粗糙	25～3.2	25～12.5	6.3～1.6	25～6.3
适用金属	任意	不限制，以铸钢为主	不限制，以非铁合金为主	铝、锌、镁低熔点合金	以非铁合金为主，也可用于黑色金属
适用铸件大小	不限制	小于 45kg，以小铸件为主	中、小铸件	一般小于 10kg，也可用于中型铸件	以中、小铸件为主
生产批量	不限制	不限制，以成批、大量生产为主	成批、大量	成批、大量	成批、大量
铸件内部质量	结晶粗	结晶粗	结晶细	表层结晶细，内部多有孔洞	结晶细
铸件加工余量	大	小或不加工	小	小或不加工	较小
铸件最小壁厚/mm	3.0	0.7	铝合金 2～3，灰铸铁 4.0	0.5～0.7	2.0
生产率（一般机械化程度）	低、中	低、中	中、高	最高	中

扫码看视频课
41

5.3　铸件的结构设计

铸件结构工艺性通常指零件的本身结构应符合铸造生产的要求，既便于整个工艺过程的进行，又利于保证产品质量。铸件结构是否合理，对简化铸造生产过程，减少铸件缺陷，节省金属材料，提高生产率和降低成本等具有重要意义，并与铸造合金、生产批量、铸造方法和生产条件有关。

（1）从简化铸造工艺过程分析

为简化造型、制心及工装制造工作量，便于下心和清理，对铸件结构有如下要求。

① 铸件外形应尽量简单　铸件外形虽然可以很复杂，但在满足零件使用要求的前提下，应尽量简化外形，减少分型面，以便于造型，获得优质铸件。图 5-24 为端盖铸件的两种结构，图 5-24（a）由于上面为凸缘法兰，要设两个分型面，必须采用三箱造型，使造型工艺复杂。若改为图 5-24（b）的设计，取消了法兰凸缘，使铸件有一个分型面，简化了造型工艺。

铸件上的凸台、加强筋等要方便造型，尽量避免使用活块。图 5-25（a）所示的凸台通常采用活块（或外壁型心才能起模），如改为图 5-25（b）的结构可避免活块。

分型面尽量平直，去除不必要的圆角。图 5-26（a）所示的托架，将分型面上加了圆角，

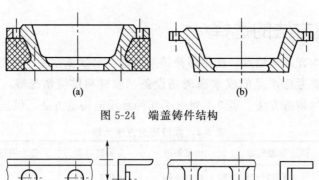

图 5-24 端盖铸件结构

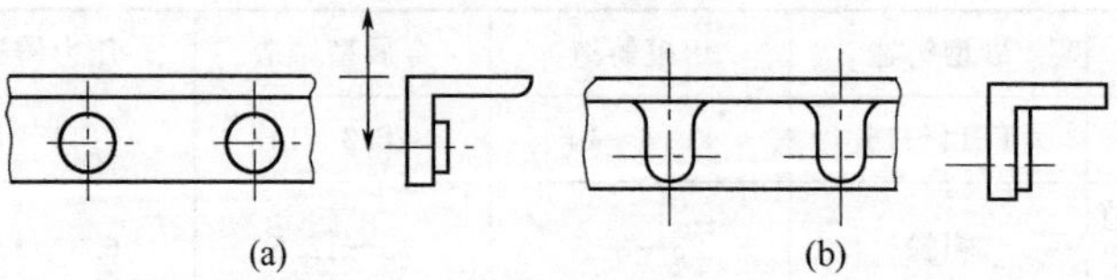

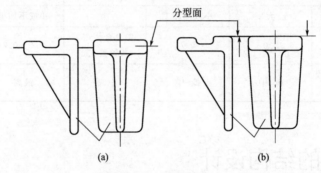

图 5-25 凸台的设计

结果只得采用挖砂（或假箱）造型，若改为图 5-26(b) 结构，可采用整模造型，简化了造型过程。

② 铸件内腔结构应符合铸造工艺要求 铸件的内腔通常采用型心来形成，这将延长生产周期，增加成本，因此，设计铸件结构时，应尽量不用或少用型心。图 5-27 为悬臂支架的两种设计方案，图 5-27(a) 采用方形空心截面，需用型心，而图 5-27(b) 改为工字形截面，可省掉型心。

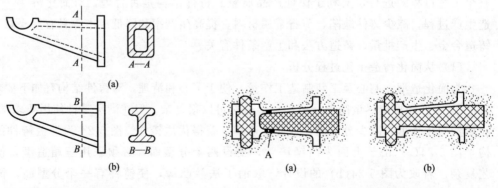

图 5-26 托架铸件

图 5-27 悬臂支架图   图 5-28 轴承架铸件

在必须采用型心的情况下，应尽量做到便于下心、安装、固定以及排气和清理。如图 5-28 所示的轴承架铸件，图 5-28(a) 的结构需要两个型心，其中大的型心呈悬臂状态，装配时必须用型心撑 A 辅助支撑。如改为图 5-28(b) 结构，成为一个整体型心，其稳定性大大提高，并便于安装，易于排气和清理。

③ 铸件的结构斜度　铸件上垂直于分型面的不加工面最好具有一定的结构斜度，以利于起模，同时便于用砂垛代替型心（称为自带型心），以减少型心数量。如图 5-29 中不合理 (a)、(b)、(c)、(d) 中各件不带结构斜度，不便起模，应改为右边合理的带一定斜度的 (e)、(f)、(g)、(h) 结构。对不允许有结构斜度的铸件，应在模样上留出拔模斜度。

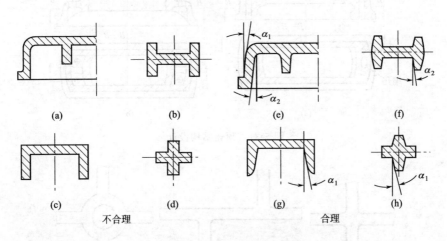

图 5-29　结构斜度的设计

(2) 从避免产生铸造缺陷分析

铸件的许多缺陷，如缩孔、缩松、裂纹、变形、浇不足、冷隔等，有时是由于铸件结构不合理而引起的。因此，设计铸件结构应考虑如下几个方面。

① 壁厚合理　为了防止产生冷隔、浇不足或白口等缺陷，各种不同的合金视铸件大小、铸造方法不同，其最小壁厚应受到限制。

从细化结晶组织和节省金属材料考虑，应在保证不产生其他缺陷的前提下，尽量减小铸件壁厚，为了保证铸件的强度，可采加强筋等结构。图 5-30 为台钻底板设计中采用加强筋的例子，采用加强筋后可避免铸件厚大截面，防止某些铸造缺陷的产生。

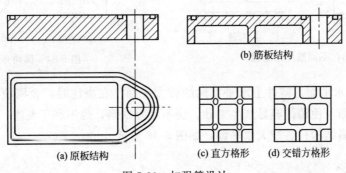

图 5-30　加强筋设计

② 铸件壁厚力求均匀　铸件壁厚均匀，减少厚大部分，可防止形成热节而产生缩孔、缩松、晶粒粗大等缺陷，并能减少铸造热应力，及因此而产生的变形和裂纹等缺陷。如图 5-31 所示顶盖铸件的两种壁厚设计，图 5-31(a) 在厚壁处产生缩孔、在过渡处易产生裂纹，改为

图 5-31(b)，可防止上述缺陷的产生。铸件上的筋条分布应尽量减少交叉，以防形成较大的热节，如图 5-32，将图 5-32(a) 交叉接头改为图 5-32(b) 交错接头结构，或采用图 5-32(c) 的环形接头，以减少金属的积聚，避免缩孔、缩松缺陷的产生。

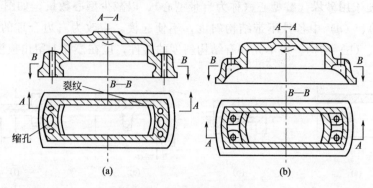

图 5-31　顶盖结构设计

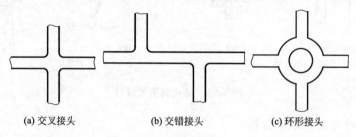

(a) 交叉接头　　　　(b) 交错接头　　　　(c) 环形接头

图 5-32　筋条的分布

③ 铸件壁的连接　铸件不同壁厚的连接应逐渐过渡和转变（如图 5-33）拐弯和交接处应采用较大的圆角连接（如图 5-34），避免锐角连接（如图 5-35），以避免因应力集中而产生开裂。

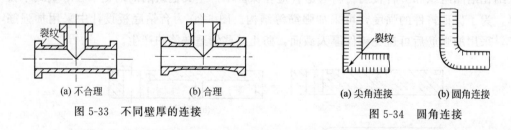

图 5-33　不同壁厚的连接　　　　　　　　　图 5-34　圆角连接

④ 避免较大水平面　铸件上水平方向的较大平面，在浇注时，金属液面上升较慢，长时间烘烤铸型表面，使铸件容易产生夹砂、浇不足等缺陷，也不利于夹渣、气体的排除，因此，应尽量用倾斜结构代替过大水平面，如图 5-36 所示。

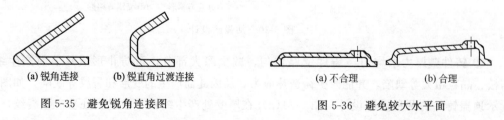

(a) 锐角连接　　　(b) 锐直角过渡连接　　　　　(a) 不合理　　　(b) 合理

图 5-35　避免锐角连接图　　　　　　　　　图 5-36　避免较大水平面

（3）铸件结构要便于后续加工

图 5-37 所示为电机端盖铸件，原设计图 5-37(a) 不便于装夹，改为图 5-37(b) 带工艺搭子的结构，能在一次装夹中完成轴孔 ϕd 和定位环 ϕD 的加工，并能较好地保证其同轴度要求。

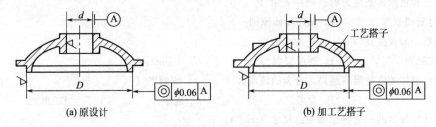

图 5-37　电机端盖设计

（4）组合铸件的应用

对于大型或形状复杂的铸件，可采用组合结构，即先设计成若干个小铸件进行生产，切削加工后，用螺栓连接或焊接成整体。可简化铸造工艺，便于保证铸件质量。图 5-38 为大型坐标镗床床身和水压机工作缸的组合结构示意图。

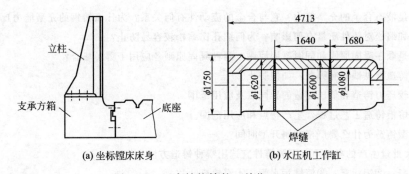

图 5-38　组合结构铸件（单位：mm）

铸件结构工艺性内容丰富，以上原则都离不开具体的生产条件，在设计铸件结构时，应善于从生产实际出发，具体分析，灵活运用这些原则。

思　考　题

1. 名词解释

①流动性；②充型能力；③缩孔；④缩松；⑤分型面；⑥收缩率。

2. 填空题

(1) 铸件的凝固方式有 _____、_____、_____。其中恒温下结晶的金属或合金以 _____ 方式凝固，凝固温度范围较宽的合金以 _____ 方式凝固。

(2) 缩孔产生的基本原因是 _____ 和 _____ 大于 _____，且得不到补偿。防止缩孔的基本原则是按照 _____ 原则进行凝固。

(3) 铸造应力是 _____、_____、_____ 的总和。防止铸造应力的措施是采用 _____ 原则。

(4) 在确定浇注位置时，具有大平面的铸件，应将铸件的大平面朝 _____。

(5) 铸件上垂直于分型面的不加工表面，应设计出 _____。

3. 选择题

(1) （　　）的合金，铸造时合金的流动性较好，充型能力强。

A. 糊状凝固　　　　　　　　B. 逐层凝固　　　　　　　　C. 中间凝固

(2) 防止和消除铸造应力的措施是采用（　　）。

A. 同时凝固原则　　　　　　B. 顺序凝固原则

(3) 缩松一般发生在以（　　）的合金中。

A. 糊状凝固　　　　　　　　B. 逐层凝固　　　　　　　　C. 中间凝固

(4) 合金液体的浇注温度越高，合金的流动性（　　），收缩率（　　）。

A. 愈好　　　　　　　B. 愈差　　　　　　　C. 愈小　　　　　　　D. 愈大

(5) 铸件冷却后的尺寸将比型腔的尺寸（　　）。

A. 大　　　　　　　　　B. 小　　　　　　　　C. 一样

(6) 生产滑动轴承时，采用的铸造方法应是（　　）。

A. 熔模铸造　　　　　　B. 压力铸造　　　　　　C. 金属型铸造　　　　　　D. 离心铸造

4. 简答题

(1) 型砂由哪些物质组成？对其基本性能有哪些要求？

(2) 合金的铸造性能对铸件的质量有何影响？常用的铸造合金中，哪些铸造性能较好？哪些较差？为什么？

(3) 什么是液态合金的充型能力？它与合金的流动性有何关系？为什么铸钢的充型能力比铸铁差？

(4) 缩孔和缩松对铸件质量有何影响？为何缩孔比缩松较容易防止？

(5) 什么是顺序凝固原则和同时凝固原则？两种凝固原则各应用于哪种场合？

(6) 砂型铸造常见缺陷有哪些？如何防止？

(7) 试比较压力铸造和低压铸造的异同点及应用范围。

(8) 简述熔模铸造工艺过程、生产特点和应用范围。

(9) 金属型铸造为什么要严格控制开型时间？

(10) 在大批量生产的条件下，下列铸件宜选用哪种铸造方法生产？

①机床床身；②铝活塞；③铸铁污水管；④汽轮机叶片。

第6章
锻压成形技术

塑性加工是对坯料施加外力，使其产生塑性变形，从而既改变尺寸、形状，又改善性能的一种用以制造机器零件、工件或毛坯的成形加工方法。在机械制造生产过程中，常用的塑性加工方法分为六类，即自由锻、模锻、挤压、拉拔、轧制、冲压。它们的成形方式，所用工具（或模具）的形状和塑性变形区特点，如图 6-1 所示。

扫码看视频课
42

图 6-1 常用的锻压加工方法

塑性加工方法和其他加工方法相比，具有以下优点。

① 力学性能高　金属坯料经塑性加工后，可弥合或消除金属铸锭内部的气孔、缩孔和粗大的树枝状晶粒等缺陷，使组织致密，强度得到提高；另外，经锻造后所形成的锻造流线（锻造纤维组织）将使金属的力学性能呈各向异性，如若在锻件设计和制造时能保证其锻造流线与零件轮廓相符，而在后续的切削加工中不被切断，则性能最佳。

② 节约金属　塑性加工生产与切削加工方法相比，减少了零件在制造过程中金属的消耗，材料的利用率高。另外，金属坯料经塑性加工后，由于力学性能（如强度）的提高，在同等受力和工作条件下可以缩小零件的截面面积，减轻重量，从而节约金属材料。

③ 生产率高　塑性加工与切削加工相比，生产率大大提高，使生产成本降低。例如，用模锻成形内六角螺钉，其生产率比用切削加工方法约提高 50 倍。特别是对于大批量生产，塑性加工具有显著的经济效益。

④ 适应性广　用塑性加工方法能生产出小至几克的仪表零件，大至上吨重的巨型锻件。但是塑性加工方法也受到以下几个方面的制约：如锻件的结构工艺性要求较高，对形状复杂特别是内腔形状复杂的零件或毛坯难以甚至不能锻压成形；通常锻压件（主要指锻造毛坯）的尺寸精度不高，还需配合切削加工等方法来满足精度要求；塑性加工方法需要重型的机器设备和较复杂的模具，模具的设计制造周期长，初期投资费用高等。

总之，塑性加工具有独特的优越性，获得了广泛的应用，凡承受重载荷、对强度和韧性要求高的机器零件，如机器的主轴、曲轴、连杆、重要齿轮、凸轮、叶轮及炮筒、枪管、起重吊钩等，通常均采用锻件作毛坯。

6.1　锻压成形的基本原理

金属材料经过锻压加工之后，由于产生了塑性变形，其内部组织发生很大变化，使金属的性能得到改善和提高，为锻压方法的广泛使用奠定了基础。因此只有较好地掌握塑性变形的实质、规律和影响因素，才能正确选用锻压加工方法，合理设计锻压加工零件。

6.1.1　金属塑性变形的实质

工业上常用的金属材料都是由许多晶粒组成的多晶体。为了便于了解金属塑性变形的实质，首先讨论单晶体的塑性变形。

（1）单晶体的塑性变形

单晶体是指原子排列方式完全一致的晶体。单晶体塑性变形有滑移和孪生两种方式，其中滑移是主要变形方式。

① 滑移　滑移是晶体内一部分相对于另一部分，沿原子排列紧密的晶面做相对滑动。图 6-2 是单晶体塑性变形过程示意图。

从图 6-2 中可以看到：图（a）是晶体未受到外界作用时，晶格内的原子处于平衡位置的状态；图（b）是当晶体受到外力作用时，晶格内的原子离开原平衡位置，晶格发生弹性的变形，此时若将外力除去，则晶格将回复到原始状态，此为弹性变形阶段；图（c）是当外力继续增加，晶体内滑移面上的切应力达到一定值后，则晶体的一部分相对于另一部分发

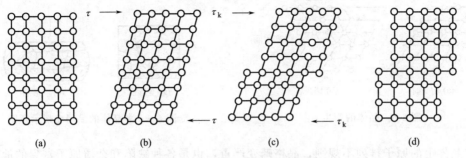

(a) (b) (c) (d)

图 6-2　单晶体的塑性变形过程

生滑动，此现象称为滑移，此时为弹塑性变形；图（d）是晶体发生滑移后，除去外力，晶体也不能全部回复到原始状态，这就产生了塑性变形。

　　晶体在滑移面上发生滑移，实际上并不需要整个滑移面上的所有原子同时一起移动（即刚性滑移），而是由晶体内的位错运动来实现的。位错的类型很多，最简单的是刃型位错。在切应力作用下，刃型位错线上面的两列原子向右做微量移动，就可使位错向右移动一个原子间距，如图 6-3 所示。当位错不断运动滑移到晶体表面时，就实现了整个晶体的塑性变形，如图 6-4 所示。由于滑移是通过晶体内部的位错运动实现的，它所需要的切应力比刚性滑移时小得多。

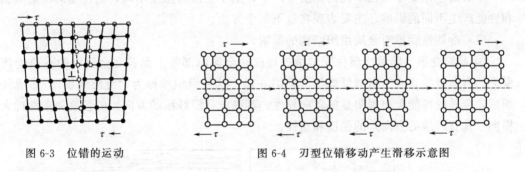

图 6-3　位错的运动

图 6-4　刃型位错移动产生滑移示意图

　　② 孪生　在切应力作用下，晶体的一部分相对于另一部分以一定的晶面（孪生面）产生一定角度的切变叫孪生，如图 6-5 所示。晶体中未变形部分和变形部分的交界面称为孪生面。金属孪生变形所需要的切应力一般高于产生滑移变形所需要的切应力，故只有在滑移困难的情况下才发生孪生。如六方晶格由于滑移系（指滑移面与滑移方向的组合）少，比较容易发生孪生。

　　(2) 多晶体的塑性变形

　　多晶体是由很多形状、大小和位向不同的晶粒组成的，在多晶体内存在着大量晶界。多晶体塑性变形是各个晶粒塑性变形的综合结果。由于每个晶粒变形时都要受到周围晶粒及晶界的影响和阻碍，故多晶体塑性滑移时的变形抗力要比单晶体高。

　　在多晶体内，单就某一个晶粒来分析，其塑性变形方式与单晶体是一样的；此外，在多晶体晶粒之间还有少量的相互移动和转动，这部分塑性变形为晶间变形，如图 6-6 所示。

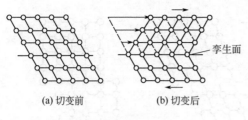

(a) 切变前　　　　　　(b) 切变后

图 6-5　晶体的孪生

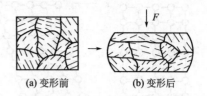

(a) 变形前　　　　(b) 变形后

图 6-6　多晶体的晶间变形示意图

　　在晶界上的原子排列不规则，晶格畸变严重，也是各种缺陷和杂质原子富集的地方，在常温下晶界对滑移起阻碍作用。晶粒越细，晶界就越多，对塑性变形的抗力也就越大，金属的强度也越高。同时，由于晶粒越细，在一定体积的晶体内晶粒数目就越多，变形就可以分散到更多的晶粒内进行，使各晶粒的变形比较均匀，不致产生太大的应力集中，所以细晶粒金属的塑性和韧性均较好。

　　要指出的一点是，在塑性变形过程中一定有弹性变形存在，当外力去除后，弹性变形部分将恢复，称"弹复"现象。这种现象对塑性加工件的变形和质量有很大影响，必须采取工艺措施以保证产品质量。

6.1.2　塑性变形对金属组织结构和性能的影响

　　金属的塑性变形可在不同的温度下产生，由于变形时温度不同，塑性变形将对金属组织和性能产生不同的影响。主要表现在以下三个方面。

　　（1）冷塑性变形对金属组织结构的影响

　　① 晶粒变形　随着冷塑性变形量的增加，金属内部各个晶粒和金属中的夹杂物将沿着变形的方向被拉长或压扁成纤维状（见图 6-7），这种组织被称为"纤维组织"。形成纤维组织后，金属的性能会出现明显的各向异性，其纵向（沿纤维的方向）的强度和塑性远大于其横向（垂直纤维的方向）的强度和塑性。

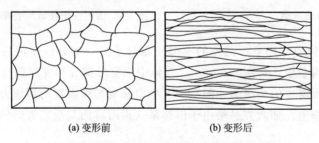

(a) 变形前　　　　　　　　　(b) 变形后

图 6-7　变形前后晶粒形状变化示意图

　　② 形变织构　在多晶体金属材料中，晶粒的排列是无规则的。当金属按一定的方向变形量很大时（变形量大于 70% 以上），多晶体中原来任意位向的各晶粒的取向会大致趋于一致，这种有序化结构叫作"形变织构"，又称为"择优取向"，如图 6-8 所示。

　　金属中出现形变织构后具有明显的各向异性，如用有织构的板材去冲制杯形零件时，由于板材各个方向变形能力的不同，深冲后零件的边缘不齐，会产生"制耳"现象（见图 6-9）。

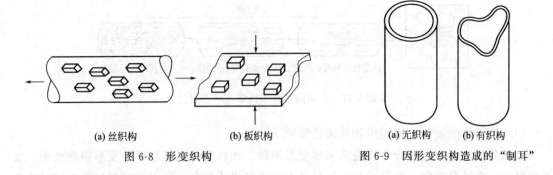

| (a) 丝织构 | (b) 板织构 | | (a) 无织构 | (b) 有织构 |

图 6-8　形变织构　　　　　　　　　图 6-9　因形变织构造成的"制耳"

(2) 冷塑性变形对金属性能的影响

① 冷变形强化　金属在塑性变形中随变形程度增大，金属的强度、硬度升高，而塑性和韧性下降（见图 6-10）。其原因是滑移面上的碎晶块和附近晶格的强烈扭曲，增大了滑移阻力，使继续滑移难以进行。这种随变形程度增加，强度、硬度升高而塑性、韧性下降的现象称为冷变形强化（或加工硬化）。在生产中，可以利用加工硬化来强化金属性能；但加工硬化也会造成进一步的变形困难，给生产带来一定麻烦。在实际生产中，常采用加热的方法使金属发生再结晶，从而再次获得良好塑性。这种工艺操作叫再结晶退火。

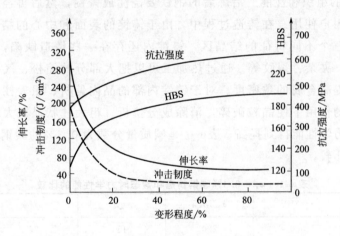

图 6-10　冷变形强化

② 回复及再结晶　冷变形强化是一种不稳定现象，具有自发地回复到稳定状态的倾向，但在室温下这种回复不易实现。当将金属加热至其熔化温度的 0.2～0.3 倍时，晶粒内扭曲的晶格将恢复正常，内应力减少，冷变形强化部分消除，这一过程称为回复，如图 6-11(b)所示。回复温度为

$$T_{回} = (0.2～0.3) T_{熔}$$

式中，$T_{回}$ 为金属的回复温度，K；$T_{熔}$ 为金属的熔点，K。

当温度继续升高至其熔化温度的 0.4 倍时，金属原子获得更多的热能，开始以某些碎晶或杂质为核心结晶成新的晶粒，从而消除全部冷变形强化现象。这一过程称为再结晶，如图 6-11(c) 所示。再结晶温度为

$$T_{再} = 0.4 T_{熔}$$

式中，$T_{再}$ 为金属的再结晶温度，K。

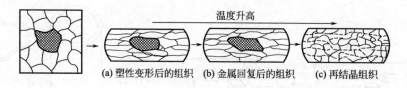

温度升高 →

(a) 塑性变形后的组织　(b) 金属回复后的组织　(c) 再结晶组织

图 6-11　金属的回复和再结晶示意图

（3）热塑性变形对金属组织和性能的影响

金属的塑性变形一般分为冷变形和热变形两种。在再结晶温度以下的变形叫冷变形。变形过程中无再结晶现象，变形后的金属只具有冷变形强化现象。所以在变形过程中变形程度不宜过大，以避免产生破裂。冷变形能使金属获得较高的硬度和低的表面粗糙度，生产中常用冷变形来提高产品的表面质量和性能。

在再结晶温度以上的变形叫热变形。其间，再结晶速度大于变形强化速度，则变形产生的强化会随时因再结晶软化而消除，变形后金属具有再结晶组织，从而消除冷变形强化痕迹。因此，在热变形过程中金属始终保持低的塑性变形抗力和良好的塑性，塑性加工生产多采用热变形来进行。

① 改善铸态的组织和性能　冶炼后的钢铁要浇注成铸锭，然后再经过热锻或热轧加工成各种型材供用户使用。在铸造过程中，由于铸锭的表面和中心的结晶条件不同，在铸锭的截面上有三个不同特征的结晶区，铸锭内还存在一些铸造缺陷，如缩孔与缩松、成分偏析、气孔、夹杂、裂纹等。通过热加工可以把大部分的缩松、气孔和微裂纹在加工过程中焊合，提高金属的致密度。对于铸锭内部的晶内偏析、粗大柱状晶或大块碳化物，可以在压力的作用下使晶粒破碎，消除成分偏析、粗大柱状晶及大块碳化物的不利影响，使金属的力学性能得到提高。表 6-1 是碳质量分数为 0.3% 的碳钢分别在铸态和锻态时的力学性能比较。

表 6-1　w_C = 0.3% 碳钢铸态和锻态时力学性能的比较

加工状态	σ_b/MPa	σ_s/MPa	δ/%	ψ/%	α_k/(J/cm^2)
铸态	500	280	15	27	3.5
锻态	530	310	20	45	7

② 细化晶粒　在热加工过程中，变形的晶粒内部不断发生回复再结晶，已经发生再结晶的区域又不断发生变形。周而复之使晶核数目不断增加，晶粒得到细化。

③ 形成纤维组织　钢锭中的粗大枝晶和钢锭中的各种夹杂物在高温下都具有一定塑性。在热加工过程中，这些夹杂物沿着金属的变形流动方向伸长，形成纤维组织，称其为"锻造流线"。锻造流线使金属的性能产生明显的各向异性，通常是沿流线方向的强度、塑性和韧性较高，但抗剪强度较低；而垂直于流线方向上情况则正好相反，如表 6-2 所示。因此在热加工时，可以将零件承受的最大拉应力的方向尽量与流线平行，而承受冲击力或外加剪切应力的方向则应与流线垂直。图 6-12 就是锻造曲轴与切削加工的曲轴流线分布图。由于锻造曲轴的流线分布合理，因而其力学性能要比切削加工曲轴的力学性能好得多。

表 6-2　45 钢的力学性能与热加工方向的关系

热加工方向	σ_b/MPa	σ_s/MPa	δ/%	ψ/%	α_k/(J/cm^2)
纵向	715	470	17.5	62.8	62
横向	672	440	10.0	31.0	30

扫码看视频课
43

6.2　金属的锻造性能

金属的锻造性能是指金属经受塑性加工时成形的难易程度。金属的锻造性能好，表明该金属适于采用塑性加工方法成形。

金属的锻造性能常用金属的塑性和变形抗力来综合衡量，塑性越好，变形抗力越小，则金属的锻造性能越好；反之，则差。金属的锻造性能决定于金属的本质和变形条件。

(1) 金属的本质

① 化学成分　一般纯金属的锻造性能好于合金。碳钢随含碳量增加，锻造性能

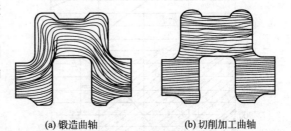

(a) 锻造曲轴	(b) 切削加工曲轴

图 6-12　曲轴的流线分布

变差。合金元素的加入会劣化锻造性，合金元素的种类越多，含量越高，锻造性越差。因此，碳钢的锻造性好于合金钢；低合金钢的锻造性好于高合金钢。另外，钢中硫、磷含量多也会使锻造性能变差。

② 金属组织　金属内部组织结构不同，其锻造性有很大差别。纯金属与固溶体具有良好的锻造性能，而碳化物的锻造性能差。铸态柱状组织和粗晶结构不如细小而又均匀的晶粒结构的锻造性能好。

(2) 变形条件

① 变形温度　随着温度升高，金属原子的动能升高，易于产生滑移变形，从而改善了金属的锻造性能。故加热是塑性加工成形中很重要的变形条件。

对于钢而言，当加热温度超过 A_{cm} 或 A_{c_3} 线时，其组织转变为单一的奥氏体，锻造性能大大提高。因此，适当提高变形温度对改善金属的锻造性能有利。但温度过高，会使金属产生氧化、脱碳、过热等缺陷，甚至使锻件产生过烧而报废，所以应该严格控制锻造温度范围。

锻造温度范围是指始锻温度（开始锻造的温度）与终锻温度（停止锻造的温度）间的温度范围。它的确定以合金状态图为依据。例如，碳钢的锻造温度范围如图 6-13 所示，始锻温度比 AE 线低 200℃左右，终锻温度约为 800℃。终锻温度过低，金属的冷变形强化严重，变形抗力急剧增加，使加工难于进行，强行锻造，将导致锻件破裂报废。而始锻温度过高，会造成过热、过烧等缺陷。

② 变形速度　即单位时间内的变形程度，它对金属锻造性能的影响是复杂的。正由于变形程度增大，回复和再结晶不能及时克服冷变形强化现象，金属表现出塑性下降、变形抗力增大，锻造性能变坏。另一方面，金属在变形过程中，消耗于塑性变形的能量有一部分转

化为热能,使金属温度升高,这是金属在变形过程中产生的热效应现象。变形速度越大,热效应现象越明显,使金属的塑性提高,变形抗力下降,锻造性能变好。如图 6-14 所示,当变形速度在 b 和 c 附近时,变形抗力较小,塑性较高,锻造性能较好。

在一般塑性加工方法中,由于变形速度较低,热效应不显著。目前采用高速锤锻造、爆炸成形等工艺来加工低塑性材料,可利用热效应现象来提高金属的锻造性能,此时对应变形速度为图 6-14 的 c 点附近。

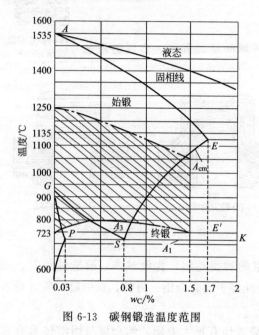

图 6-13 碳钢锻造温度范围

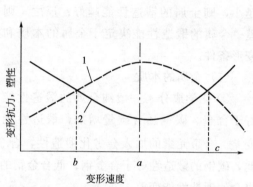

图 6-14 变形速度对塑性及变形抗力的影响
1—变形抗力曲线;2—塑性变化曲线

③ 应力状态 金属在经受不同方法进行变形时,所产生的应力大小和性质是不同的。例如,挤压变形时(见图 6-15)金属为三向受压状态;而拉拔时(见图 6-16)金属为两向受压,一向受拉的状态。

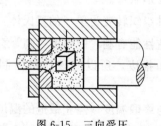

图 6-15 三向受压

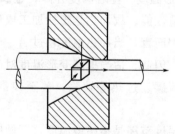

图 6-16 两向受压,一向受拉

实践证明,在三个方向中压应力的数目越多,金属的塑性越好;拉应力的数目越多,金属的塑性越差;而同号应力状态下引起的变形抗力大于异号应力状态下的变形抗力。当金属内部存在气孔、小裂纹等缺陷时,在拉应力作用下缺陷处易产生应力集中,缺陷必将扩展,甚至达到破坏而使金属失去塑性。压应力使金属内部摩擦增大,变形抗力亦随之增大,但压应力使金属内部原子间距减小,使缺陷不易扩展,故金属的塑性会增高。

综上所述，金属的锻造性能既取决于金属的本质，又取决于变形条件。在塑性加工过程中，要力求创造最有利的变形条件，充分发挥金属的塑性，降低变形抗力，使功耗最少，变形进行得充分，达到加工目的。

6.3 锻造成形技术

44

锻造是在加压设备及工（模）具的作用下，使坯料产生局部或全部的塑性变形，从而获得一定尺寸、形状和质量的锻件的加工方法。根据所用设备和工具的不同，锻造分为自由锻造（简称自由锻）和模型锻造（简称模锻）两类。

6.3.1 自由锻

利用简单工具，或在锻造设备的上下砧之间，直接使金属坯料变形而获得锻件的工艺方法，称自由锻造。自由锻造时金属能在垂直于压力的方向自由伸展变形，而锻件的形状尺寸主要由工人操作来控制。自由锻工艺灵活，适应性强，适用于各种大小的锻件生产，而且是大型锻件的唯一锻造方法。由于采用通用设备和工具，故费用低，生产准备周期短。但自由锻生产率低，只适于简单的单件、小批量生产，而且锻件精度低，加工余量大，对工人的技术要求高，劳动条件较差。

（1）自由锻设备及工具

自由锻造最常用的设备有空气锤、蒸汽-空气锤和水压机。通常几十公斤的小锻件采用空气锤，2t 以下的中小型锻件采用蒸汽-空气锤，大锻件则应在水压机上锻造。

自由锻工具主要有夹持工具［见图 6-17（a）］、衬垫工具［见图 6-17（b）］、支持工具（铁砧）等。

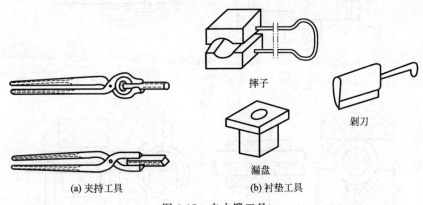

摔子

剁刀

漏盘

(a) 夹持工具　　　　　　　　　　　　(b) 衬垫工具

图 6-17 自由锻工具

（2）自由锻基本工序

自由锻的工序可分为三类：基本工序（使金属产生一定程度的变形，以达到所需形状和尺寸的工艺过程）；辅助工序（为使基本工序操作便利而进行的预先变形工序，如压钳口、压棱边等）；精整工序（用以减少锻件表面缺陷，提高锻件表面质量的工序，如整形等）。

自由锻造的基本工序有镦粗、拔长、冲孔、切割、扭转、弯曲等。实际生产中最常用的是镦粗、拔长和冲孔三种。

① **镦粗** 是使坯料高度减小、截面积增大的工序，如图 6-18(a)。若使坯料的部分截面积增大，叫作局部镦粗，如图 6-18(b)~(d) 所示。镦粗主要用于制造高度小、截面大的工件（如齿轮、圆盘等）的毛坯或作为冲孔前的准备工序。

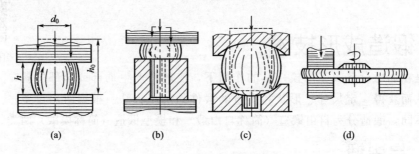

图 6-18 镦粗和局部镦粗

完全镦粗时，坯料应尽量用圆柱形，且长径比不能太大，端面应平整并垂直于轴线，镦粗时的打击力要足，否则容易产生弯曲、凹腰、歪斜等缺陷。

② **拔长** 是缩小坯料截面积增加其长度的工序。包括平砧拔长（见图 6-19）和带心轴拔长及心轴上扩孔（见图 6-20）。平砧拔长主要用于制造长度较大的轴（杆）类锻件，如主轴、传动轴等，带心轴拔长及心轴上扩孔用于制造空心件，如炮筒、圆环、套筒等。

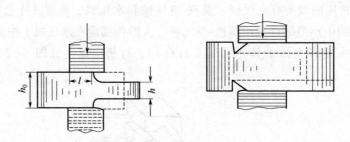

图 6-19 平砧拔长

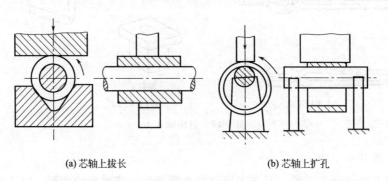

(a) 芯轴上拔长   (b) 芯轴上扩孔

图 6-20 带心轴拔长及心轴上扩孔

拔长时要不断送进和翻转坯料，以使变形均匀，每次送进的长度不能太大，避免坯料横向流动增大，影响拔长效率。

③ **冲孔** 是利用冲头在坯料上冲出通孔或不通孔的工序。一般锻件通孔采用实心冲头

双面冲孔（见图6-21），先将孔冲到坯料厚度的2/3～3/4深，取出冲子，然后翻转坯料，从反面将孔冲透。主要用于制造空心工件，如齿轮坯、圆环和套筒等。冲孔前坯料须镦粗至扁平形状，并使端面平整，冲孔时坯料应经常转动，冲头要注意冷却。冲孔偏心时，可局部冷却薄壁处，再冲孔校正。

对于厚度较小的坯料或板料，可采用单面冲孔，如图6-22所示。

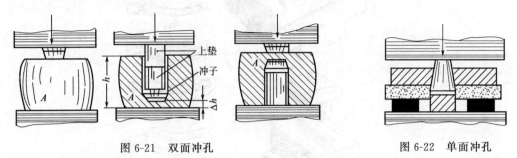

图6-21　双面冲孔　　　　　　　　　　　图6-22　单面冲孔

6.3.2　模锻

模锻是利用模具使毛坯变形而获得锻件的锻造方法。模锻时坯料在模具模膛中被迫塑性流动变形，从而获得比自由锻质量更高的锻件。

与自由锻相比，模锻具有锻件精度高，流线组织合理，力学性能高等优点，而且生产率高，金属消耗少，并能锻出自由锻难以成形的复杂锻件。因此，在现代化大批量生产中广泛采用模锻。但模锻需用锻造能力大的设备和价格昂贵的锻模，而且每种锻模只能加工一种锻件，所以不适合于单件、小批量生产。另外，受设备吨位限制，模锻件不能太大，一般质量不超过150kg。

根据模锻设备不同，模锻可分为锤上模锻、胎模锻、压力机上模锻等。

（1）锤上模锻

锤上模锻是指在蒸汽-空气锤、高速锤等模锻锤上进行的模锻，其锻模由开有模膛的上下模两部分组成，如图6-23所示。模锻时把加热好的金属坯料放进紧固。在下模座9上的下模1的模膛中，开启模锻锤，上模座4带动紧固于其上的上模2锤击坯料，使其充满模膛而形成锻件。

形状较复杂的锻件，往往需要用几个模膛使坯料逐步变形，最后在终锻模膛中得到锻件的最终形状。图6-24为锻造连杆用多膛模锻示意图。坯料经拔长、滚压、弯曲三个模膛制坯，然后经预锻和终锻模膛制成带有飞边的锻件，再在切边模上切除飞边即得合格锻件。

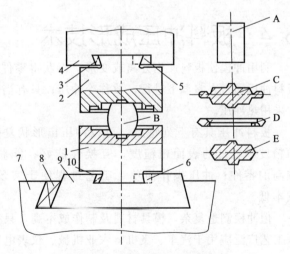

图6-23　锤上模锻工作示意图
1—下模；2—上模；3,8,10—紧固楔铁；4—上模座；
5,6—键块；7—砧座；9—下模座；
A,B—坯料；C—连皮；D—毛边；E—锻件

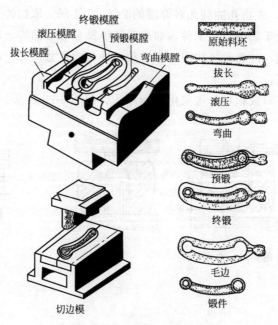

图 6-24　多腔模锻示意图

（2）胎模锻

胎模锻是在自由锻设备上使用胎模生产模锻件的工艺方法。通常用自由锻方法使坯料初步成形，然后将坯料放在胎模模腔中终锻成形。胎模一般不固定在锤头和砧座上，而是用工具夹持，平放在锻锤的下砧上。

胎模锻虽然不及锤上模锻生产率高，精度也较低，但它灵活，适应性强，不需昂贵的模锻设备，所用模具也较简单。因此，一些生产批量不大的中小型锻件，尤其在没有模锻设备的中小型工厂中，广泛采用自由锻设备进行胎模锻造。

6.4　板料冲压成形技术

利用冲模使板料产生分离或变形，以获得零件的加工方法称为板料冲压。板料冲压通常在室温下进行，故称冷冲压；只有当板料厚度超过 8～10mm 时才采用热冲压。

扫码看视频课
45

板料冲压具有下列特点：可以冲压出形状复杂的零件，废料较少；产品具有足够高的精度和较低的表面粗糙度，互换性能好；能获得质量轻、材料消耗少、强度和刚度较高的零件；冲压操作简单，工艺过程便于实现机械化、自动化，生产率高，故零件成本低。

但冲模制造复杂，模具材料及制作成本高，只有大批量生产才能充分显示其优越性。冲压工艺广泛应用于汽车、飞机、农业机械、仪表电器、轻工等领域。

板料冲压所用的原材料要求在室温下具有良好的塑性和较低的变形抗力。常用的金属材料有低碳钢、高塑性低合金钢、铜、铝、镁及其合金的金属板料、带料等。还可以加工非金属板料，如纸板、绝缘板、纤维板、塑料板、石棉板、硅橡胶板等。

6.4.1 板料冲压基本工序

冲压生产中常用的设备有剪床和冲床等。剪床用来把板料剪切成一定宽度的条料，以供下一步的冲压工序用。冲床用来实现冲压工序，制成所需形状和尺寸的成品零件。冲压生产的基本工序有分离工序和变形工序两大类。

（1）分离工序

使坯料的一部分与另一部分相互分离的工序。如落料、冲孔、切断和修整等。

① 落料和冲孔　落料和冲孔是使坯料按封闭轮廓分离的工序，通称冲裁工序。两者的区别于，落料工序是冲下的部分为成品，剩下部分为废料；冲孔工序则相反，冲下的部分为废料，剩下部分为成品，如图 6-25 所示。

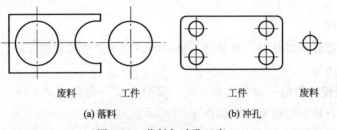

(a) 落料　　　　　(b) 冲孔

图 6-25　落料与冲孔工序

金属板料的冲裁成形过程包括弹性变形、塑性变形和断裂分离三个阶段，如图 6-26 所示。当凸模（也叫冲头）向下运动压住坯料时，坯料首先发生弹性变形而弯曲，接着发生塑性变形。当凸凹模刃口附近材料的应力达到一定极限时，便开始出现裂纹。随着凸模继续下压，上下两处裂纹扩展连在一起，坯料即被分离，完成落料或冲孔的工序。

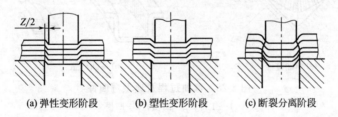

(a) 弹性变形阶段　　(b) 塑性变形阶段　　(c) 断裂分离阶段

图 6-26　冲裁的分离过程

凸凹模之间的间隙 Z 是影响冲裁件断面质量和冲模使用寿命的重要指标。间隙过大会造成冲裁件断面质量和尺寸精度低，毛刺大；间隙过小会使冲裁力增大，缩短模具的使用寿命。合理间隙即可查阅相关的模具设计手册，也可按经验公式计算，即

$$Z = m\delta$$

式中，δ 为板料厚度，mm；m 为与材质及厚度有关的系数。

根据经验，当板材较薄时，m 可按以下数据选用：

低碳钢：$m = 0.06 \sim 0.09$；

高碳钢：$m = 0.08 \sim 0.12$；

铜、铝合金：$m = 0.06 \sim 0.10$。

当板料厚度 $\delta > 3$ mm 时，因冲裁力较大，可将系数 m 放大 1.5 倍。

② 切断　是用剪刃或冲模将板料沿不封闭轮廓进行分离的工序。剪刃安装在剪床（或

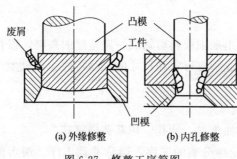

图 6-27　修整工序简图

（a）外缘修整　　（b）内孔修整

称剪板机）上；而冲模是安装在冲床上，多用于加工形状简单、精度要求不高的平板零件或下料。

③ 修整　当零件精度和表面质量要求较高时，在冲裁之后，常需进行修整。修整是利用修整模沿冲裁件外缘或内孔去除一薄层金属，以消除冲裁件断面上的毛刺和斜度，使之成为光洁平整的切面，如图 6-27 所示。

修整的机理与切削加工相似。对于大间隙冲裁件，单边修整量一般为板料厚度的 10%；对于小间隙冲裁件，单边修整量在板料厚度的 8% 以下。

（2）变形工序

使板料的一部分相对其另一部分在不破裂的情况下产生位移的工序，称为变形工序。如弯曲、拉深和翻边等。

① 弯曲　是使坯料的一部分相对于另一部分弯成一定角度的工序。可利用相应的模具把金属板料弯成各种所需的形状，如图 6-28 所示。

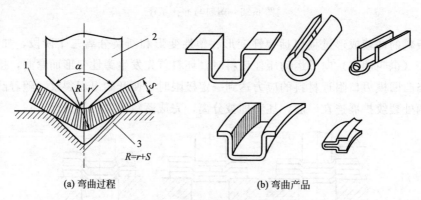

（a）弯曲过程　　　　　　　（b）弯曲产品

图 6-28　弯曲过程及典型弯曲件

1—工件；2—凸模；3—凹模

弯曲时材料内侧受压，外侧受拉，当外侧拉应力大于坯料的抗拉强度极限时，就会造成坯料开裂。坯料越厚，内弯曲半径 r 越小，则拉伸应力越大，越容易弯裂。一般最小弯曲半径应为 $r_{min}=(0.25\sim1)\delta$（$\delta$ 为板厚）。对于塑性比较好的材料，弯曲半径可取下限。

② 拉深　是利用模具冲压坯料，使平板冲裁坯料变形成开口空心零件的工序，也称拉延（见图 6-29）。用拉深方法可以制成筒形、阶梯形、锥形、球形、方盒形及其他不规则形状的零件。图 6-30 为几种拉深件示意图。

将直径为 D 的平板坯料放在凹模上，在凸模作用下，坯料被拉入凸模和凹模的间隙中，变成内径为 d，高为 h 的杯形零件，其拉伸过程变形分析如图 6-31 所示。

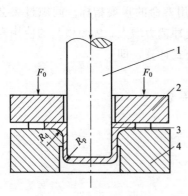

图 6-29　拉深过程示意图

1—凸模；2—压边圈；3—坯料；4—凹模

a. 筒底区　金属基本不变形，只传递拉力，受径向和切向拉应力作用；

b. 筒壁部分　是由凸缘部分经塑性变形后转化而成，受轴向拉应力作用，形成拉伸件的直壁，厚度减小，直壁与筒底过渡圆角部被拉薄得最为严重；

c. 凸缘区　是拉伸变形区，这部分金属在径向拉应力和切向压应力作用下，凸缘不断收缩逐渐转化为筒壁，顶部厚度增加。

拉深件直径 d 与坯料直径 D 的比值称为拉伸系数，用 m 表示。它是衡量拉伸变形程度的指标。m 越小，表明拉伸件直径越小，变形程度越大，坯料被拉入凹模越困难，易产生拉穿废品。一般情况下，拉深系数 m 不小于 0.5～0.8。

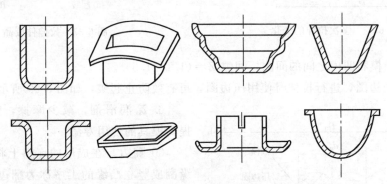

图 6-30　拉深件示意图

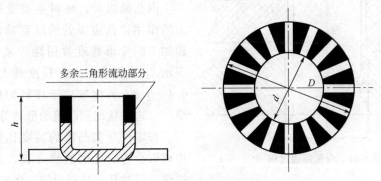

图 6-31　拉伸过程变形分析

如果拉深系数过小，不能一次拉深成形时，则可采用多次拉深工艺（见图 6-32）。但多次拉深过程中，加工硬化现象严重。为保证坯料具有足够的塑性，在一两次拉深后，应安排工序间的退火工序；其次，在多次拉深中，拉深系数应一次比一次略大一些，总拉深系数值等于每次拉深系数的乘积。

拉深过程中最常见的问题是起皱和拉裂，如图 6-33 所示。

由于凸缘受切向压应力作用，厚度的增加使其容易产生折皱。在筒形件底部圆角附近拉应力最大，壁厚减薄最严重，易产生破裂而被拉穿。

防止拉伸时出现起皱和拉裂，主要采取以下措施。

a. 限制拉伸系数 m，m 值不能太小，拉伸系数 m 不小于 0.5～0.8。

b. 拉伸模具的工作部分必须加工成圆角，凹模圆角半径 $R_d = (5～10)t$（t 为板料厚度），凸模圆角半径 $R_p < R_d$，如图 6-29 所示。

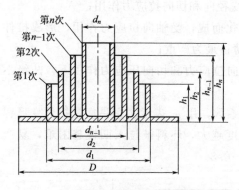

图 6-32　多次拉伸的变化

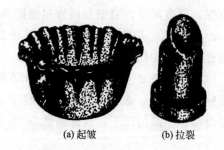

(a) 起皱　　　(b) 拉裂

图 6-33　拉伸件废品

c. 控制凸模和凹模之间的间隙，间隙 $Z=(1.1\sim1.5)t$。

d. 使用压边圈，进行拉伸时使用压边圈，可有效防止起皱，如图 6-29 所示。

e. 涂润滑剂，减少摩擦，降低内应力，提高模具的使用寿命。

③ 翻边　在成形的坯料上将其内孔或外缘翻成竖立凸缘的工序称为翻边。图 6-34 是内孔翻边示意图。

内孔翻边时，坯料主要受拉应力和切应力的作用，孔边缘处的厚度减薄最严重。翻边加工的变形程度常用翻边系数 $K_f=d_0/d$ 表示，K_f 越小，变形程度越大。一般 $K_f\geqslant0.4\sim0.8$，具体取决于坯料的性能、板料的厚度、边缘状况和凸模的形状等因素。

若零件所需凸缘的高度比较大，一次翻边成形会造成孔的边缘开裂，这时可采用先拉深、后冲孔、再翻边的工序来实现。

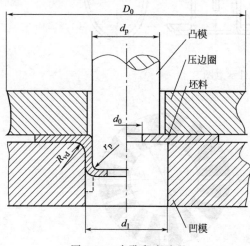

图 6-34　内孔翻边过程

6.4.2　冲压模具

冲压模具简称冲模，是冲压生产中必不可少的模具。冲模结构合理与否对冲压件质量、冲压生产的效率及模具寿命等都有很大的影响。冲模基本上可分为简单冲模、连续冲模和复合冲模三种。

（1）简单冲模

在冲床的一次行程中只完成一道工序的冲模为简单冲模。图 6-35 所示为落料用的简单冲模。凹模 2 用压板 7 固定在下模板 4 上，下模板用螺栓固定在冲床的工作台上，凸模 1 用压板 6 固定在上模板 3 上，上模板则通过模柄 5 与冲床的滑块连接。因此，凸模可随滑块作上下运动。为了使凸模向下运动能对准凹模孔，并在凸凹模之间保持均匀间隙，通常用导柱 12 和套筒 11 的结构。条料在凹模上沿两个导板 9 之间送进，碰到定位销 10 为止。凸模向下冲压时，冲下的零件（或废料）进入凹模孔，而条料则夹住凸模并随凸模一起回程向上运动。条料碰到卸料板 8 时（固定在凹模上）被推下，这样，条料继续在导板间送进。重复上述动作，冲下第二个零件。

（2）连续冲模

冲床的一次行程中，在模具不同部位上同时完成数道冲压工序的模具，称为连续冲模（见图 6-36）。工作时定位销 2 对准预先冲出的定位孔，上模向下运动，落料凸模 1 进行落料，冲孔凸模 4 进行冲孔。当上模回程时，卸料板 6 从凸模上推下残料。这时再将坯料 7 向前送进，执行第二次冲裁。如此循环进行，每次送进距离由挡料销控制。

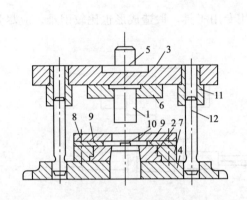

图 6-35　简单冲模

1—凸模；2—凹模；3—上模板；
4—下模板；5—模柄；6,7—压
板；8—卸料板；9—导板；
10—定位销；11—套筒；12—导柱

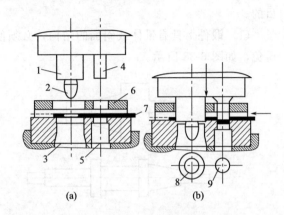

图 6-36　连续冲模

1—落料凸模；2—定位销；3—落料凹模；
4—冲孔凸模；5—冲孔凹模；6—卸料板；
7—坯料；8—成品；9—废料

（3）复合冲模

冲床的一次行程中，在模具同一部位上同时完成数道冲压工序的模具，称为复合冲模（见图 6-37）。复合冲模的最大特点是模具中有一个凸凹模。凸凹模的外圆是落料凸模刃口，内孔则成为拉深凹模。当滑块带着凸凹模向下运动时，条料首先在凸凹模和落料凹模中落料。落料件被下模当中的拉深凸模顶住，滑块继续向下运动时，凹模随之向下运动进行拉深。顶出器和卸料器在滑块的回程中将拉深件推出模具。复合模适用于产量大、精度高的冲压件。

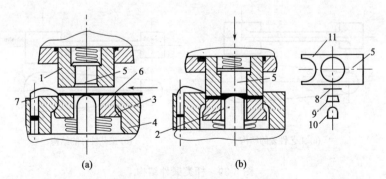

图 6-37　落料及拉深复合冲模

1—凸凹模；2—拉深凸模；3—压板（卸料器）；4—落料凹模；5—顶出器；
6—条料；7—挡料销；8—坯料；9—拉深件；10—零件；11—切余材料

6.5 塑性加工零件的结构工艺性

6.5.1 自由锻件的结构工艺性

设计自由锻零件时，除满足使用性能要求外，还必须考虑自由锻设备和工具的特点，使锻件的结构符合自由锻的工艺性，以达到便于锻造、节约金属、保证质量、提高生产率的目的。

（1）锻件上具有锥体或斜面的结构，必须使用专用工具，锻造成形也比较困难，应尽量避免，如图 6-38 所示。

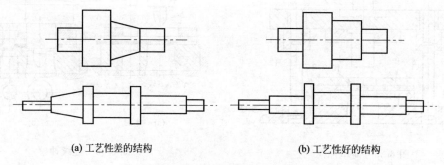

(a) 工艺性差的结构　　　　　　　　(b) 工艺性好的结构

图 6-38　锥体或斜面的结构

（2）锻件由几个简单几何体构成时，几何体的交接处不应形成空间曲线，如图 6-39(a)所示结构。这种结构锻造成形极为困难，应改成平面与圆柱、平面与平面相接如图 6-39(b)所示。

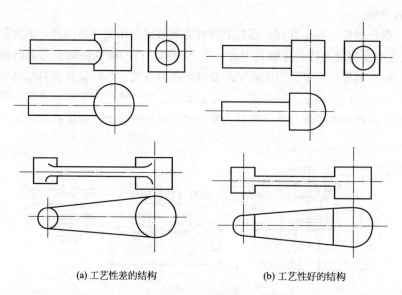

(a) 工艺性差的结构　　　　　　　　(b) 工艺性好的结构

图 6-39　杆类锻件结构

（3）自由锻件上不应设计加强筋、凸台、工字形截面或空间曲线形表面如图 6-40(a) 所示，这种结构难以用自由锻方法获得，可改成图 6-40(b) 所示结构。

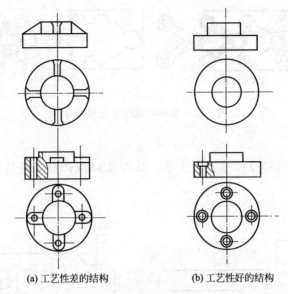

(a) 工艺性差的结构　　　　　(b) 工艺性好的结构

图 6-40　盘类锻件结构

（4）锻件的横截面积有急剧变化或形状较复杂时如图 6-41（a）所示，应设计成由几个简单件构成的组合体。每个简单件锻制成形后，再用焊接或机械连接方式构成整个零件如图 6-41（b）所示。

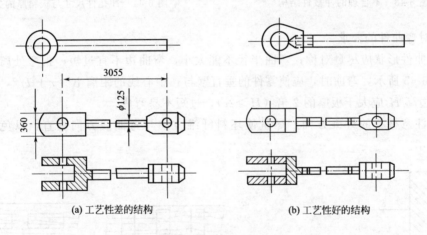

(a) 工艺性差的结构　　　　　(b) 工艺性好的结构

图 6-41　形状复杂锻件

6.5.2　冲压件结构工艺性

冲压件结构应具有良好的工艺性能，以减少材料消耗和工序数目，延长模具寿命，提高生产率，降低成本，并保证冲压质量。所以，冲压件设计时，要考虑以下原则。

（1）对冲裁件的要求

① 落料件的外形和冲孔件的孔形应力求简单、规则、对称，排样力求废料最少。如图 6-42 所示，图（b）较图（a）合理，材料利用率较高。

② 应避免长槽与细长悬臂结构。图 6-43 所示的落料件结构工艺性差，模具制造困难，

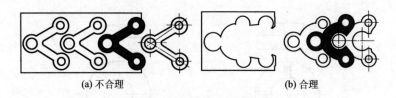

(a) 不合理   (b) 合理

图 6-42　零件形状便于合理排样

寿命低。

　　③ 冲孔及外缘凸凹部分尺寸不能太小，孔与孔以及孔与零件边缘距离不宜过近，如图 6-44 所示。

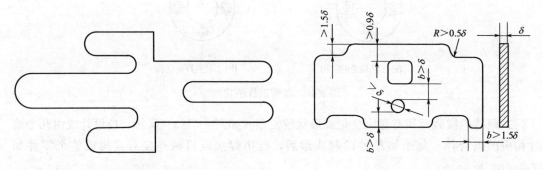

图 6-43　不合理的冲裁件结构   图 6-44　冲孔件尺寸与板料厚的关系

（2）对弯曲件的要求

　　① 弯曲件形状应尽量对称，弯曲半径不能太小，弯曲边不宜过短，拐弯处离孔不宜太近。如图 6-45 所示，弯曲时，应使零件的垂直壁与孔中心线的距离 $K > r + d/2$，以防孔变形；弯曲边高 H 应大于板厚的 2 倍（$H > 2t$），过短不易弯成。

　　② 应注意材料的纤维方向，尽量使坯料纤维方向与弯曲线方向垂直，以免弯裂，如图 6-46 所示。

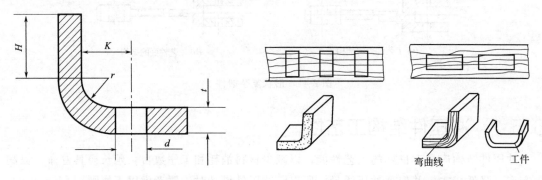

图 6-45　弯曲件上孔的位置和边高   图 6-46　弯曲时的纤维方向

（3）对拉深件的要求

　　① 拉深件外形应简单、对称，且不宜太高，以减少拉伸次数并易于成形。

　　② 拉深件转角处圆角半径不宜太小，最小许可半径 $r_{\min}$ 与材料的塑性和厚度等因素有

关，如图 6-47 所示。

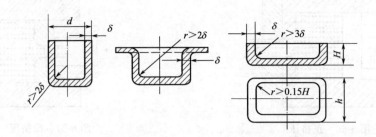

图 6-47　拉深件最小许可半径

（4）改进结构，简化工艺，节省材料

① 对于形状复杂的冲压件，可先分别冲出若干个简单件，然后再焊成整体件，如图 6-48 所示。

② 采用冲口工艺减少组合件，如图 6-49 所示。

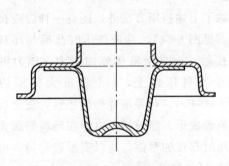

图 6-48　冲压-焊接结构

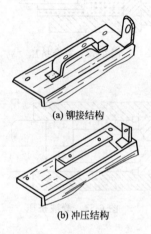

(a) 铆接结构

(b) 冲压结构

图 6-49　冲口工艺的应用

6.6　其他塑性成形技术

6.6.1　挤压成形

挤压是使坯料在挤压筒中受强大的压力作用而变形的加工方法。挤压按挤压模出口处的金属流动方向和凸模运动方向的不同，可分为以下四种。

① 正挤压　挤压模出口处的金属流动方向与凸模运动方向相同（见图 6-50）。

② 反挤压　挤压模出口处的金属流动方向与凸模运动方向相反（见图 6-51）。

③ 复合挤压　挤压过程中，在挤压模的不同出口处，一部分金属的流动方向与凸模运动方向相同，而另一部分金属流动方向与凸模方向相反（见图 6-52）。

④ 径向挤压　挤压模出口处的金属流动方向与凸模运动方向成 $90°$（见图 6-53）。

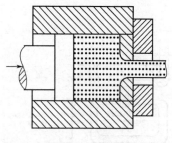

图 6-50　正挤压

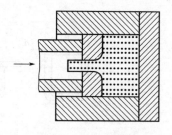

图 6-51　反挤压

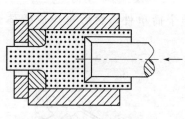

图 6-52　复合挤压

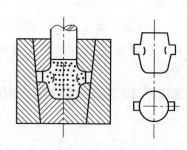

图 6-53　径向挤压

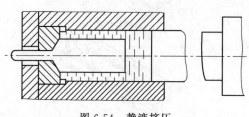

图 6-54　静液挤压

　　除了上述挤压方法外，还有一种静液挤压方法（见图 6-54）。静液挤压时凸模与坯料不直接接触，而是给液体施加压力（压力可达 3000 个大气压以上，1 个标准大气压约为 $1.01 \times 10^5 \mathrm{Pa}$），再经液体传给坯料，使金属通过凹模而成形。静液挤压由于在坯料侧面无通常挤压时存在的摩擦，所以变形较均匀，可提高一次挤压的变形量。挤压力也较其他挤压方法小 10%～50%。

　　静液挤压可用于低塑性材料，如铍、钽、铬、钼、钨等金属及其合金的成形。对常用材料可采用大变形量（不经中间退火）一次挤成线材和型材。静液挤压法已用于挤制螺旋齿轮（圆柱斜齿轮）及麻花钻等形状复杂的零件。

　　挤压是在专用挤压机上进行的（有液压式、曲轴式、肘杆式等），也可在经适当改进后的通用曲柄压力机或摩擦压力机上进行。

　　挤压成形可以加工出各种截面形状复杂、壁薄的零件，零件的精度高，表面粗糙度低，力学性能好，可以达到少切屑或无切屑加工的目的。它广泛用于钢铁材料和非铁金属零件以及型材的生产。

6.6.2　轧制成形

　　金属坯料在旋转轧辊的作用下产生连续塑性变形，从而获得所需截面形状的塑性加工方法称为轧制。轧制具有生产率高、质量好、成本低，并可大量减少金属材料消耗等优点，在机械制造业中得到了越来越广泛的应用。

　　根据轧辊轴线与坯料轴线方向的不同，轧制分为纵轧、横轧、斜轧等几种。

（1）纵轧

纵轧是轧辊轴线与坯料轴线互相垂直的轧制方法，包括各种型材轧制、辊锻轧制、碾环轧制等。

① 辊锻轧制　是把轧制工艺应用到锻造生产中的一种新工艺。辊锻是使坯料通过装有圆弧形模块的一对相对旋转的轧辊时受压而变形的生产方法（见图6-55）。既可作为模锻前的制坯工序，也可直接辊锻锻件。目前，成形辊锻适用于生产以下三种类型的锻件。

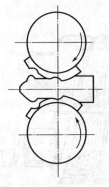

图 6-55　辊锻示意图

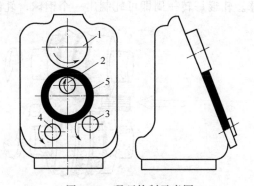

图 6-56　碾环轧制示意图

1—驱动辊；2—心辊；3—导向辊；4—信号辊；5—坯料

a. 扁断面的长杆件　如扳手、活动扳手、链环等。

b. 带有不变形头部而沿长度方向横截面面积递减的锻件　如叶片等。叶片辊锻工艺和铁削旧工艺相比，材料利用率可提高4倍，生产率提高2.5倍，而且叶片质量大为提高。

c. 连杆成形辊锻　国内已有不少工厂采用辊锻方法锻制连杆，生产率高，简化了工艺过程，但锻件还需用其他锻压设备进行精整。

② 碾环轧制　碾环轧制是用来扩大环形坯料的外径和内径，从而获得各种环状零件的轧制方法（图6-56）。图中驱动辊由电动机带动旋转，利用摩擦力使坯料在驱动辊和心辊之间受压变形。驱动辊还可由油缸推动做上下移动，改变1、2两辊间的距离，使坯料厚度逐渐变小、直径增大。导向辊用以保持坯料正确运送。信号辊用来控制环件直径。当环坯直径达到需要值与辊4接触时，信号辊旋转传出信号，使驱动辊停止工作。

用这种方法生产的环类件，其横截面可以是各种形状的，如火车轮箍、轴承座圈、齿轮及法兰等。

（2）横轧

横轧是轧辊轴线与坯料轴线互相平行的轧制方法，如齿轮轧制等。

齿轮轧制是一种无屑或少屑加工齿轮的新工艺。直齿轮和斜齿轮均可用热轧法制造（见图6-57）。在轧制前将毛坯外缘加热，然后将带齿形的轧轮1做径向进给，迫使轧轮与毛坯2对碾。在对碾过程中，毛坯上一部分金属受压形成齿谷，相邻部分的金属被轧轮齿部"反挤"而上升，形成齿顶。

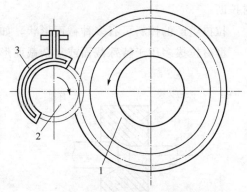

图 6-57　热轧齿轮示意图

1—轧轮；2—毛坯；3—感应加热器

（3）斜轧

斜轧亦称螺旋斜轧。它是轧辊轴线与坯料轴线相交一定角度的轧制方法，如钢球轧制［图 6-58(a)］、周期轧制［图 6-58(b)］、冷轧丝杠等。

螺旋斜轧采用两个带有螺旋型槽的轧辊，互相交叉成一定角度，并做同方向旋转，使坯料在轧辊间既绕自身轴线转动，又向前进，同时受压变形获得所需产品。

螺旋斜轧钢球［见图 6-58(a)］是使棒料在轧辊间螺旋型槽里受到轧制，并被分离成单球。轧辊每转一周即可轧制出一个钢球。轧制过程是连续的。

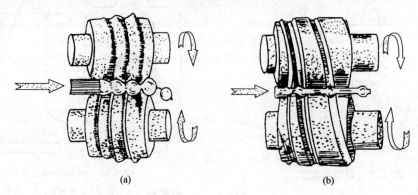

(a)   (b)

图 6-58　螺旋斜轧

螺旋斜轧可以直接热轧出带螺旋线的高速钢滚刀及冷轧丝杠等。

6.6.3　拉拔成形

拉拔是将金属坯料通过拉拔模的模孔使其变形的塑性加工方法（见图 6-59）。

拉拔过程中坯料在拉拔模内产生塑性变形，通过拉拔模后，坯料的截面形状和尺寸与拉拔模模孔出口相同。因此，改变拉拔模模孔的形状和尺寸，即可得到相应的拉拔成形的产品。

目前的拉拔形式主要有线材拉拔、棒料拉拔、型材拉拔和管材拉拔。

线材拉拔主要用于各种金属导线，工业用金属线以及电器中常用的漆包线的拉制成形。此时的拉拔也称为"拉丝"。拉拔生产的最细的金属丝直径可达 0.01mm 以下。线材拉拔一般要经过多次成形，且每次拉拔的变形程度不能过大，必要时要进行中间退火，否则会使线材拉断。

拉拔生产的棒料可有多种截面形状，如圆形、方形、矩形、六角形等。

型材拉拔多用于特殊截面或复杂截面形状的异形型材（见图 6-60）生产。

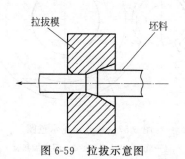

拉拔模　　　坯料

图 6-59　拉拔示意图

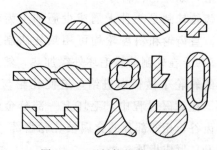

图 6-60　型材拉拔截面形状

异形型材拉拔时，坯料的截面形状与最终型材的截面形状差别不宜过大。差别过大时，会在型材中产生较大的残余应力，导致裂纹以及沿型材长度方向上的形状畸变。

管材拉拔以圆管为主，也可拉制椭圆形管、矩形管和其他截面形状的管材。管材拉拔后管壁将增厚。当不希望管壁厚度变化时，拉拔过程中要加心棒。需要管壁厚度变薄时，也必须加心棒来控制壁管的厚度（见图6-61）。

拉拔模在拉拔过程中会受到强烈的摩擦，生产中常采用耐磨的硬质合金（有时甚至用金刚石）来制作，以确保其精度和使用寿命。

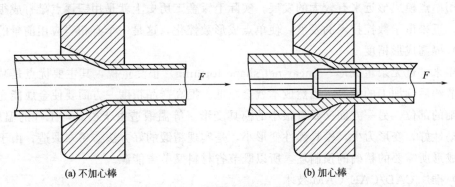

(a) 不加心棒　　　　　　　　(b) 加心棒

图 6-61　管材拉拔

6.7　塑性加工技术新进展

(1) 发展省力成形工艺

塑性加工工艺相对于铸造、焊接工艺有产品内部组织致密、力学性能好且稳定的优点。但是传统的塑性加工工艺往往需要大吨位的压力机，重型锻压设备的吨位已达万吨级（100000kN级），相应的设备重量及初期投资非常大。实际上，塑性加工也并不是沿着大工件—大变形力—大设备—大投资这样的逻辑发展下去的。

省力的主要途径有三种。

① 改变应力状态　根据塑性加工中塑性变形的条件，受力物体处于异号应力状态时，材料容易产生塑性变形，即变形力较小。

② 降低流动应力　属于这一类的成形方法有超塑成形及液态模锻（实际上是半固态成形或近熔点成形），前者属于较低应变速率的成形，后者属于特高温度下成形。

③ 减少接触面积　减少接触面积不仅使总压力减少，而且也使变形区单位面积上的作用力减少，原因是减少了摩擦对变形的拘束。属于这类的成形工艺有旋压、辊锻、楔横轧、摆动碾压等。

(2) 增强成形柔度

柔性加工是指应变能力很强的加工方法，它适于产品多变的场合。在市场经济条件下，柔度高的加工方法显然也有较强的竞争力。

塑性加工通常是借助模具或其他工具使工件成形。模具或工具的运动方式及速度受设备的控制。所以提高塑性加工柔度的方法有两种途径：一是从机器的运动功能上着手，例如多向多动压力机，快速换模系统及数控系统。二是从成形方法上着手，可以归结为无模成形、单模成形、点模成形等多种成形方法。

无模成形是一种基本上不使用模具的柔度很高的成形方法。如管材无模弯曲、变截面坯料无模成形、无模胀球等工艺近年来得到了非常广泛的应用。

单模成形是指仅用凸模或凹模成形，当产品形状尺寸变化时不需要同时制造凸、凹模。属于这类成形方法的有爆炸成形、电液或电磁成形、聚氨酯成形及液压胀形等。

点模成形也是一种柔性很高的成形方法。对于像船板一类的曲面，其截面总可以用函数 $z=f(x,y)$ 来描述。当曲面参数变化时，仅需调整一下上下冲头的位置即可。

利用单点模成形近来有较大的发展，实际上钣金工历史上就是用锤逐点敲打成很多复杂零件的。近来由于数控技术的发展，使单点成形数控化，这是一个有相当应用前景的技术。

（3）提高成形精度

近年来"近无余量成形"（near net shape forming）很受重视，其主要优点是减少材料消耗，节约后续加工的能源，当然成本就会减低。提高产品精度一方面要使金属能充填模腔中很精细的部位，另一方面又要有很小的模具变形。等温锻造由于模具与工件的温度一致，工件流动性好，变形力少，模具弹性变形小，是实现精锻的好方法。粉末锻造，由于容易得到最终成形所需要的精确的预制坯，所以既节省材料又节省能源。

（4）推广 CAD/CAE/CAM 技术

随着计算机技术的迅速发展，CAD/CAE/CAM 技术在塑性加工领域的应用日趋广泛，为推动塑性加工的自动化、智能化、现代化进程发挥了重要作用。

在锻造生产中，利用 CAD/CAM 技术可进行锻件、锻模设计，材料选择、坯料计算，制坯工序、模锻工序及辅助工序设计，确定锻造设备及锻模加工等一系列工作。

在板料冲压成形中，随着数控冲压设备的出现，CAD/CAM 技术得到了充分的应用。尤其是冲裁件 CAD/CAM 系统应用已经比较成熟。不仅使冲模设计、冲裁件加工实现了自动化，大幅度提高了生产率，而且对于大型复杂冲裁件，还省去了大型、复杂的模具，从而大大降低了产品成本。目前，CAD/CAE/CAM 技术也已在板料冲压成形工序（如弯曲、胀形、拉深等）中得到了应用。尤其是应用在汽车覆盖件的成形中，给整个汽车工业带来了极为深刻的变革。利用 CAE（其核心内容是有限元分析、模拟）技术，对 CAD 系统设计的覆盖件及其成形模具进行覆盖件冲压成形过程模拟，将模拟计算得到的数据再反馈给 CAD 系统进行模具参数优化，最后送交 CAM 系统完成模具制造。这样就省去了传统工艺中反复多次的繁杂的试模、修模过程，从而大大缩短了汽车覆盖件的生产乃至整个汽车改型换代的时间。

CAD/CAE 技术尤其在板料冲压成形领域中有着巨大应用前景。利用这一技术，只要输入造型设计师设计的冲压件形状数学模型，计算机就会输出所需要的模具形状、板料尺寸、拉深筋及其方位和形状。

（5）实现产品-工艺-材料一体化

以前，塑性成形往往是"来料加工"，近来由于机械合金化的出现，可以不通过熔炼得到各种性能的粉末。塑性加工时可以自配材料经热等静压（HIP）再经等温锻得到产品。

复合材料，包括颗粒增强及纤维增强的复合材料的成形，已经历史性地落到了塑性加工的肩上。材料工艺一体化正给塑性加工界带来更多的机会和更大的活动范围。

人们对客观世界的认识在不断地加深，人们发现世界的能力也在不断增强。例如汽车车轮制造方法先后出现的有冲压法、旋压法，新近在国外又出现了整体铸造——模锻法。可以毫不夸张地说，新的成形工艺将层出不穷，它的实用化程度将反映出一个国家制造业的水平。

思 考 题

1. 名词解释

①滑移；②加工硬化；③回复；④再结晶；⑤热加工与冷加工；⑥锻造性能；⑦纤维组织；⑧锻造比。

2. 简答题

(1) 用手来回弯折一根铁丝时，开始感觉省劲，后来逐渐感到有些费劲，最后铁丝被弯断。试解释过程演变的原因。

(2) 当金属继续冷拔有困难时，通常需要进行什么热处理？为什么？

(3) 钢材在热加工（如锻造）时，为什么不产生加工硬化现象？

(4) 锡在20℃、钨在1100℃时的塑性变形加工各属于哪些加工？为什么？（锡的熔点为232℃，钨的熔点为3380℃）

(5) 影响金属的锻造性能的因素有哪些？提高金属锻造性能的途径有哪些？

(6) 什么是纤维组织？纤维组织的存在有何意义？

(7) $\phi300$的低碳钢板能否一次拉伸成$\phi100$的圆桶？为什么？应如何处理？

(8) 影响金属锻造性能的主要因素是什么？

(9) 热加工对金属的组织和性能有何影响？

(10) 金属在规定的合理的锻造温度范围以外进行锻造，可能会出现什么问题？

(11) 自由锻有哪些主要工序？试比较自由锻造与模锻的特点及应用范围。

(12) 板料冲压生产有何特点？应用范围如何？

(13) 冲压有哪些基本工序？各工序的工艺特点是什么？

(14) 现代塑性加工有哪些新技术？

第7章
焊接成形技术

焊接是最主要的连接技术之一。焊接（welding）的定义可以概括为：同种或异种材质的工件，通过加热或加压或二者并用，用或者不用填充材料，使工件达到原子结合而形成永久性连接的工艺。

扫码看视频课
46

焊接在现代工业生产中具有十分重要的作用，如舰船的船体、高炉炉壳、建筑构架、锅炉与压力容器、家用电器、汽车车身等工业产品的制造，都离不开焊接。焊接方法在制造大型结构件或复杂机器部件时更显得优越。它可以用化大为小、化复杂为简单的办法来准备坯料，然后用逐次装配焊接的方法拼小成大、拼简单成复杂，这是其他工艺方法难以做到的。在制造大型机器设备时，还可以采用铸-焊或锻-焊复合工艺。这样，只有小型铸、锻设备的工厂也可以生产出大型零部件。用焊接方法还可以制成双金属构件，如制造复合层容器。此外，还可以对不同材料进行焊接。总之，焊接方法的这些优越性，使其在现代工业中的应用日趋广泛。

焊接方法的种类很多，而且新的方法仍在不断涌现，目前应用的已不下数十种，按焊接工艺特征可将其分为熔化焊、压力焊、钎焊三大类。

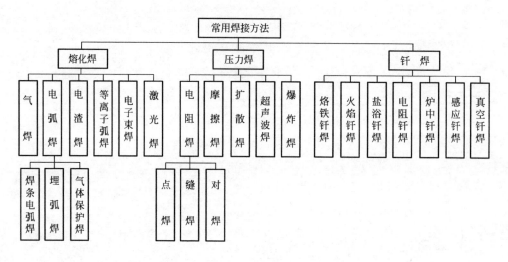

7.1 熔化焊成形基本原理

焊接过程一般需要对焊接区域进行加热，使其达到或超过材料的熔点（熔焊），或接近熔点的温度（固相焊接），随后在冷却过程中形成焊接接头（welding joint）。这种加热和冷却过程称为焊接热过程，它贯穿于材料焊接过程的始终，对于后续涉及的焊接冶金、焊缝凝固结晶、母材热影响区的组织和性能、焊接应力变形以及焊接缺陷（如气孔、裂纹等）的产生都有着重要的影响。

典型焊条电弧焊的焊接过程如图 7-1（a）所示。焊条与被焊工件之间燃烧产生的电弧热使工件（基本金属）和焊条同时熔化成为熔池（molten pool）。药皮燃烧产生的 CO_2 气流围绕电弧周围，连同熔池中浮起的熔渣可阻挡空气中的氧、氮等侵入，从而保护熔池金属。电弧焊的冶金过程如同在小型电弧炼钢炉中进行炼钢，焊接熔池中进行着熔化、氧化、还原、造渣、精炼和渗合金等一系列物理、化学过程。电弧焊过程中，电弧沿着工件逐渐向前移动，并对工件局部进行加热，使工件和焊条金属不断熔化成为新的熔池，原先的熔池则不断地冷却凝固，形成连续焊缝。焊缝连同熔合区和热影响区组成焊接接头，图 7-1（b）所示为焊接接头横截面示意图。

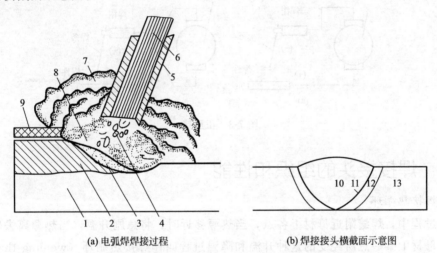

(a) 电弧焊焊接过程   (b) 焊接接头横截面示意图

图 7-1　低碳钢电弧焊焊接过程及其形成的焊接接头

1—工件；2,10—焊缝；3—熔池；4—金属熔滴；5—药皮；6—焊心；7—气体；8—熔融熔渣；
9—固态渣壳；11—熔合区；12—热影响区；13—母材

7.1.1 焊接电弧

电弧是一种气体放电现象。一般情况下，气体是不导电的。但是，一旦在具有一定电压的两电极之间引燃电弧，电极间的气体就会被电离，产生大量能使气体导电的带电粒子（电子、正负离子）。在电场的作用下，带电粒子向两极做定向运动，形成很大的电流，并产生大量的热量和强烈的弧光。

焊接电弧稳定燃烧所需的能量来源于焊接电源。电弧稳定燃烧时的电压称为电弧电压，一般焊接电弧电压在 $16\sim35\text{V}$ 范围之内，具体取决于电弧的长度（即焊条与焊件之间的距

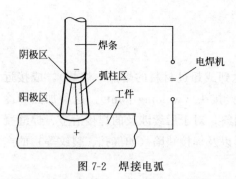

图 7-2 焊接电弧

离）。电弧越长，电弧电压就越高。

焊接电弧由阴极区、阳极区和弧柱区三部分组成，如图 7-2 所示。用钢焊条焊接时，阴极区的温度约为 2400K，放出的热量约占电弧总热量的 36％；阳极区的温度可达 2600K，放出的热量约占电弧总热量的 43％；弧柱区中心温度可达 6000～8000K，放出的热量仅占电弧总热量的 21％。

电弧的热量与焊接电流和电弧电压的乘积成正比。电流越大，电弧产生的总热量就越大。焊条电弧焊只有 65％～85％的热量用于加热和熔化金属，其余的热量则散失在电弧周围环境和飞溅的金属滴中。

由于电弧产生的热量在阳极和阴极上有一定差异，因此在使用直流电焊机焊接时，有正接和反接两种接线方法（见图 7-3）。当焊件接电源正极、焊条接负极时为正接法，主要用于厚板的焊接；反之则称为反接法，适用于薄钢板焊接和低氢焊条的焊接。

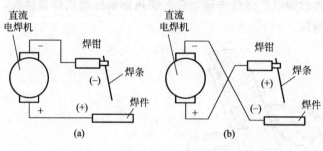

图 7-3 正反接

7.1.2 焊接接头的组织和性能

（1）焊接热循环

焊接过程中，焊缝附近母材上各点，当热源移近时，将急剧升温，当热源离去后，则迅速冷却。母材上某一点所经受的这种升温和降温过程叫作焊接热循环（welding thermal cycle）。焊接热循环具有加热速度快、温度高、高温停留时间短和冷却速度快等特点。焊接热循环可以用图 7-4 所示的温度-时间曲线来表示。反映焊接热循环的主要特征，并对焊接接头性能影响较大的四个参数是：加热速度 ω_H、加热的最高温度 T_M、相变点以上停留时间 t_H 和冷却速度 v_c。焊接过程中加热速度极高，在一般电弧焊时，可以达到 200～300℃/s，远高于一般热处理时的加热速度。最高温度 T_M 相当于焊接热循环曲线的极大值，它是对金属组织变化具有决定性影响的参数之一。

（2）焊接接头的组织和性能

熔焊是在局部进行短时高温的冶炼、凝固过程。焊接过程会引起焊接接头组织和性能的变化，直接影响焊接接头的质量。熔焊的焊接接头由焊缝区（weld area）、熔合区和热影响区（heat affected zone）组成。

① 焊缝区　焊缝是由熔池金属结晶形成的焊件结合部分。焊缝金属的结晶是从熔池底

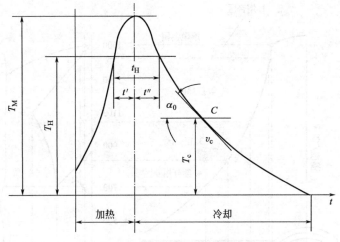

图 7-4　焊接温度-时间曲线及主要参数

壁开始的，由于结晶时各个方向冷却速度不同，因而形成的晶粒是柱状晶，柱状晶粒的生长方向与最大冷却方向相反，垂直于熔池底壁，如图 7-5 所示。由于熔池金属受电弧和保护气体的吹动，熔池壁的柱状晶生长受到干扰，使柱状晶呈倾斜状，晶粒有所细化。熔池结晶过程中，由于冷却速度很快，已凝固的焊缝金属中的化学成分来不及扩散，易造成合金元素分布不均匀。如硫、磷等有害元素易集中到焊缝中心区，将影响焊缝的力学性能。所以焊条心必须采用优质钢材，其中硫、磷的含量应很低。此外由于焊接材料的渗合金作用，焊缝金属中锰、硅等合金元素的含量可能比基本金属高，所以焊缝金属的力学性能可高于基本金属。

② 熔合区　是焊接接头中焊缝与母材交接的过渡区，这个区域的焊接加热温度在液相线和固相

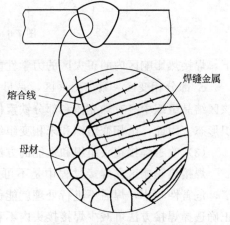

图 7-5　焊缝的柱状晶组织

线之间，又称为半熔化区，是焊缝向热影响区过渡的区域。熔合区的化学成分及组织极不均匀，晶粒粗大，强度下降，塑性和冲击韧性很差。尽管熔合区的宽度不足 1mm，但它对焊接接头性能的影响很大。

③ 热影响区　在电弧热的作用下，焊缝两侧处于固态的母材发生组织和性能变化的区域，称为焊接热影响区。由于焊缝附近各点受热情况不同，其组织变化也不同，不同类型的母材金属，热影响区各部位也会产生不同的组织变化。图 7-6 左边为低碳钢焊接时焊接接头的组织变化示意图。按组织变化特征，其热影响区可分为过热区、正火区和部分相变区。

a. 过热区　紧靠熔合区，低碳钢过热区的最高加热温度在 1100℃至固相线之间，母材金属加热到这个温度，结晶组织全部转变成为奥氏体，奥氏体急剧长大，冷却后得到过热粗晶组织，因而，过热区的塑性和冲击韧度很低。焊接刚度大的结构和含碳量较高的易淬火钢材时，易在此区产生裂纹。

b. 正火区　紧靠过热区，是焊接热影响区内相当于受到正火热处理的区域。一般情况

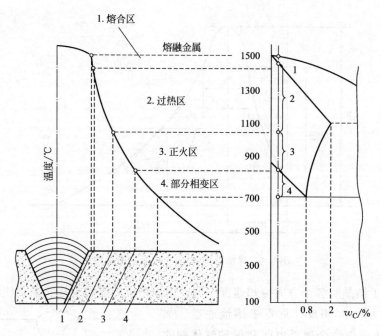

图 7-6　焊接接头的组织变化

下，焊接热影响区内的正火区的力学性能高于未经热处理的母材金属。

c. 部分相变区　紧靠正火区，是母材金属处于 $A_{c_1}\sim A_{c_3}$ 之间的区域，加热和冷却时，该区结晶组织中只有珠光体和部分铁素体发生重结晶转变，而另一部分铁素体仍为原来的组织形态。因此，已相变组织和未相变组织在冷却后晶粒大小不均匀对力学性能有不利影响。

（3）改善焊接接头组织和性能的方法

焊接热影响区在焊接过程中是不可避免的。低碳钢焊接时因其塑性很好，热影响区较窄，危害性较小，焊后不进行处理就能保证使用。焊后不能进行热处理的金属材料或构件，正确选择焊接方法可减少焊接接头内不利区域的影响，以达到提高焊接接头性能的目的。

7.1.3　焊接应力和变形

焊件在焊接过程中局部受到不均匀的加热和冷却是产生焊接应力的主要原因，应力严重时，会使焊件发生变形或开裂。因此，在设计和制造焊接结构时，必须首先弄清产生焊接应力与变形的原因，掌握其变形规律，找出减少焊接应力和过量变形的有效措施。

（1）焊接应力与变形的原因

以平板对接焊为例，在焊接加热时，焊缝和近缝区的金属被加热到很高的温度，离焊缝中心距离越近，温度越高。因焊件各部位加热的温度不同，受热胀冷缩的影响，焊件将产生大小不等的纵向膨胀。假如这种膨胀不受阻碍，这时钢板自由伸长的长度将按图 7-7（a）中的虚线变化。但平板是一个整体，各部位不可能自由伸长，这时被加热到高温的焊缝金属的自由伸长量必然会受到两侧低温金属的限制，因而产生了压应力（－），两侧的低温金属则要承受拉应力（＋）。当这些应力超过金属的屈服点时，就会发生塑性变形。此时，整个平板存在着相互平衡的压应力和拉应力，平板最终只能伸长 Δl。

同样的道理，在平板随后的冷却过程中，冷却到室温时焊缝区中心部分应该较其他区域缩得更短些，如图 7-7（b）所示虚线位置。但由于平板各部位的收缩相互牵制，平板只能如实线所示那样整体缩短 $\Delta l'$。此时焊缝区中心部分受拉应力，两侧金属内部受到压应力，并且拉应力与压应力也互相平衡。这些焊接后残留在金属内部的应力称为焊接应力。

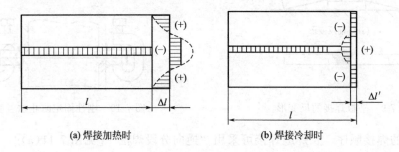

（a）焊接加热时　　　　　　　　　　（b）焊接冷却时

图 7-7　平板对接焊时产生的应力和变形

在焊接生产中，焊接应力是不可避免的，对一些残留应力大的重要焊件要在 550～650℃下进行去应力退火，以消除或减小焊件内部的残留应力。

（2）焊接的变形与防止措施

焊件因结构形状不同、焊缝数量和分布位置不同等因素的影响，变形的形式也不相同，最基本的变形形式有收缩变形、角变形、弯曲变形、扭曲变形和波浪变形等（见图 7-8）。

① 收缩变形　焊接后，由于焊缝纵向和横向收缩而引起焊件的纵向和横向尺寸缩短。

② 角变形　V 形坡口对接焊时，由于焊缝截面形状上下不对称，焊缝横向收缩沿板厚方向分布不均匀而引起的角度变化。

③ 弯曲变形　T 形梁焊接后，由于焊缝布置不对称，引起焊件向焊缝多的一侧弯曲。

④ 扭曲变形　工字梁焊接时，由于焊接顺序不合理，致使焊件产生纵向扭曲变形。

⑤ 波浪变形　焊接薄板时，由于焊缝收缩产生较大的压应力，使薄板失稳而造成的变形。

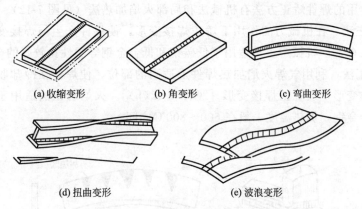

（a）收缩变形　　　　　　（b）角变形　　　　　　（c）弯曲变形

（d）扭曲变形　　　　　　　（e）波浪变形

图 7-8　焊接变形的基本形式

为了减小焊接应力和变形，除合理设计焊接结构外，焊接时还可根据实际情况采取以下相应的工艺措施。

① 反变形法　根据经验估计焊接变形的方向和大小，焊前组装时使焊件处于反向变形位置，焊后即可抵消焊后所发生的变形（见图 7-9）。

② 刚性固定法　焊前将焊件固定夹紧，限制其变形，焊后会大大减小变形量（见图 7-10）。但刚性固定法会产生较大的焊接残留应力，故只适用于塑性较好的焊接构件。

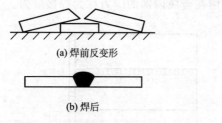

(a) 焊前反变形

(b) 焊后

图 7-9　平板焊接的反变形

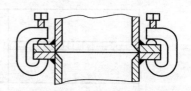

图 7-10　刚性固定防止法兰变形

③ 合理的焊接顺序　长焊缝焊接可采用"逆向分段焊法"［见图 7-11(a)］，即把长焊缝分成若干小段，每段施焊方向与总的焊接方向相反。厚板 X 形坡口对接焊应采取双面交替施焊［见图 7-11(b)］。对称截面的工字梁和矩形梁焊接应采取对称交叉焊，如图 7-11(c) 所示。

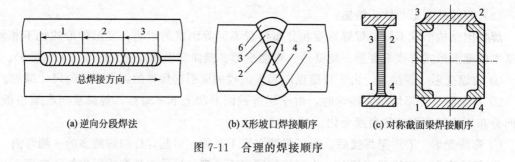

(a) 逆向分段焊法　　　　(b) X形坡口焊接顺序　　　　(c) 对称截面梁焊接顺序

图 7-11　合理的焊接顺序

(3) 焊接变形的矫正

当焊接构件变形超过允许值时要对其进行矫正，矫正变形的原理是利用新变形抵消原来的焊接变形。常用的焊件矫正方法有机械法和局部火焰加热法（见图 7-12）。

① 机械矫正法　在机械力的作用下矫正焊接变形，使焊件产生与焊接变形相反的塑性变形［见图 7-12(a)］。机械矫正法适用于低碳钢和低合金钢等塑性比较好的金属材料。

② 火焰矫正法　利用气焊火焰加热焊件上适当的部位，使焊件在冷却收缩时产生与焊接变形反方向的变形，以矫正焊接变形［见图 7-12(b)］。火焰矫正法适用于低碳钢和没有淬硬倾向的低合金钢，加热温度一般在 600～800℃ 之间。

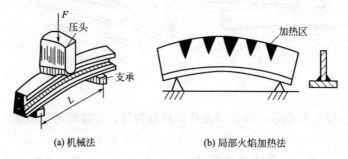

(a) 机械法　　　　　　(b) 局部火焰加热法

图 7-12　矫正焊接变形

7.2 手工电弧焊

扫码看视频课
47

手工电弧焊又称焊条电弧焊。手工电弧焊是利用电弧产生的热量来局部熔化被焊工件及填充金属，冷却凝固后形成牢固接头，焊接过程依靠手工操作完成。手工电弧焊设备简单，操作灵活方便，适应性强，并且配有相应的焊条，可适用于碳钢、不锈钢、铸铁、铜、铝及其合金等材料的焊接，目前在焊接生产中占有重要地位。但其生产率低，劳动条件较差，所以随着埋弧自动焊、气体保护焊等先进电弧焊方法的出现，手工电弧焊的应用逐渐有所减少。

（1）焊接过程

手工电弧焊焊缝的形成过程如图 7-13 所示。焊接时，将焊条与焊件接触短路，接着将焊条提起约 3mm 引燃电弧。电弧的高温将焊条末端与焊件局部熔化，熔化

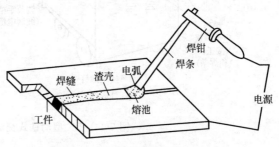

图 7-13　手工电弧焊焊缝形成过程

了的焊件和焊条熔滴融合在一起形成金属熔池，同时焊条药皮熔化并发生分解反应，产生大量的气体和液态熔渣。这些气体和熔渣不仅起到隔离周围空气的作用，而且与液态金属发生一系列的冶金反应，保证了焊缝的化学成分及性能。随着焊条不断地向前移动，焊条后面被熔渣覆盖的液态金属逐渐冷却凝固，最终形成焊缝。

（2）焊接设备

为焊接电弧提供电能的设备叫电焊机。焊条电弧焊焊机有交流电焊机和直流电焊机两大类。

① 交流电焊机　又称弧焊变压器，是一种特殊的降压变压器。弧焊变压器有抽头式、动铁式和动圈式三种，图 7-14 所示是 BX 型动铁式弧焊变压器的外形及原理图。变压器的一次电压为 220V 或 380V，二次空载电压为 60～80V。焊接时，二次电压会自动下降到电弧正常燃烧所需的工作电压 20～35V。弧焊变压器的这种输出特性称为下降外特性。交流电焊机的输出电流为几十安培到几百安培，使用时，可根据需要粗调焊接电流（改变二次线圈抽头）或细调焊接电流（调节活动铁心位置）。

交流电焊机具有结构简单、维修方便、体积小、质量轻、噪声小等优点，应用比较广泛。

② 直流电焊机　有发电机式、硅整流式、晶闸管式和逆变式等几种。其中发电机式的结构复杂、噪声大、效率低，已属于被淘汰的产品。硅整流式和晶闸管式弥补了交流弧焊机电弧稳定性较差和弧焊发电机效率低、噪声大等缺点，能自动补偿电网电压波动对输出电压、电流的影响，并可以实现远距离调节焊接电流，目前已成为主要的直流焊接电源。逆变式直流电焊机是把 50Hz 的交流电经整流后，由逆变器转变为几万赫兹的高频交流电，经降压、整流后输出供焊接用的直流电。图 7-15 所示为逆变式直流电焊机原理图。逆变式直流电焊机体积小，质量轻，整机质量仅为传统电焊机的 1/10～1/5，效率高达 90% 以上。另外，逆变式直流电焊机容易引弧，电弧燃烧稳定，焊缝成形美观，飞溅少，是一种比较理想的焊接电源。

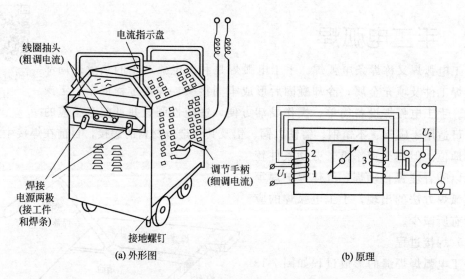

图 7-14 BX 型动铁式交流电焊机外形及原理

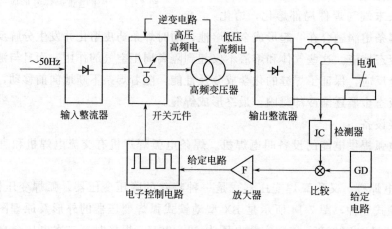

图 7-15 逆变式直流电焊机原理

（3）焊条

① 焊条的组成及其作用 焊条由焊心和涂层（药皮）组成。常用焊心直径（即为焊条直径）有 1.6mm、2.0mm、2.5mm、3.2mm、4mm、5mm 等，长度常在 200～450mm 之间。

手工电弧焊时，焊心的作用，一是作为电极，起导电作用，产生电弧提供焊接热源；二是作为填充金属，与熔化的母材共同形成焊缝。因此，可通过焊心调整焊缝金属的化学成分。焊心采用焊接专用的金属丝（称焊丝），碳钢焊条用焊丝 H08A 等做焊心，不锈钢焊条用不锈钢焊丝作焊心。

焊条药皮对保证手工电弧焊的焊缝质量极为重要。药皮的组成物按其作用分，有稳弧剂、造气剂、造渣剂、脱氧剂、合金剂、胶黏剂等，在焊接过程中能稳定电弧燃烧，防止熔滴和熔池金属与空气接触，防止高温的焊缝金属被氧化，进行焊接冶金反应，去除有害元素，增添有用元素等，以保证焊缝具有良好的成形和合适的化学成分。

② 焊条的种类、型号和牌号　焊条的种类按用途分为碳钢焊条、低合金焊条、不锈钢焊条、铸铁焊条、堆焊焊条、镍和镍合金焊条、铜和铜合金焊条、铝和铝合金焊条等。

焊条按熔渣性质分为两大类：熔渣以酸性氧化物为主的焊条称为酸性焊条；熔渣以碱性氧化物和氟化钙为主的焊条称为碱性焊条。

碱性焊条和酸性焊条的性能有很大差别，使用时要注意，不能随便地用酸性焊条代替碱性焊条。碱性焊条与强度级别相同的酸性焊条相比，其焊缝金属的塑性和韧性高，含氢量低，抗裂性强。但碱性焊条的焊接工艺性能（包括稳弧性、脱渣性、飞溅等）较差，对锈、油、水的敏感性大，易出气孔，并且产生的有毒气体和烟尘多。因此，碱性焊条适用于对焊缝塑性、韧性要求高的重要结构。

焊条型号是国家标准中的焊条代号。碳钢焊条型号见 GB 5117—2012，如 E4303、E5015、E5016 等。"E"表示焊条；前两位数字表示熔敷金属抗拉强度最小值，单位为 kgf/mm^2；第三位数字表示焊条的焊接位置，如"0"及"1"表示焊条适用于全位置焊接；第三和第四位数字组合时表示焊接电流种类及药皮类型，如"03"为钛钙型药皮，交流或直流正、反接；"15"为低氢钠型药皮，直流反接。

焊条牌号是焊条行业统一的焊条代号。焊条牌号一般用一个大写拼音字母和三个数字表示，如 J422、J507 等。拼音字母表示焊条的大类，如"J"表示结构钢焊条，"Z"表示铸铁焊条等；结构钢焊条牌号的前两位数字表示焊缝金属抗拉强度等级，单位为 kgf/mm^2；最后一个数字表示药皮类型和电流种类，如"2"为钛钙型药皮，交流或直流；"7"为低氢钠型药皮，直流反接。其他焊条牌号表示方法，见国家机械工业委员会编《焊接材料产品样本》。J422 符合国标 E4303。J507 符合国标 E5015。几种常用的结构钢焊条型号与牌号对照见表 7-1。

表 7-1　几种常用的结构钢焊条型号与牌号对照表

型号	牌号	药皮类型	电源种类	主要用途	焊接位置
E4303	J422	钛钙型	交流或直流	焊接低碳钢和同等强度的低合金钢结构	全位置焊接
E5016	J506	低氢钾型	交流或直流反接	焊接较重要的中碳钢和同等强度的低合金钢结构	全位置焊接
E5015	J507	低氢钠型	直流反接	焊接较重要的中碳钢和同等强度的低合金钢结构	全位置焊接

③ 焊条的选用　焊条的选用原则是要求焊缝和母材具有相同水平的使用性能。

选用结构钢焊条时，一般是根据母材的抗拉强度，按"等强度"原则选用焊条。例如 16Mn 的抗拉强度为 520MPa，故应选用 J502 或 J507 等。对于焊缝性能要求较高的重要结构或易产生裂纹的钢材和结构（厚度大、刚性大、施焊环境温度低等）焊接时，应选用碱性焊条。

选用不锈钢焊条和耐热钢焊条时，应根据母材化学成分类型选择相同成分类型的焊条。

(4) 手工电弧焊工艺

① 接头和坡口形式　由于焊件的结构形状、厚度及使用条件不同，所以其接头和坡口形式也不同。常用接头形式有对接、角接、T 字接和搭接等。当焊件厚度在 6mm 以下时，对接接头可不开坡口；当焊件较厚时，为保证焊缝根部焊透，则要开坡口。焊接接头和坡口的基本形式如表 7-2 所示。

表 7-2 熔焊焊接的接头形式与坡口形式   单位：mm

接头形式	坡口形式
对接接头	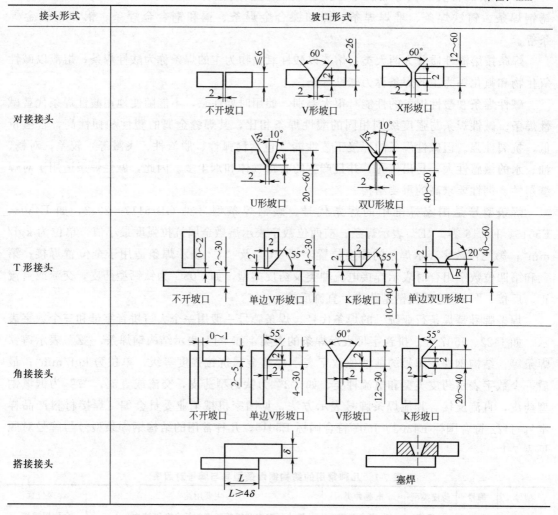
T形接头	
角接接头	
搭接接头	

不开坡口   V形坡口   X形坡口   U形坡口   双U形坡口

不开坡口   单边V形坡口   K形坡口   单边双U形坡口

不开坡口   单边V形坡口   V形坡口   K形坡口

$L \geq 4\delta$ 塞焊

② 焊缝的空间位置 根据焊缝所处空间位置的不同可分为平焊、立焊、横焊和仰焊，如图 7-16 所示。

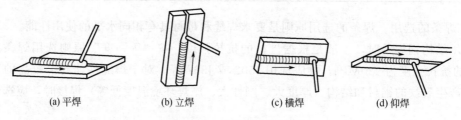

(a) 平焊   (b) 立焊   (c) 横焊   (d) 仰焊

图 7-16 各种焊接位置

不同位置的焊缝施焊难易不同。平焊时，最有利于金属熔滴进入熔池；熔渣和金属液不易流焊时，则应适当减小焊条直径和焊接电流，并采用短弧焊等措施以保证焊接质量。

③ 焊接工艺参数 手工电弧焊的焊接工艺参数通常为焊条直径、焊接电流、焊缝层数、电弧电压和焊接速度，其中最主要的是焊条直径和焊接电流。

a. 焊条直径 为了提高生产率，应尽量选用直径较大的焊条。但焊条直径过大，易造成未焊透或焊缝成形不良等缺陷。因此应合理选择焊条直径。焊条直径一般根据工件厚度选择，可参考表 7-3。对于多层焊的第一层及非平焊位置的焊接，应采用较小的焊条直径。

表 7-3　焊条直径的选择

焊件厚度/mm	≤4	4~12	>12
焊条直径/mm	不超过工件厚度	3.2~4	≥4

b. 焊接电流　焊接电流的大小对焊接质量和生产率影响较大。电流过小，电弧不稳，会造成未焊透、夹渣等焊接缺陷，且生产率低。电流过大易使焊条涂层发红失效并产生咬边、烧穿等焊接缺陷。因此焊接电流要适当。

焊接电流一般可根据焊条直径初步选择。焊接碳钢和低合金钢时，焊接电流 I（A）与焊条直径 d（mm）的经验关系式为 $I=(35\sim55)d$。

依据上式计算出的焊接电流值，在实际使用时，还应根据具体情况灵活调整。如焊接平焊缝时，可选用较大的焊接电流。在其他位置焊接时，焊接电流应比平焊时适当减小。

总之焊接电流的选择，应在保证焊接质量的前提下尽量采用较大的电流，以提高生产率。

7.3　其他焊接方法

扫码看视频课
48

7.3.1　埋弧自动焊

埋弧自动焊如图 7-17 所示。它是电弧在焊剂层下燃烧，将手工电弧焊的填充金属送进和电弧移动两个动作都采用机械来完成。

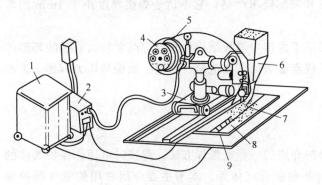

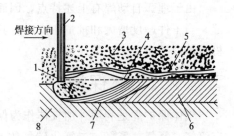

图 7-17　埋弧自动焊示意
1—焊接电源；2—控制盘；3—焊接小车；
4—控制箱；5—焊丝盘；6—焊剂斗；
7—焊剂；8—工件；9—焊缝

图 7-18　埋弧焊时焊缝的纵截面
1—电弧；2—焊丝；3—焊剂；4—熔化的焊剂；
5—渣壳；6—焊缝；7—金属熔池；
8—基体金属

焊接时，在被焊工件上先覆盖一层 30~50mm 厚的由漏斗中落下的颗粒状焊剂，在焊剂层下，电弧在焊丝端部与焊件之间燃烧，使焊丝、焊件及焊剂熔化，形成熔池，如图 7-18 所示。由于焊接小车沿着焊件的待焊缝等速地向前移动，带动电弧匀速移动，熔池金属被电弧气体排挤向后堆积。覆盖于其上的焊剂，一部分熔化后形成熔渣，电弧和熔池则受熔渣和焊剂蒸气所包围，因此有害气体不能侵入熔池和焊缝。随着电弧移动，焊丝与焊剂不断地向焊接区送进，直至完成整个焊缝。

埋弧焊时焊丝与焊剂直接参与焊接过程的冶金反应，因而焊前应正确选用，并使之相匹配。

埋弧自动焊的设备主要由三部分组成：

① 焊接电源　多采用功率较大的交流或直流电源；

② 控制箱　主要用来保证焊接过程稳定进行，可以调节电流、电压和送丝速度，并能完成引弧和熄弧的动作；

③ 焊接小车　主要作用是等速移动电弧和自动送进焊丝与焊剂。

埋弧自动焊与手弧焊相比，有如下优点。

① 生产率高　由于焊丝上没有涂料和导电嘴距离电弧近，因而允许焊接电流可达 1000A，所以厚度在 20mm 以下的焊件可以不开坡口一次熔透；焊丝盘上可以挂带 5kg 以上的焊丝，焊接时焊丝可以不间断地连续送进，这就省去许多在手工电弧焊时因开坡口、更换焊条而花费的时间和浪费掉的金属。因此，埋弧自动焊的生产率比手工电弧焊可提高 5～10 倍。

② 焊接质量好而稳定　由于埋弧自动焊电弧是在焊剂层下燃烧，焊接区得到较好的保护，施焊后焊缝仍处在焊剂层和渣壳的保护下缓慢冷却，因此冶金反应比较充分，焊缝中的气体和杂质易于析出，减少了焊缝中产生气孔、裂纹等缺陷的可能性。另外，埋弧自动焊的焊接参数在焊接过程中可自动调节，因而电弧燃烧稳定，与手工电弧焊相比，焊接质量对焊工技艺水平的依赖程度可大大降低。

③ 劳动条件好　埋弧自动焊无弧光，少烟尘，焊接操作机械化，改善了劳动条件。

埋弧自动焊的不足之处是：由于采用颗粒状焊剂，一般只适于平焊位置；对其他位置的焊接需采用特殊措施，以保证焊剂能覆盖焊接区；埋弧自动焊因不能直接观察电弧和坡口的位置，易焊偏，因此对工件接头的加工和装配要求严格；它不适于焊接厚度小于 1mm 的薄板和焊缝数量多而短的焊件。

由于埋弧自动焊有上述特点，因而适于焊接中厚板结构的长直焊缝和较大直径的环形焊缝。当工件厚度增大和批量生产时，其优点显著。它在造船、桥梁、锅炉与压力容器、重型机械等部门有着广泛的应用。

7.3.2　气体保护焊

气体保护焊是利用外加气体作为保护介质的一种电弧焊方法。焊接时可用作保护气体的有氩气、氦气、氮气、二氧化碳气体及某些混合气体等。本节主要介绍常用的氩气保护焊（简称氩弧焊）和二氧化碳气体保护焊。

(1) 氩弧焊

氩弧焊是以惰性气体氩气（Ar）作为保护介质的电弧焊方法。氩弧焊时，电弧发生在电极和工件之间，在电弧周围通以氩气，形成气体保护层隔绝空气，防止其对电极、熔池及邻近热影响区的有害影响，如图 7-19 所示。在焊接高温下，氩气不与金属发生化学反应，也不溶于液态金属，因此对焊接区的保护效果很好，可用于焊接化学性质活泼的金属，并能获得高质量的焊缝。

氩弧焊按电极不同分为非熔化极氩弧焊和熔化极氩弧焊。

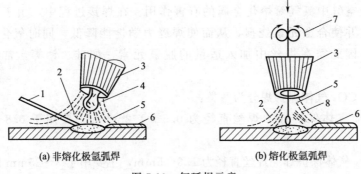

(a) 非熔化极氩弧焊　　　　　　　　(b) 熔化极氩弧焊

图 7-19　氩弧焊示意

1—填充焊丝；2—熔池；3—喷嘴；4—钨极；5—气体；6—焊缝；7—送丝滚轮；8—焊丝

① 非熔化极氩弧焊　采用熔点很高的钨棒作电极，所以又称钨极氩弧焊。焊接时电极只起发射电子、产生电弧的作用，本身不熔化，不起填充金属的作用，因而一般要另加焊丝。焊接过程可采用手工或自动方式进行。焊接低合金钢、不锈钢和紫铜时，为减少电极损耗，应采用直流正接，同时焊接电流不能过大，所以钨极氩弧焊通常适于焊接 3mm 以下的薄板或超薄材料。若用于焊接铝、镁及其合金时，一般采用交流电源，这既有利于保证焊接质量，又可延长钨极使用寿命。

② 熔化极氩弧焊　以连续送进的金属焊丝作电极和填充金属，通常采用直流反接。因为可用较大的焊接电流，所以适于焊接厚度在 3～25mm 的焊件。焊接过程可采用自动或半自动方式。自动熔化极氩弧焊在操作上与埋弧自动焊类似，所不同的是它不用焊剂。焊接过程中氩气只起保护作用，不参与冶金反应。

氩弧焊的主要优点是：氩气保护效果好，焊接质量优良，焊缝成形美观，气体保护无熔渣，明弧可见，可进行全位置焊接。氩弧焊可用于几乎所有金属和合金的焊接，但由于氩气较贵，焊接成本高，通常多用于焊接易氧化的、化学活泼性强的有色金属（如铝、镁、钛、铜）以及不锈钢、耐热钢等。

(2) CO_2 气体保护焊

CO_2 气体保护焊是以 CO_2 作为保护介质的电弧焊方法。它是以焊丝作电极和填充金属，有半自动和自动两种方式，如图 7-20 所示。

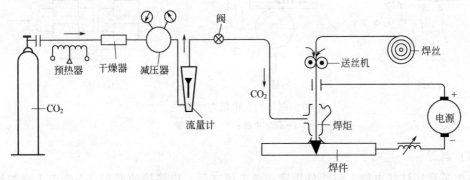

图 7-20　CO_2 气体保护焊示意

CO_2 是氧化性气体，在高温下具有较强烈的氧化性。其保护作用主要是使焊接区与空气隔离，防止空气中氮气对熔化金属的有害作用。在焊接过程中，由于 CO_2 气体会使焊缝金属氧化，并使合金元素烧损，从而使焊缝力学性能降低，同时氧化作用导致产生气孔和飞溅等。因此需在焊丝中加入适量的脱氧元素，如硅、锰等。常用的焊丝牌号是 H08Mn2SiA。

目前常用的 CO_2 气体保护焊分为两类：

① 细丝 CO_2 气体保护焊 焊丝直径为 0.5～1.2mm，主要用于 0.8～4mm 的薄板焊接；

② 粗丝 CO_2 气体保护焊 焊丝直径为 1.6～5mm，主要用于 3～25mm 的中厚板焊接。

CO_2 气体保护焊的主要优点是 CO_2 气体便宜，因此焊接成本低；CO_2 保护焊电流密度大，焊接速度快，焊后不需清渣，生产率比手工电弧焊提高 1～3 倍；采用气体保护，明弧操作，可进行全位置焊接；采用含锰焊丝，焊缝裂纹倾向小。

CO_2 气体保护焊的不足之处是：飞溅较大，焊缝表面成形较差；弧光强烈，烟雾较大；不宜焊接易氧化的有色金属。

CO_2 气体保护焊主要用于焊接低碳钢和低合金钢。在汽车、机车车辆、机械、造船、石油化工等行业中得到广泛的应用。

7.3.3 电阻焊

电阻焊是利用电流通过焊件及接触处产生的电阻热作为热源，将焊件局部加热到塑性状态或熔化状态，然后在压力下形成接头的焊接方法。

电阻焊与其他焊接方法相比较，具有生产率高，焊接应力变形小，不需要另加焊接材料，操作简便，劳动条件好，并易于实现机械化等优点；但设备功率大，耗电量高，适用的接头形式与可焊工件厚度（或断面）受到限制。

电阻焊方法主要有点焊、缝焊、对焊，如图 7-21 所示。

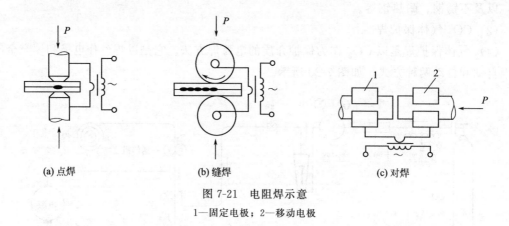

(a) 点焊   (b) 缝焊   (c) 对焊

图 7-21 电阻焊示意
1—固定电极；2—移动电极

（1）点焊

点焊是利用柱状电极，将焊件压紧在两电极之间，以搭接的形式在个别点上被焊接起来［见图 7-21(a)］。焊缝是由若干个不连续的焊点组成的。

每个焊点的焊接过程是：电极压紧焊件—通电加热—断电（维持原压力或增压）—去压。

通电过程中，被压紧的两电极（通水冷却）间的贴合面处金属局部熔化形成熔核，其周围的金属处于塑性状态。断电后熔核在电极压力作用下冷却、结晶，去掉压力后即可获得组织致密的焊点，如图 7-22（a）所示。如果焊点的冷却收缩较大，如铝合金焊点，则断电后应增大电极压力，以保证焊点结晶密实。焊完一点后移动焊件（或电极），依次焊接其他各点。

点焊是一种高速、经济的焊接方法，主要用于焊接薄板冲压壳体结构及钢筋等。焊件的厚度一般小于 4mm，被焊钢筋直径小于 25mm。点焊可焊接低碳钢、不锈钢、铜合金及铝镁合金等材料。在飞机、汽车、火车车厢、钢筋构件、仪器、仪表等制造中得到广泛应用。

（2）缝焊

过程与点焊相似，只是用旋转的盘状滚动电极代替了柱状电极［见图 7-21（b）］，焊接时，滚盘电极压紧焊件并转动，配合断续通电，形成连续焊点互相接叠的密封性良好的焊缝，如图 7-22（b）所示。

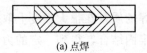 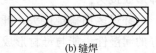

(a) 点焊   (b) 缝焊

图 7-22　点焊、缝焊接头比较

缝焊主要用于制造密封的薄壁结构件（如油箱、水箱、化工器皿）和管道等。一般只用于 3mm 以下薄板的焊接。

（3）对焊

对焊是利用电阻热使两个工件以对接的形式在整个端面上焊接起来的电阻焊方法［见图 7-21（c）］。根据工艺过程的不同，又可分为电阻对焊和闪光对焊。

① 电阻对焊　焊接时先将两焊件端面接触压紧，再通电加热，由于焊件的接触面电阻大，大部分热量就集中在接触面附近，因而迅速将焊接区加热到塑性状态。断电的同时增压顶锻，在压力作用下使两焊件的接触面产生一定量的塑性变形而焊接在一起。

电阻对焊的接头外形光滑无毛刺［见图 7-23（a）］，但焊前对端面的清理要求高，且接头强度较低。因此，一般仅用于截面简单、强度要求不高的杆件。

② 闪光对焊　焊接时先将两焊件装夹好，双方不接触，然后再加电压，逐渐移动被焊工件使之轻微接触。由于接触面上只有某些点真正接触，当强大电流通过这些点时，其电流密度很大，接触点金属被迅速熔化、蒸发，再加上电磁作用，液体金属即发生爆破，并以火花状射出，形成闪光现象。经多次闪光加热后，端面均匀达到半熔化状态，同时多次闪光把端面的氧化物也清除干净，这时断电加压顶锻，形成焊接接头。

闪光对焊的接头力学性能较高，焊前对端面加工要求较低，常用于焊接重要零件。闪光对焊接头外表有毛刺［见图 7-23（b）］，焊后需清理。闪光对焊可焊相同的金属材料，也可以焊异种金属材料，如钢与铜、铝与铜等。闪光对焊可焊直径 0.01mm 的金属，也可焊截面积为 $0.1m^2$ 的钢坯。

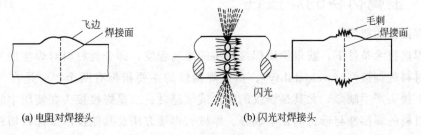

(a) 电阻对焊接头   (b) 闪光对焊接头

图 7-23　对焊接头形状

对焊主要用于钢筋、导线、车圈、钢轨、管道等的焊接生产。

7.3.4 钎焊

钎焊是采用比母材熔点低的金属作钎料，将焊件加热到使钎料熔化，利用液态钎料润湿母材填充接头间隙，并与母材相互溶解和扩散实现连接的焊接方法。

钎焊时先将工件的待连接处清理干净，以搭接形式装配在一起，把钎料放在装配间隙附近或装配间隙处，并要加钎剂（钎剂的作用是去除氧化膜和油污等杂质，保护焊件接触面和钎料不被氧化，并增加钎料润湿性和毛细流动性）。当工件与钎料被加热到稍高于钎料的熔化温度后（工件未熔化），液态钎料充满固体工件间隙内，焊件与钎料间相互扩散，凝固后即形成接头。

钎焊多用搭接接头，钎焊的质量在很大程度上取决于钎料。钎料应具有合适的熔点与良好的润湿性，能与母材形成牢固结合，得到一定的力学性能与物理化学性能的接头。钎焊按钎料熔点分为两大类：软钎焊和硬钎焊。

① 软钎焊 钎料的熔点低于450℃的钎焊。常用钎料是锡铅钎料。常用钎剂是松香、氯化锌溶液等。软钎焊接头强度低（一般小于70MPa），工作温度低，主要用于电子线路的焊接。

② 硬钎焊 钎料的熔点高于450℃的钎焊。常用钎料是铜基钎料和银基钎料等。常用钎剂有硼砂、硼酸、氯化物、氟化物等。硬钎焊接头强度较高（可达500MPa），工作温度较高，主要用于机械零、部件和刀具的钎焊。

③ 钎焊与熔化焊相比有如下优点。

a. 焊接质量好 因加热温度低，焊件的组织性能变化很小，焊件的应力变形小，精度高，焊缝外形平整美观。适宜焊接小型、精密、装配件及电子仪表等工件。

b. 生产率高 钎焊可以焊接一些其他焊接方法难以焊接的特殊结构（如蜂窝结构等）。可以采用整体加热，一次焊成整个结构的全部（几十条或成百条）焊缝。

c. 用途广 钎焊不仅可以焊接同种金属，还可以焊接异种材料，甚至金属与非金属之间也可焊接（如原子反应堆中金属与石墨的钎焊）。

钎焊也有其缺点，如接头强度比较低，耐热能力较差，装配要求较高等。但由于它有独特的优点，因而在机械、电子、无线电、仪表、航空、空间技术及化工、食品等部门都有应用。

7.4 常用金属材料的焊接

扫码看视频课

49

7.4.1 金属材料的焊接性

（1）焊接性的概念

一定焊接技术条件下，获得优质焊接接头的难易程度，即金属材料对焊接加工的适应性称为金属材料的焊接性（weldability）。衡量焊接性的主要指标有两个：一是在一定的焊接技术条件下接头产生缺陷，尤其是裂纹的倾向或敏感性；二是焊接接头在使用中的可靠性。

金属材料的焊接性与母材的化学成分、厚度、焊接方法及其他技术条件密切相关。同一种金属材料采用不同的焊接方法、焊接材料、技术参数及焊接结构形式，其焊接性都有较大差别。如铝及铝合金采用焊条电弧焊时，难以获得优质焊接接头，但如采用氩弧焊则接头质量好，此时焊接性好。

金属材料的焊接性是生产中设计、施工准备及正确拟定焊接过程技术参数的重要依据，因此，当采用金属材料尤其是新的金属材料制造焊接结构时，了解和评价金属材料的焊接性是非常重要的。

（2）焊接性的评价

影响金属材料焊接性的因素很多，焊接性的评价一般是通过估算或试验方法确定。通常用碳当量法和冷裂纹敏感系数法。

① 碳当量法　实际焊接结构所用的金属材料大多数是钢材，而影响钢材焊接性的主要因素是化学成分。因此碳当量是评价钢材焊接性最简便的方法。

碳当量是把钢中的合金元素（包括碳）的含量，按其作用换算成碳的相对含量。国际焊接学会推荐的碳当量（w_{CE}）公式为：

$$w_{CE} = w_C + \frac{w_{Mn}}{6} + \frac{w_{Cr} + w_{Mo} + w_V}{5} + \frac{w_{Ni} + w_{Cu}}{15}$$

式中，w_C、w_{Mn} 等为碳、锰等相应成分的质量分数，%。

一般碳当量越大，钢材的焊接性越差。硫、磷对钢材的焊接性影响也极大，但在各种合金钢材中，硫、磷一般都受到严格控制，因此，在计算碳当量时可以忽略。当 $w_{CE} < 0.4\%$ 时，钢材的塑性良好，淬硬倾向不明显，焊接性良好。在一般的焊接技术条件下，焊接接头不会产生裂纹，但对厚大件或在低温下焊接，应考虑预热；当 w_{CE} 在 $0.4\% \sim 0.6\%$ 时，钢材的塑性下降，淬硬倾向逐渐增加，焊接性较差，焊前工件需适当预热，焊后注意缓冷，才能防止裂纹；当 $w_{CE} > 0.6\%$ 时，钢材的塑性变差，淬硬倾向和冷裂倾向大，焊接性更差，工件必须预热到较高的温度，要采取减少焊接应力和防止开裂的技术措施，焊后还要进行适当的热处理。

② 冷裂纹敏感系数法　由于碳当量法仅考虑了钢材的化学成分，忽略了焊件板厚、焊缝含氢量等其他影响焊接性的因素，因此无法直接判断冷裂纹产生的可能性大小。由此提出了冷裂纹敏感系数的概念，其计算式为：

$$P_W = \left(w_C + \frac{w_{Si}}{30} + \frac{w_{Cr} + w_{Mn} + w_{Cu}}{20} + \frac{w_{Ni}}{6} + \frac{w_{Mo}}{15} + \frac{w_V}{10} + 5w_B + \frac{[H]}{60} + \frac{h}{600} \right) \times 100\%$$

式中，P_W 为冷裂纹敏感系数；h 为板厚，mm；$[H]$ 为 100g 焊缝金属扩散氢的含量，mL。

冷裂纹敏感系数越大，则产生冷裂纹的可能性越大，焊接性越差。

7.4.2　常用金属材料的焊接

（1）低碳钢的焊接

低碳钢的 w_{CE} 小于 0.4%，塑性好，一般没有淬硬倾向，对焊接热过程不敏感，焊接性良好。通常情况下，焊接不需要采取特殊技术措施，使用各种焊接方法都易获得优质焊接接头。但是，低温下焊接刚度较大的低碳钢结构时，应考虑采取焊前预热，以防止裂纹的产生。厚度大于 50mm 的低碳钢结构或压力容器等重要构件，焊后要进行去应力退火处理。电渣焊的焊件，焊后要进行正火处理。

（2）中、高碳钢的焊接

中碳钢的 w_{CE} 一般为 $0.4\%\sim0.6\%$，随着 w_{CE} 的增加，焊接性能逐渐变差。高碳钢的 w_{CE} 一般大于 0.6%，焊接性能更差，这类钢的焊接一般只用于修补工作。焊接中、高碳钢存在的主要问题是：焊缝易形成气孔；焊缝及焊接热影响区易产生淬硬组织和裂纹。为了保证中、高碳钢焊件焊后不产生裂纹，并具有良好的力学性能，通常采取以下技术措施。

① 焊前预热、焊后缓冷。其主要目的是减小焊接前后的温差，降低冷却速度，减少焊接应力，从而防止焊接裂纹的产生。预热温度取决于焊件的含碳量、焊件的厚度、焊条类型和焊接规范。焊条电弧焊时，一般预热温度在 $150\sim250℃$ 之间，碳当量高时，可适当提高预热温度，加热范围在焊缝两侧 $150\sim200mm$ 为宜；

② 尽量选用抗裂性好的碱性低氢焊条，也可选用比母材强度等级低一些的焊条以提高焊缝的塑性。当不能预热时，也可采用塑性好、抗裂性好的不锈钢焊条；

③ 选择合适的焊接方法和规范，降低焊件冷却速度。

（3）普通低合金钢的焊接

普通低合金钢在焊接生产中应用较为广泛，按屈服强度分为六个强度等级。

屈服强度 $294\sim392MPa$ 的普通低合金钢，其 w_{CE} 大多小于 0.4%，焊接性能接近低碳钢。焊缝及热影响区的淬硬倾向比低碳钢稍大。常温下焊接，不用复杂的技术措施，便可获得优质的焊接接头。当施焊环境温度较低或焊件厚度、刚度较大时，则应采取预热措施，预热温度应根据工件厚度和环境温度进行考虑。焊接 16Mn 钢的预热条件如表 7-4 所示。

表 7-4　焊接 16Mn 钢的预热条件

工件厚度/mm	不同气温的预热温度	
<16	不低于 $-10℃$ 不预热	$-10℃$ 以下预热 $100\sim150℃$
$16\sim24$	不低于 $-5℃$ 不预热	$-5℃$ 以下预热 $100\sim150℃$
$25\sim40$	不低于 $0℃$ 不预热	$0℃$ 以下预热 $100\sim150℃$
>40	预热 $100\sim150℃$	

强度等级较高的低合金钢，其 $w_{CE}=0.4\%\sim0.6\%$，有一定的淬硬倾向，焊接性较差。应采取的技术措施是：尽可能选用低氢型焊条或使用碱度高的焊剂配合适当的焊丝；按规范对焊条进行烘干，仔细清理焊件坡口附近的油、锈、污物，防止氢进入焊接区；焊前预热，一般预热温度超过 $150℃$；焊后应及时进行热处理以消除内应力。

（4）奥氏体不锈钢的焊接

奥氏体不锈钢是实际应用最广泛的不锈钢，其焊接性能良好，几乎所有的熔焊方法都可采用。焊接时，一般不需要采取特殊措施，主要应防止晶界腐蚀和热裂纹。

为避免晶界腐蚀，不锈钢焊接时，应该采取的技术措施是：选择超低碳焊条，减少焊缝金属的含碳量，减少和避免形成铬的碳化物，从而降低晶界腐蚀倾向；采取合理的焊接过程和规范，焊接时采用小电流、快速焊、强制冷却等措施防止晶界腐蚀的产生。可采用两种方式进行焊后热处理：第一种是固溶化处理，将焊件加热到 $1050\sim1150℃$，使碳重新溶入奥氏体中，然后淬火，快速冷却形成稳定奥氏体组织；第二种是进行稳定化处理，将焊件加热到 $850\sim950℃$，保温 $2\sim4h$，使奥氏体晶粒内部的铬逐步扩散到晶界。

奥氏体不锈钢由于本身热导率小，线膨胀系数大，焊接条件下会形成较大的拉应力，同时晶界处可能形成低熔点共晶，导致焊接时容易出现热裂纹。因此，为了防止焊接接头热裂纹，一般应采用小电流、快速焊，不横向摆动，以减少母材向熔池的过渡。

（5）铸铁件的焊接

铸铁含碳量高，组织不均匀，焊接性能差，所以应避免考虑铸铁材质的焊接件。但铸铁件生产中出现的铸造缺陷及铸件在使用过程中发生的局部损坏和断裂，如能焊补，其经济效益也是显著的。铸铁焊补的主要困难是：焊接接头易产生白口组织，硬度很高，焊后很难进行机械加工；焊接接头易产生裂纹，铸铁焊补时，其危害性比形成白口组织大；铸铁含碳量高，焊接过程中熔池中碳和氧发生反应，生成大量 CO 气体，若来不及从熔池中逸出而存留在焊缝中，焊缝中易出现气孔。以上问题在焊补时，必须采取措施加以防止。

铸铁的焊补，一般采用气焊、焊条电弧焊，对焊接接头强度要求不高时，也可采用钎焊。铸铁的焊补过程根据焊前是否预热，可分为热焊和冷焊两类。

（6）有色金属及其合金的焊接

① 铝及铝合金的焊接　工业纯铝和非热处理强化的变形铝合金的焊接性较好，而可热处理强化变形铝合金和铸造铝合金的焊接性较差。

铝及铝合金焊接的困难主要是铝容易氧化成 Al_2O_3，由于 Al_2O_3 氧化膜的熔点高（2050℃），而且密度大，在焊接过程中，会阻碍金属之间的熔合而形成夹渣；此外，铝及铝合金液态时能吸收大量的氢气，但在固态时几乎不溶解氢，由液态转为固态时会造成氢大量析出，使焊缝易产生气孔；铝的热导率为钢的 4 倍，焊接时，热量散失快，需要能量大或密集的热源，同时铝的线膨胀系数为钢的 2 倍，凝固时收缩率达 6.5%，易产生焊接应力与变形，并可能产生裂纹；铝及铝合金从固态转变为液态时，无塑性过程及颜色的变化，因此，焊接操作时，很容易造成温度过高、焊缝塌陷、烧穿等缺陷。

铝和铝合金的焊接常用氩弧焊、气焊、电阻焊和钎焊等方法。其中氩弧焊应用最广，气焊仅用于焊接厚度不大的一般构件。

氩弧焊电弧集中，操作容易，氩气保护效果好，且有阴极破碎作用，能自动除去氧化膜，所以焊接质量高，成形美观，焊件变形小。氩弧焊常用于焊接质量要求较高的构件。

电阻焊时，应采用大电流、短时间通电，焊前必须彻底清除焊件焊接部位和焊丝表面的氧化膜与油污。

气焊时，一般采用中性火焰。焊接时，必须使用溶剂以溶解或消除覆盖在熔池表面的氧化膜，并在熔池表面形成一层较薄的熔渣，保护熔池金属不被氧化，排除熔池中的气体、氧化物和其他杂质。

铝及铝合金的焊接无论采用哪种焊接方法，焊前都必须进行氧化膜和油污的清理。清理质量的好坏将直接影响焊缝质量。

② 铜及铜合金的焊接　铜及铜合金焊接性较差，焊接接头的各种性能一般均低于母材。

铜及铜合金焊接的主要困难是：铜及铜合金的导热性很好，焊接时热量很快从加热区传导出去，导致焊件温度难以升高，金属难以熔化，以致填充金属与母材不能很好地熔合；铜及铜合金的线膨胀系数及收缩率都较大，并且由于导热性好，而使焊接热影响区变宽，导致焊件易产生变形；另外，铜及铜合金在高温液态下极易氧化，生成的氧化铜与铜的易熔共晶体沿晶界分布，使焊缝的塑性和韧度显著下降，易引起热裂纹；铜在液态时能溶解大量氢，而凝固时，溶解度急剧下降，焊接熔池中的氢气来不及析出，在焊缝中形成气孔。同时，以溶解状态残留在固态金属中的氢与氧化亚铜发生反应，析出水蒸气，而水蒸气不溶于铜，却以很高的压力状态分布在显微空隙中导致裂缝，产生所谓氢脆现象。

导热性强、易氧化、易吸氢是焊接铜及铜合金时应解决的主要问题。目前焊接铜及铜合金较理想的方法是氩弧焊。对质量要求不高时，也常采用气焊、焊条电弧焊和钎焊等。

采用各种方法焊接铜及铜合金时，焊前都要仔细清除焊丝、焊件坡口及附近表面的油污、氧化物等杂质。气焊、钎焊或电弧焊时，焊前应对焊剂、钎剂或焊条药皮做烘干处理。焊后应彻底清洗残留在焊件上的溶剂和熔渣，以免引起焊接接头的腐蚀破坏。

7.5 焊接工艺及结构设计

(1) 焊接接头与坡口形式

焊接接头的基本形式有对接、T形接、角接和搭接等。坡口的形式有 I 形坡口、V 形坡口、U 形坡口和 X 形坡口。坡口的形式取决于焊件的厚度，目的是当焊件较厚时，应能保证焊缝根部焊透。

当两块厚度差别较大的板材进行焊接时，因接头两边受热不均容易产生焊不透等缺陷，而且还会产生较大的应力集中，这时应在较厚的板料上加工出如图 7-24 所示的单面或双面斜边的过渡形式。

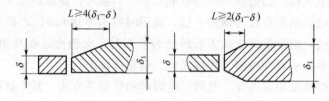

图 7-24 不同厚度板材对接时的过渡形式

(2) 焊缝的布置

焊接构件的焊缝布置是否合理，对焊接质量和生产效率都有很大的影响。对具体焊接结构件进行焊缝布置时，应便于焊接操作，有利于减小焊接变形，提高结构强度。表 7-5 是几种常见焊接结构工艺设计的一般原则。

表 7-5 焊接结构工艺设计的一般原则

设计原则	不良设计	改进设计
焊条电弧焊时要考虑操作空间		
焊缝应尽量避开最大应力和应力集中处		

设计原则	不良设计	改进设计
焊缝位置应有利于减小焊接应力与变形： ①避免焊缝过分密集交叉和端部锐角 ②减少焊缝数量 ③焊缝应尽量对称分布		
焊缝应避开加工表面	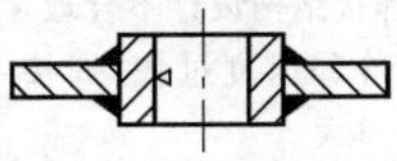	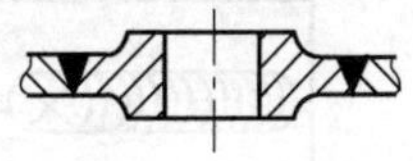
焊缝拐弯处应平缓过渡	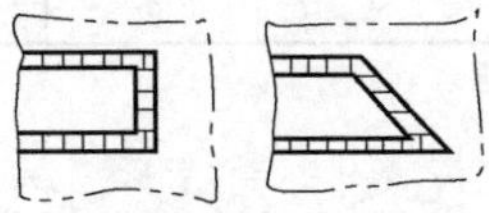	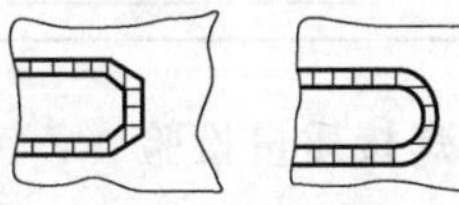

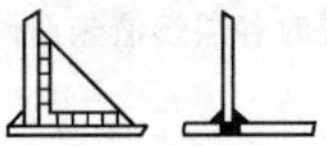

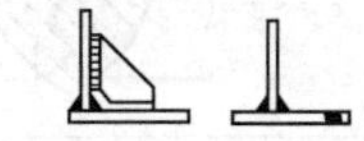

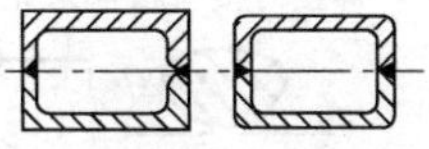

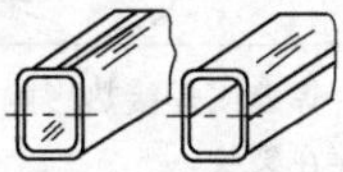

7.6　焊接缺陷与焊接质量检验

在焊接结构生产中，常因种种原因使焊接接头产生各种缺陷。焊接缺陷主要是减少了焊缝有效的承载面积，焊件在使用过程中易造成应力集中，引起裂纹而导致焊接结构破坏，影响焊接结构的安全使用。对于一些重要的焊接构件，如压力容器、船舶、电站设备、化工设备等，对焊缝中存在的缺陷有严格的要求，只有经过严格的焊接质量检验合格的产品才能允许出厂。

（1）焊接缺陷及预防措施

在焊接过程中，若想获得无缺陷的焊接接头在技术上是相当困难的。对于不同使用场合的焊接构件，为了满足焊接构件的使用要求，对焊缝中存在的缺陷种类、大小、数量、形态、分布等都有严格的要求。在允许范围内的焊接缺陷，一般都不会对焊接构件的使用造成危害；但若存在超出允许范围的焊接缺陷，则必须将缺陷消除，然后再进行补焊修复。

常见的熔焊焊接缺陷有焊缝外形尺寸不符合要求、咬边、气孔、夹渣、未焊透和裂纹等，其中以未焊透和裂纹的危害性最大。表 7-6 是熔焊常见的几种焊接缺陷特征、产生原因及其预防措施。

表 7-6　常见焊接缺陷特征、产生原因及其预防措施

缺陷名称	特　征	产生原因	预防措施
咬边	母材与焊缝交界处有小的沟槽 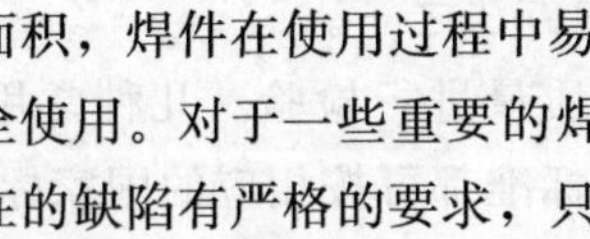	电流过大，焊条角度不对，运条方法不正确，电弧过长	选择合适的焊接电流和焊接速度，合适的焊条角度和弧长
气孔	焊缝的表面或内部存在气泡 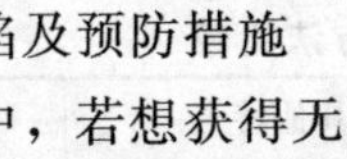	焊件清理不干净，焊条潮湿，电弧过长，焊接速度过快	清理焊缝附近的工件表面，选择合理的焊接规范，碱性焊条使用前要烘干

缺陷名称	特 征	产生原因	预防措施
夹渣	焊后在焊缝中有残留的熔渣	焊件清理不干净,电流过小,焊缝冷却速度过快,多层焊时各层熔渣未清除干净	合理选择焊接规范,正确的操作工艺,清理好焊道两侧及焊层间的熔渣
未焊透	焊接时接头根部未完全熔透	坡口间隙太小,电流过小,焊条未对准焊缝中心	选择合适的焊接规范,正确的坡口形式、尺寸和间隙,正确的操作工艺
裂纹	焊缝或焊接热影响区的表面或内部存在裂纹	被焊金属含碳、硫、磷高,焊接结构设计不合理,焊缝冷却速度过快,焊接应力过大	选择合理的焊接规范,适合的焊接材料及合适的焊序,必要时焊件要预热

(2) 焊接质量检验

焊接质量检验是焊接结构生产过程中必不可少的组成部分,焊接产品只有在经过检验并证明已达到设计要求的质量标准后,才能以成品形式出厂。

焊接质量检验方法可分为外观检验、无损检验、致密性检验和破坏性检验等。

① 外观检验 一般通过肉眼,借助标准样板、量规和低倍放大镜等工具观察焊件的表面,主要是发现焊缝表面的缺陷和焊缝尺寸上的偏差,如咬边、表面气孔、焊缝加强高的高度等。焊缝外观检验方法简便,是焊接质量检验最基本的方法之一。

② 无损检验 也称为无损探伤,是对焊缝内部的质量进行检验。几种常用焊缝内部质量的检验方法比较见表 7-7。这些检验方法的质量评定标准都可按相应的国家标准执行。

表 7-7 几种常用焊缝内部质量的检验方法比较

检验方法	能探出的缺陷	可检验的厚度	灵敏度	其他特点	质量判断
着色检验	表面及近表面有开口的缺陷,如微细裂纹、气孔、夹渣、夹层等	表面	与渗透剂性能有关,可验出 0.005～0.01mm 的微裂缝,灵敏度高	表面打磨到 R_a 12.5μm,环境温度在 15℃以上,可用于非磁性材料,适合各种位置单面检验	可根据显示剂上的红色条纹,形象地看出缺陷的位置和大小
磁粉检验	表面及近表面的缺陷,如微细裂缝、未焊透、气孔等	表面与近表面,深度≤6mm	与磁场强度大小及磁粉质量有关	被检验表面最好与磁粉正交,限于磁性材料	根据磁粉分布情况判定缺陷位置,但深度不能确定
超声波检验	内部缺陷,如裂缝、未焊透、气孔及夹渣等	焊件厚度的上限几乎不受限制,下限一般应大于 8～10mm	能探出直径大于 1mm 的气孔、夹渣,探裂缝较灵敏,对表面及近表面的缺陷不灵敏	检验部位的表面应加工到 R_a6.3～1.6μm,可以单面探测	根据荧光信号,可当场判断有无缺陷、缺陷位置及大小,但较难判断缺陷的种类
X 射线检验	内部缺陷,如裂缝、未焊透、气孔及夹渣等	150kV 的 X 射线机可检验厚度≤25mm;250kV 的 X 射线机可检验厚度≤60mm	能检验出尺寸大于焊缝厚度 1% 的各种缺陷	焊接接头表面不需加工,但正反两面都必须是可以接近的	从底片上能直接形象地判断缺陷种类和分布。对平行于射线方向平面形缺陷不如超声波灵敏

③ 致密性检验

a. 煤油检验 先在焊缝的一面刷上石灰水，待干燥泛白后，再在焊缝另一面涂煤油，利用煤油穿透力强的特点，若焊缝有穿透性缺陷，石灰粉上就会有黑色的煤油斑痕出现。

b. 气密性检验 将压缩空气压入焊接容器，在焊缝的外侧涂抹肥皂水，若焊缝有穿透性缺陷，缺陷处的肥皂水就会有气泡出现。

c. 耐压试验 将水、油、气等充入容器内并逐渐加压到规定值，以压力的保持情况检查其是否有泄漏。耐压试验不仅可检验焊接容器的致密性，而且也可用来检验焊缝的强度。

④ 破坏性检验 是从焊件或焊接试件上切取试样，用于评定焊缝的金相组织和焊缝金属的力学性能等。

思 考 题

1. 名词解释

①焊接热影响区；②酸性焊条；③碱性焊条；④电阻焊；⑤钎焊；⑥焊接性能；⑦碳当量。

2. 填空题

(1) J422 焊条可焊接的母材是_____，数字表示_____。

(2) 直流反接指焊条接_____极，工件接_____极。

(3) 按药皮类型可将电焊条分为_____、_____两类。

(4) 常用的电阻焊方法除点焊外，还有_____、_____。

(5) 20 钢、40 钢、T8 钢三种材料中，焊接性能最好的是_____，最差的是_____。

(6) 酸性焊条的稳弧性比碱性焊条_____，焊接工艺性比碱性焊条_____，焊缝的塑韧性比碱性焊条的塑韧性_____。

3. 简答题

(1) 低碳钢焊缝热影响区包括哪几个部分？简述其组织和性能。

(2) 简述酸性焊条、碱性焊条在成分、工艺性能及焊缝性能方面的主要区别。

(3) 电焊条的组织成分及其作用是什么？

(4) 简述手工电弧焊的原理及过程。

(5) 试从焊接质量、生产率、焊接材料、成本和应用范围等方面比较下列焊接方法：①手工电弧焊；②埋弧焊；③氩弧焊；④CO_2 保护焊。

(6) 试比较电阻焊和摩擦焊的焊接过程有何异同？电阻对焊与闪光对焊有何区别？

(7) 说明下列制品该采用什么焊接方法比较合适：①自行车车架；②钢窗；③汽车油箱；④电子线路板；⑤锅炉壳体；⑥汽车覆盖件；⑦铝合金板。

第8章
非金属材料及其成形技术

由于高分子材料、陶瓷材料和复合材料等非金属材料具有金属材料所没有的某些独特的性能，所以在机械工业生产中，除了大量使用金属材料外，非金属材料也得到了越来越广泛的应用。

8.1 高分子材料及其成形技术

8.1.1 高分子材料的基本概念

扫码看视频课

50

（1）高分子材料的化学组成

高分子材料是由相对分子量很大（在 10^4 以上）的化合物构成的材料，它是以聚合物为基本组分的材料，所以又称为聚合物材料或高聚物材料。

有机高分子化合物是由有机低分子化合物在一定条件下聚合而成的，具有重复排列链状结构的高聚物。如聚乙烯塑料就是由乙烯聚合而成的高分子材料：

$$n(CH_2{=\!=}CH_2) \xrightarrow{\text{聚合}} \text{--}[CH_2\text{---}CH_2]_n$$

在这里，低分子化合物（如乙烯 $CH_2{=\!=}CH_2$）称为单体，大分子链重复排列的结构单元（如 $[CH_2\text{---}CH_2]$）称为链节，链节重复排列的个数 n 称为聚合度，显然，聚合度越大，高聚物的大分子链越长，其分子量也就越大。

可见，高聚物与具有明确分子量的低分子化合物不同，同一高聚物因其聚合度不同，大分子链的长短各异，其分子量也就各不相同。通常所说高聚物的分子量是指其分子量的统计平均值。如聚氯乙烯 $[CH_2\text{---}CHCl]_n$ 的分子量为 $20000{\sim}160000$。

（2）高分子材料的分类和命名

高分子材料可以按照材料的来源、性能、结构和用途等进行分类。

① 按照高分子材料的不同来源，可分为天然高分子材料与合成高分子材料。

② 按照高分子材料的性能和产品用途，可分为塑料、橡胶、纤维、胶黏剂及涂料等。

③ 按照高分子材料的热行为及成形工艺特点，可分为热塑性高分子材料和热固性高分子材料。

④ 按照高分子的几何构型，可分为线型高聚物、支链型高聚物和网体型高聚物。

目前常用的高分子材料命名方法主要有两种：一种是根据商品的来源或性质确定它的名称，例如，电木、有机玻璃、维尼纶、塑料王等，这种命名方法的优点是简短、通俗，但不能反映高分子化合物的分子结构和特性；另一种是根据单体原料名称进行命名，并在单体名称的前面加一个"聚"字，如由乙烯加聚反应生成的聚合物就叫聚乙烯，由氯乙烯加聚反应生成的聚合物就叫聚氯乙烯。许多聚合物化学名称的英文缩写简单易记，也被广泛使用，如PVC是聚氯乙烯的英文缩写代号。

（3）高分子链的组成与构型

高聚物的分子是由许多原子通过共价键联结而成的高分子化合物。按照大分子链节在空间排列的几何形状，可分为线型、支链型和网体型三种高分子形状（见图8-1）。线型和支链型聚合物具有加热能变软，而冷却能变硬的可逆物理特性，这种性质称为"热塑性"。经交联的三维网状（又称同体型结构）聚合物，分子链之间有许多短链节把它们相互交联起来，形成立体结构形态，像不规则的网，故称网状结构。这种结构稳定性很高，故网状结构的聚合物不易溶于溶剂，加热时不熔

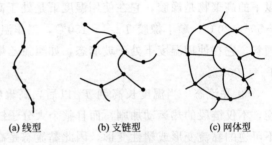

(a) 线型　　(b) 支链型　　(c) 网体型

图 8-1　高分子化合物的三种形状

融，具有良好的耐热性和强度，但其弹性差、塑性低、脆性大，只能在形成网状结构之前进行一次成形，不能重复使用，这种性质称为"热固性"。

（4）高分子材料的聚集态

固态高分子材料存在着晶态和非晶态两种聚集状态。

晶态高分子材料大分子呈规则排列，非晶态高分子材料的大分子呈混乱排列。由于高分子材料的分子链很大，结构复杂，其结晶组织与低分子物质有很大的不同，存在着晶区和非晶区，同一个大分子链可穿过几个晶区和非晶区。在晶区内呈规则、有序排列，在非晶区内呈无序排列。可见在高分子材料中结晶是不完全的，而且总是晶态与非晶态共存或全部非晶态。常用结晶度来衡量其结晶倾向，通常晶区部分的体积或质量的百分数称为结晶度。高分子材料的化学结构越简单，对称性越高，分子之间的作用力越大，其结晶度越高；反之，结晶度减少。如聚乙烯比聚氯乙烯结晶度高。

高分子材料的结晶度越高，反映其排列规则紧密，分子之间的作用力强，因而刚性增加，其强度、硬度、耐热性、耐蚀性提高；反之，结晶度降低，说明其顺柔性增大，而弹性、塑性和韧性相应提高。

随着温度的变化，高分子材料可能出现玻璃态、高弹态和黏流态三种不同的物理力学状态。如图8-2所示。

① 玻璃态　当温度低于 T_g 时，高聚物大分子链以及链段被冻结而停止热运动，只有链

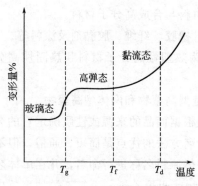

图 8-2 非晶聚合物的温度变形曲线

节能在平衡位置作一些微小振动而呈玻璃态。在玻璃态下，随着温度升高，高聚物的变形量增加很小，而且这种变形是可逆的，当外力去除后能够恢复原来的形状，这种可以恢复的微小变形称为普弹变形。

通常把具有普弹变形的玻璃态高聚物称为塑料，或者说塑料的工作状态是属于玻璃态，提高 T_g，可以扩大塑料使用的温度范围。

② 高弹态 温度超过 T_g 时，高聚物由玻璃态转为高弹态。处于高弹态的高聚物，由于温度较高，大分子链中的链段可以自由运动，使高聚物在外力作用下，能够产生一种缓慢、量值较大又可恢复的弹性变形，称为高弹变形。

通常把室温下处于玻璃状态的高聚物称为塑料，处于高弹态的高聚物称为橡胶。实质上塑料和橡胶是以它们的玻璃化温度 T_g 在室温以上，还是在室温以下而区分的。T_g 在室温以下的高聚物是橡胶，它在使用温度下是处于高弹态，如天然橡胶 $T_g = -73℃$，工作温度 $-50 \sim 120℃$，顺丁橡胶 $T_g = -150℃$，工作温度 $-70 \sim 140℃$。T_g 在室温以上的高聚物是塑料，它在使用温度下处于玻璃态，如聚氯乙烯 $T_g = 87℃$，聚苯乙烯 $T_g = 80℃$，有机玻璃 $T_g = 100℃$。

③ 黏流态 当温度长高到 T_f 以后，高聚物由高弹态进入黏流态。处于黏流态的高聚物，不仅链段的热运动加剧，而且整个大分子链还可以发生相对的滑动位移，使高聚物发生不可逆的黏流变形或塑性变形，因此黏流态是高聚物成形的工艺状态。

当温度高于 T_d 时，高聚物分解，大分子链受到破坏，这是热成形应该避免的温度。

(5) 高分子材料的基本特性

① 力学性能

a. 低强度 高聚物的抗拉强度约为 100MPa，是其理论值的 1/200，因为高聚物中分子链排列不规则，内部含有大量杂质、空穴、微裂纹，所以高分子材料的强度比金属低得多，但因其密度小，所以其比强度并不比金属低。

b. 高弹性和低弹性模量 高弹性和低弹性模量是高分子材料所特有的特性。即弹性变形大，弹性模量小，而且弹性随温度升高而增大。

c. 黏弹性 高分子材料的高弹性变形不仅和外加应力有关，还和受力变形的时间有关，即变形与外力的变化不是同步的，有滞后现象，且高聚物的大分子链越长，受力变形时用于调整大分子链构象所需的滞后时间也就越长，这种变形滞后于受力的现象称为黏弹性。

高聚物的黏弹性表现为蠕变、应力松弛、内耗三种现象。

具有黏弹性的高聚物制品，在恒定应力作用下，随着时间的延长会发生蠕变和应力松弛，导致形状、尺寸变化而失效。如果外加应力是交变循环应力，因变形和恢复过程的滞后，使大分子之间产生内摩擦形成所谓的"内耗"，内耗的存在，使变形所产生的那一部分弹性能来不及释放，而以摩擦热能的形式放出，将导致制品温度升高而失效；另一方面，内耗可以吸收振动波，使高聚物制品具有较高的减震性。

d. 高耐磨性 高聚物的硬度比金属低，但耐磨性比金属好，尤其塑料更为突出，塑料的摩擦系数小而且有些塑料本身就有润滑性能，而橡胶则相反，其摩擦系数大，适合于制造要求较大摩擦系数的耐磨零件，如汽车轮胎等。

② 物理、化学性能

a. 高绝缘性　高聚物是以共价键结合的，不能电离，导电能力低，即绝缘性高。塑料和橡胶是电机、电器必不可少的绝缘材料。

b. 低耐热性　耐热性是指材料在高温下长期使用保持性能不变的能力，由于高分子材料中的高分子链在受热过程中容易发生链移动或整个分子链移动，将导致材料软化或熔化，使性能变坏。

c. 低导热性　固体的导热性与其内部的自由电子、原子、分子的热运动有关。高分子材料内部无自由电子，而且分子链相互缠绕在一起，受热时不易运动，故导热性差。

d. 高热膨胀性　高分子材料的线膨胀系数大，为金属的 3～10 倍。这是由于受热时，分子间的缠绕程度降低，分子间结合力减小，分子链柔性增大，故加热时高分子材料产生明显的体积和尺寸的变化。

e. 高化学稳定性　高聚物中没有自由电子，不会受电化学腐蚀。其强大的共价键结合使高分子不易遭破坏。又由于高聚物的分子链是纠缠在一起的，许多分子链的基团被包在里面，纵然接触到能与其分子中某一基团起反应的试剂时，也只有露在外面的基团才比较容易与试剂起化学反应，所以高分子材料的化学稳定性好。在酸、碱等溶液中表现出优异的耐腐蚀性能。

f. 老化　高聚物及其制品在储运、使用过程中，由于应力、光、热、氧气、水蒸气、微生物或其他因素的作用，其使用性能变坏、逐渐失效的过程称为老化，如变硬、变脆、变软或发黏等。

造成老化的原因主要是在各种外因的作用下，引起大分子链的交联或分解，交联结果使高聚物变硬、变脆、开裂；分解的结果是使高聚物的强度、熔点、耐热性、弹性降低，出现软化、发黏、变形等。

防老化的措施有：表面防护，使其与外界致老化因素隔开；减少大分子链结构中的某些薄弱环节，提高其稳定性，推迟老化过程；加入防老化剂，使大分子链上的活泼基团钝化，变成比较稳定的基团，以抑制链式反应的进行。

8.1.2　工程塑料及其成形技术

(1) 塑料的组成

塑料是以合成树脂为主要成分，加入一些用来改善使用性能和工艺性能的添加剂而制成的。

扫码看视频课

51

树脂的种类、性能、数量决定了塑料的性能，因此，塑料基本上都是以树脂的名称命名的，例如聚氯乙烯塑料的树脂就是聚氯乙烯。工业中用的树脂主要是合成树脂，如聚乙烯等。

添加剂的种类较多，常用的主要有填料、增塑剂 、稳定剂（防老剂）、润滑剂。另外还有固化剂、发泡剂、抗静电剂、稀释剂、阻燃剂、着色剂等。

(2) 塑料的特性

① 质轻　塑料的密度为 0.9～2.2g/cm³，只有钢铁的 1/8～1/4，铝的 1/2。泡沫塑料

的密度约 0.01g/cm³。这对减轻机械产品的质量具有重要意义。

② 比强度高　塑料的强度比金属低，但密度小，其比强度高。

③ 化学稳定性好　塑料能耐大气、水、碱、有机溶剂等的腐蚀。

④ 优异的电绝缘性　塑料的电绝缘性可与陶瓷、橡胶以及其他绝缘材料相媲美。

⑤ 减摩、耐磨性好　塑料的硬度低于金属，但多数塑料的摩擦系数小，有些塑料（如聚四氟乙烯、尼龙等）具有自润滑性。因此，塑料可用于制作在无润滑条件下工作的某些零件。

⑥ 其他　消声吸振性好，成形加工性好，且方法简单。

⑦ 耐热性差　多数塑料只能在 100℃ 左右使用，少数品种可在 200℃ 左右使用。

（3）塑料的分类、性能及用途

塑料按使用性能分为通用塑料和工程塑料。通用塑料的价格低、产量高，约占塑料总产量的 80% 以上。工程塑料是用于制作工程结构件的塑料，其强度高、韧性好。通用塑料经改性处理后，也可作为工程塑料使用。

塑料若按受热时的性能，可分为热塑性塑料和热固性塑料。热塑性塑料加热时可熔融，并可多次反复加热使用。热固性塑料经一次成形后，受热不变形，不软化，不能回收再用。

① 结构最简单的塑料——聚乙烯（PE）　可分为高压聚乙烯和低压聚乙烯。

高压聚乙烯：分子支链多，分子量、结晶度和相对密度低，半透明状，质地柔软，耐冲击，常用于制作塑料薄膜、软管、塑料瓶等包装材料。

低压聚乙烯：分子支链少，分子量、结晶度和相对密度较高，乳白色，质地较硬，耐磨、耐蚀、绝缘性好，可作化工耐蚀管道、阀、衬板，承载不高的齿轮、轴承以及电绝缘护套，以及保温瓶壳、洗发水瓶、茶杯、奶瓶等。

② 第一种热塑性的全能塑料——聚氯乙烯（PVC）　聚氯乙烯强度、硬度、刚度均高于PE，并有耐燃、自熄的特点，但热稳定性、耐寒、耐老化性差，一般在 −15～60℃ 使用。应用于常温常压下的容器、板材、管道；建筑上制作门窗、天花板、电线套管、墙纸；纯PVC透明，气密性好，用于饮料、药品、化妆品的硬质外包装；PVC软塑料常用于农用薄膜、雨衣、桌布；另外还大量用于电线绝缘护套、插头插座壳、玩具、密封条等，是用途最广的通用塑料。

③ 最轻且价廉的塑料——聚丙烯（PP）　聚丙烯力学性能、耐热性（150℃）较好，密度最低，但低温脆性大，无毒无味。应用于汽车上仪表盘、方向盘等，以及日用的微波炉餐具、椅子、安全帽，电器方面的电话机、电视机外壳。PP膜可作香烟、食品的包装膜、包装袋等。

④ 最鲜艳且成形性特好的塑料——聚苯乙烯（PS）　聚苯乙烯极易染成鲜艳颜色，透明度好，有光泽，可成形性突出，电绝缘性好，刚性好，脆性大，户外长期使用易变黄变脆。应用于各类电器配件、壳体、一般光学仪器、灯罩、玩具、建筑广告装饰板、磁带盒、笔杆等。

⑤ 强韧易成形的白色塑料——ABS　丙烯腈（acrylonitrile）、丁二烯（butadiene）、苯乙烯（styrene）。

ABS综合性能好，是价格低、坚韧、质硬且具刚性的材料。应用于电视机、洗衣机、计算机等壳体，汽车上仪表盘、方向盘、挡泥板、手柄等，也可用于化工管道、板材等。

⑥ 最透明的塑料——聚甲基丙烯酸甲酯（PMMA）（有机玻璃）　聚甲基丙烯酸甲酯透光率好，耐紫外线和大气老化，强度高，成形性好，具有良好的染色性，但表面硬度差、易划伤起毛。应用于透明装饰面板、仪表板、容器、包装盒、灯罩、眼镜、工艺品等，也可用于飞机窗玻璃、防弹玻璃、风挡等。

⑦ 透明"金属"——聚碳酸酯（PC）　聚碳酸酯具有优良的抗冲击性和透明度，是集刚、硬、韧、透明为一体的典型塑料。其阻燃性好，是自熄性材料，高温下易开裂，应用于光盘、灯罩、防护玻璃、手机壳体、精密仪器中的齿轮、相机零件、太空杯、餐具等，PC膜可用于录音（像）带。

⑧ 塑料王——聚四氟乙烯（PTEE 或 F4）　聚四氟乙烯具有最优良的耐高、低温性能（−260～250℃），几乎不受任何化学品腐蚀，化学稳定性超过玻璃、陶瓷甚至金、铂；摩擦系数最小，润滑性好，介电损耗小，无味、无毒、不燃，有良好的生物相容性及抗血栓性。应用于不粘锅涂层，管道密封用生料带，机械上的减摩密封零件，电器上的耐高频绝缘零件，以及强腐蚀场合的设备内衬和零件，医用材料中的人造血管、人工心脏等。

⑨ 强韧而耐磨耐油的塑料——聚酰胺（PA）俗称"尼龙"　聚酰胺具有优良的耐磨性、减摩性和自润滑性，优异的耐油性和气体阻隔性，耐疲劳性好。但吸湿性较大。应用于汽车上的输油管、油箱，DVD 的齿轮、螺母、轴承等。与 HDPE 复合，用于冷冻食品包装，还大量用于拉链、打火机壳、头盔、球拍线、鱼线、输血管等。

⑩ 每天接触的塑料——热塑性聚酯（PET）　热塑性聚酯 PET 膜拉伸强度很高，可长期用于户外，但耐热性不高。PET 膜和片材主要用于各种食品、药品、精密仪器的高档包装，录音带，胶片，光盘，磁卡等，各种饮料瓶、矿泉水瓶等，各种电器元件外壳。

⑪ 合成塑料的鼻祖——酚醛树脂（PF）　酚醛树脂具有一定的强度、硬度，耐磨、绝缘性好、耐热性好，但性脆、有毒，应用于"电木"、灯头、开关、插座、纽扣、刹车片、齿轮等。

（4）工程塑料的成形技术

① 注射成形　塑料注射成形又称注射法，是热塑性塑料成形的主要加工方法。其生产周期短，生产效率高，能一次成形空间几何形状复杂、尺寸精度高、带有各种嵌件的塑料制品，适应性强，生产过程易于实现自动化。

注射成形工艺过程是将塑料经过预干燥处理，通过注射机的注射过程使塑料在模具中成形，开模后取出塑件并进行后处理。其中注射过程是获得合格塑件的关键，完整的注射过程包括加料、塑化、注射、保压、冷却定形和脱模等几个步骤。

② 模压成形　又称压缩成形或压塑成形，是塑料成形加工中较为传统的工艺方法。模压成形主要用于热固性塑料。与挤塑和注塑相比，压塑设备、模具和生产过程控制较为简单，并易于生产大型制品，但生产周期长、效率低，较难实现自动化，工人劳动强度大，难以成形厚壁制品及形状复杂的制品。

模压成形工艺是将经过预制的热固性塑料原料，直接加入敞开的模具加料室，然后合模，并对模具加热加压，塑料在热和压力的作用下呈熔融流动状态并充满型腔，随后由于塑料分子发生交联反应逐渐硬化成形。

工艺过程：预压成形和预热处理→加料→闭模加热加压→塑化→排气和保压硬化→脱模取出塑件→清理模具和对塑件进行后期处理。

③ 传递成形 又称压注成形，它是在模压成形的基础上发展起来的热固性塑料成形方法。其工艺类似于注射成形，所不同的是塑料在模具的加料室内塑化，再经过浇注系统进入型腔，而注射成形是在注射机料筒内塑化。

④ 挤出成形 也称为挤塑成形或吹塑成形，是热塑性塑料的重要生产方法之一。主要用于生产棒、管等型材和薄膜等，也是中空成形的主要制坯方法。

⑤ 吸塑成形 也称真空成形。成形时将热塑性塑料板材或片材夹持起来，固定在模具上，用辐射加热器加热，当加热到软化温度时，用真空泵抽去板材与模具之间的空气，在大气压力作用下，板材拉伸变形贴合到模具表面，冷却后定形成为制品。吸塑成形生产设备简单，效率高，模具结构简单，能加工大尺寸的薄壁塑件，生产成本低。

吸塑成形可用于包装制品，如药品包装、一次性餐盒、纽扣电池包装等。常用的材料为聚乙烯、聚丙烯、聚氯乙烯、ABS、聚碳酸酯等。

⑥ 反应注射成形 是把两种发生反应的塑料原料分别加热软化后，由计量系统进入高压混合器，经混合发生塑化反应，再注射到模具型腔中，它们在型腔中继续发生化学反应，并伴有膨胀、固化的加工工艺。

反应注射成形适合加工聚氨酯、环氧树脂等热固性塑料，也可以用于生产尼龙、ABS、聚酯等热塑性塑料。例如，轿车仪表盘、转向盘、飞机和汽车的座椅及椅垫，家具和鞋类、仿大理石浴缸、浴盆等。

8.1.3 橡胶材料及其成形技术

扫码看视频课
52

(1) 橡胶材料的组成与性能

橡胶是以生胶为主要原料，加入适量配合剂而制成的高分子材料。生胶是指未加配合剂的天然胶或合成胶，它也是将配合剂和骨架材料粘成一体的胶黏剂。

配合剂是指为改善和提高橡胶制品性能而加入的物质，如硫化剂、活性剂、软化剂、填充剂、防老剂、着色剂等。

橡胶弹性大，最高伸长率可达 $800\% \sim 1000\%$，外力去除后能迅速恢复原状；吸振能力强；耐磨性、隔声性、绝缘性好；可积储能量，有一定的耐蚀性和足够的强度。

(2) 常用橡胶

按原料来源不同，橡胶分为天然橡胶和合成橡胶；根据应用范围宽窄，分为通用橡胶和特种橡胶。合成橡胶是用石油、天然气、煤和农副产品为原料制成的。常用橡胶的种类、性能和用途见表 8-1。

(3) 橡胶材料的成形技术

① 橡胶的压制成形 橡胶压制成形的工艺流程如下：

塑炼→混炼→制坯→片材、管材、型材→裁切→模压硫化→修边→检验→成品。

表 8-1　常用橡胶的种类、性能和用途

种类	名称(代号)	σ_b/MPa	δ/%	使用温度 t/℃	回弹性	耐磨性	耐碱性	耐酸性	耐油性	耐老化	用途举例
通用橡胶	天然橡胶(NR)	17～35	650～900	-70～110	好	中	好	差	差	—	轮胎、胶带、胶管
	丁苯橡胶(SBR)	15～20	500～600	-50～140	中	好	中	差	差	好	轮胎、胶板、胶布、胶带、胶管
	顺丁橡胶(BR)	18～25	450～800	-70～120	好	好	好	差	差	好	轮胎、V带、耐寒运输带、绝缘件
	氯丁橡胶(CR)	25～27	800～1000	-35～130	中	中	好	中	好	好	电线(缆)包皮,耐燃胶带、胶管,汽车门窗嵌条,油罐衬里
	丁腈橡胶(NBR)	15～30	300～800	-35～175	中	中	中	中	好	中	耐油密封圈、输油管、油槽衬
特种橡胶	聚氨酯橡胶(UR)	20～35	300～800	-30～80	中	好	差	差	好	—	耐磨件、实心轮胎、胶辊
	氟橡胶(FPM)	20～22	100～500	-50～300	中	中	好	好	好	好	高级密封件,高耐蚀件,高真空橡胶件
	硅橡胶	4～10	50～500	-100～300	差	差	好	中	差	好	耐高、低温制品和绝缘件

② 橡胶的注射成形　是在专门的橡胶注射机上进行的。橡胶注射成形的工艺过程主要包括胶料的预热塑化、注射、保压、硫化、脱模和修边等工序。

③ 橡胶的压延成形　是利用一对或数对相对旋转的加热滚筒,使物料在滚筒间隙被压延而连续形成一定厚度和宽度的薄型材料。

8.2　陶瓷材料及其成形技术

传统意义上的陶瓷主要指陶器和瓷器,也包括玻璃、搪瓷、耐火材料、砖瓦等,所使用的原料主要是天然硅酸盐类矿物,故又称为硅酸盐材料,其主要成分是 SiO_2、Al_2O_3、TiO_2、Fe_2O_3、CaO、K_2O、MgO、PbO、Na_2O 等氧化物,形成的材料又通称为传统陶瓷或普通陶瓷。

现今意义上的陶瓷材料已有了巨大变化,许多新型陶瓷已经远远超出了硅酸盐的范畴,无论在原料、组分、制备工艺、性能和用途上均与传统陶瓷有了很大的差别。一般认为陶瓷材料是指各种无机非金属材料的通称,由于它的熔点高、硬度高、化学稳定性高,具有耐高温、耐腐蚀、耐摩擦、绝缘等优点,在现代工业上已得到广泛的应用。

陶瓷和金属材料、高分子材料一样,陶瓷材料的各种特殊性能都是由其化学组成、晶体结构、显微组织决定的。陶瓷是以天然的硅酸盐(如黏土、长石、石英等)或人工合成的化合物(氧化物、氮化物、碳化物、硅化物、硼化物、氟化物)为原料,经粉碎配制、成形和高温烧结而制成的,它是多相多晶体材料。

8.2.1 陶瓷的分类与性能

(1) 陶瓷材料的分类

陶瓷的种类繁多，大致可以分为传统陶瓷和现代陶瓷两大类。传统陶瓷又称为普通陶瓷，它是利用天然硅酸盐原料制成的，主要用作日用器皿和建筑、卫生制品。现代陶瓷也称为工程陶瓷、特种陶瓷或精细陶瓷等，它是用一些纯度较高的氧化物、碳化物、氮化物、硅化物、硼化物等物质组成的固体材料，采用特殊工艺制成的具有良好性能或具有特殊功能的陶瓷，其性能和应用范围远远超过了传统陶瓷。

现代陶瓷按功能和用途分为结构陶瓷、功能陶瓷和生物陶瓷。

结构陶瓷是指用来制作各种结构部件的陶瓷，主要用于轴承、球阀、刀具、模具等要求耐高温、耐腐蚀、耐磨损的部件。

功能陶瓷是指利用其电、磁、声、光、热等直接效应或其耦合效应，以实现某种特殊使用功能的特种陶瓷。

生物陶瓷是指作为医学生物材料的陶瓷，临床中主要用于牙齿、骨骼系统的修复和替换，如人造骨、人工关节等，也可用于制造某些人造器官的零部件。

(2) 陶瓷材料的组成

陶瓷的显微组织由晶相、玻璃相和气相组成，各组成相的结构、数量、形态、大小及分布对陶瓷性能有显著影响。

① 晶体相　陶瓷中的晶体相是主要组成相，在陶瓷中最常见的晶体相是氧化物结晶相和硅酸盐结晶相，对陶瓷的强度、硬度、耐热性有决定性的影响。

② 玻璃相　陶瓷中的玻璃相是一种非晶态的固体，它是烧结时，原料中的有些晶体物质如 SiO_2 已处在熔化状态，但因熔点附近黏度大，原子迁移很困难，若以较快的速度冷却到熔点以上，原子不能规则地排列成晶体，而成为过冷液体，当其继续冷却到 T_g 温度时便凝固成非晶态的玻璃相。

玻璃相是陶瓷材料中不可缺少的组成相。其作用是黏结分散的晶体相，降低烧结温度，抑制晶相的晶粒长大和填充气孔，其热稳定性差，强度较晶体相低。

③ 气相　是指陶瓷孔隙中的气体即气孔，它是陶瓷生产工艺过程中不可避免地形成并保留下来的，气孔对陶瓷性能有显著的影响，它使陶瓷密度减少，并能吸收振动，这是有利的；但它又使其强度降低，电击穿强度下降，绝缘性下降，这是不利的，因此对陶瓷中的气孔数量、形状、大小和分布应有所控制。

(3) 陶瓷材料的力学性能

① 高硬度　硬度是陶瓷材料的重要性能指标，大多数陶瓷材料的硬度比金属高得多，故其耐磨性好（它的硬度仅次于金刚石）。

② 高弹性模量、高脆性　陶瓷在拉伸时几乎没有塑性变形，在拉应力作用下产生一定弹性变形后直接脆断，大多数的陶瓷材料的弹性模量都比金属高。

③ 低抗拉强度和较高的抗压强度　由于陶瓷内部存在大量气孔，其作用相当于裂纹，在拉应力作用下会迅速扩展而导致脆断，陶瓷的抗拉强度要比金属低得多；在受压时气孔等缺陷不易扩展成宏观裂纹，故其抗压强度较高。

④ 优良的高温强度和低的抗热振性　陶瓷的熔点高于金属，具有优于金属的高温强度。

大多数金属在 1000℃ 以上就丧失强度，而陶瓷在高温下不仅能保持高硬度，而且基本能保持其室温下的强度，具有高的蠕变抗力，同时抗氧化的性能好，广泛用作高温材料；但陶瓷承受温度急剧变化的能力差（热振性差），当温度剧烈变化时易破裂。

8.2.2 常用工业陶瓷

（1）普通陶瓷

普通陶瓷质地坚硬、不氧化、不导电、耐腐蚀，成本低，加工成形性好，强度低，使用温度为 1200℃，广泛用于电气、化工、建筑和纺织行业。例如，受力不大，在酸、碱中工作的容器、反应塔、管道、绝缘件，要求光洁、耐磨、低速、受力小的导纱零件。

（2）氧化铝陶瓷

氧化铝陶瓷主要成分是 Al_2O_3，强度比普通陶瓷高 2～6 倍，硬度高（仅低于金刚石）。含 Al_2O_3 高的陶瓷可在 1600℃ 时长期使用，空气中使用温度最高为 1980℃，高温蠕变小。氧化铝陶瓷耐酸、碱和化学药品腐蚀，高温下不氧化，绝缘性好；脆性大，不能承受冲击。用于制作高温容器（如坩埚），内燃机火花塞；切削高硬度、大工件、精密件的刀具；耐磨件（如拉丝模）；化工、石油用泵的密封环；高温轴承；纺织机用高速导纱零件等。

（3）氮化硅陶瓷

氮化硅陶瓷化学稳定性好，除氢氟酸外，可耐无机酸（盐酸、硝酸、硫酸、磷酸、王水）和碱液腐蚀；可抗熔融非铁金属侵蚀，硬度高，摩擦系数小，有自润滑性；绝缘性、耐磨性好，热膨胀系数小，抗高温蠕变性高于其他陶瓷；最高使用温度低于氧化铝陶瓷。用于制作高温轴承，热电偶套管，转子发动机的刮片，泵和阀的密封件，切削高硬度材料的刀具。例如，农用泵因泥沙多，要求密封件耐磨，原来用铸造锡青铜作密封件与 9Cr18 对磨，寿命低，现用氮化硅陶瓷作密封件与 9Cr18 对磨，使用 8400h，磨损仍很小。

（4）碳化硅陶瓷

碳化硅陶瓷高温强度大，抗弯强度在 1400℃ 仍保持 500～600 MPa，热传导能力强，有良好的热稳定性、耐磨性、耐蚀性和抗蠕变性，用于制作工作温度高于 1500℃ 的结构件，如火箭尾喷管的喷嘴、浇注金属的浇口杯、热电偶套管、炉管、汽轮机叶片、高温轴承、泵的密封圈。

（5）氮化硼陶瓷

氮化硼陶瓷具有良好的高温绝缘性（2000℃ 时仍绝缘）、耐热性、热稳定性、化学稳定性、润滑性，能抗多数熔融金属的侵蚀，硬度低，可进行切削加工。用于制作热电偶套管，坩埚，导体散热绝缘件，高温容器、管道、轴承，玻璃制品的成形模具。

8.2.3 陶瓷材料的成形技术

（1）陶瓷制品的生产过程

陶瓷制品的生产过程主要包括坯体成形前的准备、坯体成形、烧结及坯体的后续加工等内容。

① 坯体成形前的准备　首先是利用物理、化学等方法对粉料进行处理获得所需要规格的粉体；然后按照陶瓷材料的成分，将各种原料进行称量配料，配料后根据不同的成形方法，混合制备成不同形式的坯料。

② 坯体成形　坯体成形是将坯料制成具有一定形状和规格的坯体。可采用浇注成形、

挤压成形、压制成形。

③ 烧结　烧结是对成形坯体进行低于熔点的高温加热，使其内部的粉体产生黏结，经过物质迁移导致致密化和高强度的过程。

④ 后续加工　陶瓷经成形、烧结后，还可根据需要进行后续精密加工，使之符合表面粗糙度、形状、尺寸等精度要求，如磨削加工、研磨与抛光、超声波加工、激光加工，甚至切削加工等。

（2）陶瓷成形方法

陶瓷经成形、烧结后，还可根据需要进行后续精密加工，使之符合表面粗糙度、形状、尺寸等精度要求，如磨削加工、研磨与抛光、超声波加工、激光加工，甚至切削加工等。

陶瓷制品的成形，就是将坯料制成具有一定形状和规格的坯体。成形方法主要有浇注成形、压制成形、可塑法成形等。

① 浇注成形　是将陶瓷原料粉体悬浮于水中制成料浆，然后注入模型内成形。坯体的形成主要有注浆成形、凝胶注模成形等方式。

② 压制成形　是将经过造粒的粒状陶瓷粉料，装入模具内直接在压力的作用下而成形的方法。具体有挤压成形和注射成形等方法。

a. 挤压成形　是将经真空炼制的可塑泥料置于挤制机（挤坯机）内，便可挤压出各种形状、尺寸的坯体。

b. 注射成形　是将陶瓷粉和有机胶黏剂混合后，加热混炼并制成粒状粉料，经注射成形机，在 130～300℃ 温度下注射到金属模腔内，冷却后胶黏固化成形，脱模取出坯体。

8.3　复合材料及其成形技术

随着现代工业的发展，对材料的性能要求越来越高，除要求材料具有高强度、耐高温、耐腐蚀、耐疲劳等性能外，甚至有些构件要求材料同时具有相互矛盾的性能，如既要求导电又要绝热，强度要比钢好，而弹性又要比橡胶好等，这对单一材料是无法满足的，就要采用复合技术，于是出现了复合材料。

扫码看视频课
54

所谓复合材料是指由两种或两种以上不同性质的材料，通过不同的工艺方法人工合成的多相材料。如不同的非金属之间，不同的金属材料之间以及非金属材料与金属材料之间都可以互相复合。

复合材料既要保持各自的最佳特性，又具有组合后的新特性，从而满足构件对性能的要求。复合材料能克服单一材料的弱点，发挥其优点，可得到单一材料不具备的性能。例如，混凝土性脆、抗压强度高，钢筋性韧、抗拉强度高，为使性能上取长补短，制成了钢筋混凝土。

（1）复合材料的分类

复合材料的全部相分为基体相和增强相。基体相起胶黏剂作用，增强相起提高强度或韧性作用。复合材料有以下三种分类方法。

① 按基体不同，分为非金属基体和金属基体两类。目前使用较多的是以高分子材料为基体的复合材料。

② 按增强相的种类和形状，分为颗粒、层叠、纤维增强等复合材料。

③ 按性能分为结构、功能等复合材料。结构复合材料是用于制作结构零件的复合材料。功能复合材料是指具有某种物理功能和效应的复合材料。

（2）复合材料的性能

① 比强度和比模量高　例如碳纤维和环氧树脂组成的复合材料，其比强度是钢的8倍，比模量（弹性模量与密度之比）比钢大3倍。

② 抗疲劳性能好　例如碳纤维-聚酯树脂复合材料的疲劳强度是其抗拉强度的70%～80%，而大多数金属的疲劳强度是其抗拉强度的30%～50%。

③ 减震性能好　纤维与基体界面有吸振能力，可减小振动。例如，尺寸形状相同的梁，金属梁9s停止振动，碳纤维复合材料制成的梁2.5s就可停止振动。

④ 高温性能好　一般铝合金在400～500℃时弹性模量急剧下降，强度也下降。碳或硼纤维增强的铝复合材料，在上述温度时，其弹性模量和强度基本不变。

此外，复合材料还有较好的减摩性、耐蚀性、断裂安全性和工艺性等。

（3）复合材料成形技术

① 热固性树脂基复合材料的成形　热固性树脂基复合材料以热固性树脂为基体，以无机物、有机物为增强材料。

a. 手糊成形　该法以手工作业为主，其工艺流程如下：

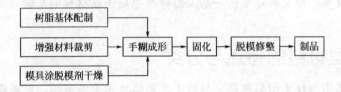

手糊成形可用于制造船体、储罐、储槽、大口径管道、风机叶片、汽车壳体、机翼、火箭外壳等大中型制件。

b. 喷射成形　该法是将调配好的树脂胶液与短切纤维通过喷射机的喷枪均匀喷射到模具上沉积，每喷一层，即用辊子滚压，使之压实、浸渍并排出气泡，然后再继续喷射，直至完成坯件制作，最后固化成制品。

喷射法可用于成形船体、容器、汽车车身、机器外罩、大型板等制品。

c. 铺层法成形　用手工或机械手，将预浸材料（将连续纤维或织物、布浸渍树脂，烘干而成的半成品材料，如胶布、无纬布、无纬带等）按预定方向和顺序在模具内逐层铺贴至所需厚度（或层数），获得铺层坯件，然后将坯件装袋，经加热加压固化，脱模修整获得制品。铺层坯件的加温加压固化方法通常有真空袋法、压力袋法、热压罐法等。

d. 缠绕成形　是采用预浸纱带、预浸布带等预浸料，或将连续纤维、布带浸渍树脂后，在适当的缠绕张力下，按一定规律缠绕到一定形状的心模上至一定厚度，经固化脱模获得制品的一种方法。

e. 模压成形　将塑料、预浸料以及缠绕在心模上的缠绕坯料等放在金属模具中，在压力和温度作用下经过塑化、熔融流动、充满模腔、成形固化而获得制品。模压成形工艺按成形方法可分为压制模压成形、压注模压成形与注射模压成形。

f. 层压成形　将纸、棉布、玻璃布等片状增强材料，在浸胶机中浸渍树脂，经干燥制成浸胶材料，然后按层压制品的大小，对浸胶材料进行裁剪，并根据制品要求的厚度（或质量）计算所需浸胶材料的张数，逐层叠放在多层压机上，进行加热层压固化，脱模获得层压制品。

g. 离心浇注成形　利用筒状模具旋转产生的离心力，将短切纤维连同树脂同时均匀喷洒到模具内壁形成坯件，或先将短切纤维毡铺在筒状模具的内壁上，再在模具快速旋转的同时，向纤维层均匀喷洒树脂液浸润纤维形成坯件，坯件达到所需厚度后通热风固化。

h. 拉挤成形　将浸渍过树脂胶液的连续纤维束或带，在牵引机构拉力作用下，通过成形模定形，再进行固化，连续引拔出长度不受限制的复合材料管、棒、方形、工字形、槽形，以及非对称形的异形截面等型材。

② 热塑性树脂基复合材料的成形　热塑性树脂基复合材料成形过程主要由加热熔融、流动成形和冷却硬化三个阶段组成。已成形的坯件或制品，再加热熔融后还可以二次成形。粒子及短纤维增强的热塑性树脂基复合材料可采用挤出成形、注射成形和模压成形，其中，挤出成形和注射成形占主导地位。

8.4　新型材料

新型材料是指新出现的或正在发展中的，具有传统材料所不具备的优异性能和特殊功能的材料；或采用新技术（工艺、装备），使传统材料性能有明显提高或产生新功能的材料。一般认为满足高技术产业发展需要的一些关键材料也属于新材料的范畴（如航空材料、生物材料）。

8.4.1　新型材料的特点与分类

新型材料的知识与技术密集度高，与新工艺和新技术关系密切，更新换代快，品质式样变化多。同时，新型材料又是多学科相互交叉和渗透的结果，表现出综合性和复杂性。新型材料的表征和评价技术需采用多种基于最新科学技术成就的精密仪器和装置来进行。

新型材料的分类方法很多，按照材料的属性大致可以分为六大领域（如图 8-3）。

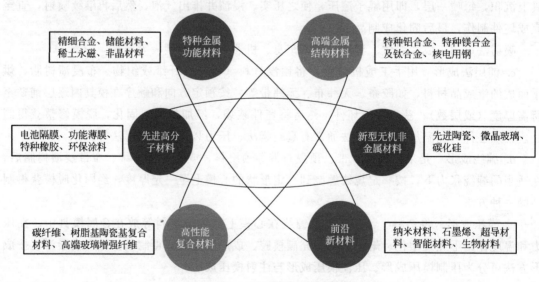

图 8-3　新型材料的分类

除此之外，新型材料还可以按用途分为：信息材料、能源材料、生物材料、汽车材料、纳米材料、超导材料、稀土材料、新型钢铁材料、新型有色金属合金材料、新型建筑材料、新型化工材料、生态环境材料、军工新材料等。

8.4.2　主要新型材料介绍

（1）信息材料

电子信息材料及产品支撑着现代通信、计算机、信息网络、微机械智能系统、工业自动化和家电等现代高技术产业。电子信息材料产业的发展规模和技术水平，在国民经济中具有重要的战略地位，是科技创新和国际竞争最为激烈的材料领域。微电子材料在未来 10～15 年仍是最基本的信息材料，光电子材料将成为发展最快和最有前途的信息材料。信息材料主要可以分为以下三大类。

① 集成电路及半导体材料　以硅材料为主体，新的化合物半导体材料及新一代高温半导体材料也是重要组成部分，也包括高纯化学试剂和特种电子气体。

② 光电子材料　包含激光材料、红外探测器材料、液晶显示材料、高亮度发光二极管材料、光纤材料等。

③ 新型电子元器件材料　包含磁性材料、电子陶瓷材料、压电晶体管材料、信息传感材料和高性能封装材料等。

当前的研究热点和技术前沿包括柔性晶体管、光子晶体、SiC、GaN、GaAs、ZnSe 等宽禁带半导体材料为代表的第三代半导体材料（见图 8-4），有机显示材料以及各种纳米电子材料等。

图 8-4　晶体管、砷化镓 GaAs 晶片

（2）能源材料

全球范围内能源消耗在持续增长，80%的能源来自化石燃料，从长远来看，需要没有污染和可持续发展的新型能源来代替所有化石燃料，未来的清洁能源包括氢能、太阳能、风能、核聚变能等。解决能源问题的关键是能源材料的突破，无论是提高燃烧效率以减少资源消耗，还是开发新能源及利用再生能源都与材料有着极为密切的关系。

① 传统能源所需材料　传统能源领域要提高能源利用效率，发展超临界蒸汽发电机组

和整体煤气化联合循环技术，而这些技术对材料的要求高。所需材料有工程陶瓷、新型通道材料等。

② 氢能和燃料电池　用于氢能生产、储存和利用所需的材料和技术，有燃料电池材料等。

③ 绿色二次电池　包含镍氢电池、锂离子电池（见图 8-5）以及高性能聚合物电池等新型材料。

④ 太阳能电池　包含多晶硅、非晶硅、薄膜电池等材料。

⑤ 核能材料　主要是新型核电反应堆材料。

新能源材料就材料种类主要包括专用薄膜，聚合物电解液，催化剂和电极，先进光电材料，特制光谱塑料和涂层，碳纳米管、金属氢化物浆料，高温超导材料，低成本、低能耗的民用工程材料，轻质、便宜、高效的绝缘材料，轻质、坚固的复合结构材料，超高温合金，陶瓷和复合材料，抗辐射材料，低活性材料，抗腐蚀及抗压力腐蚀裂解材料，机械和抗等离子腐蚀材料。

当前研究热点和技术前沿包括高能储氢材料、聚合物电池材料、中温固体氧化物燃料电池电解质材料、多晶薄膜太阳能电池材料等。

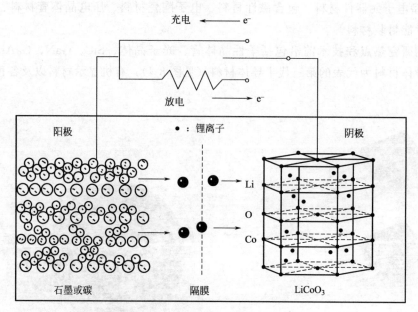

图 8-5　锂离子电池充放电原理

（3）生物材料

生物材料是和生命系统结合，用以诊断、治疗或替换机体组织、器官或增进其功能的材料。它涉及材料、医学、物理、生物化学及现代高技术等诸多学科领域，已成为 21 世纪主要支柱产业之一。

很多类型的材料在健康治疗中都已得到应用，如：金属和合金、陶瓷、高分子材料和复合材料、生物质材料等。三种主要的生物材料比较见表 8-2。高分子生物材料是生物医用材料中最活跃的领域；金属生物材料仍是临床应用最广泛的承力植入材料，医用钛及其合金，以及 Ni-Ti 形状记忆合金的研究与开发是一个热点；无机生物材料越来越受到重视。

表 8-2　三种主要的生物材料比较

材料特性	金属	聚合物	陶瓷
生物相容性	不太好	较好	很好
耐侵蚀性	除贵金属外,多数不耐侵蚀,表面易变质	化学性能稳定,耐侵蚀	化学性能稳定,耐侵蚀,不易氧化、水解或降解
耐热性	较好,耐热冲击	受热易变形,易老化	热稳定性好,耐热冲击
强度	很高	差	很高
耐磨性	不太好,磨损产物易污染周围组织	不耐磨	耐磨性好,有一定润滑性能
加工及成形性能	非常好,可加工成任意形状,延展性良好	可加工性好,有一定韧性	塑性好,脆性大,无延展性

国际生物医用材料研究和发展的主要方向,一是模拟人体硬软组织、器官和血液等的组成,结构和功能而开展的仿生或功能设计与制备;二是赋予材料优异的生物相容性、生物活性或生命活性。就具体材料来说,主要包括药物控制释放材料、组织工程材料、仿生材料、纳米生物材料、生物活性材料、介入诊断和治疗材料、可降解和吸收生物材料、新型人造器官、人造血液等。

(4) 纳米材料与技术

纳米材料是指在三维空间中至少有一维处于纳米尺寸或由它们作为基本单元构成的材料(纳米材料的二维结构模型见图 8-6),21 世纪是纳米材料与技术发展的关键时期。纳电子代替微电子,纳加工代替微加工,纳米材料代替微米材料,纳米生物技术代替微米尺度的生物技术,是科技发展的大趋势。

纳米材料与技术的研究开发大部分处于基础研究阶段,如纳米电子与器件,纳米生物等高风险领域,还没有形成大规模的产业。但纳米材料及技术在电子信息产业、生物医药产业、能源产业、环境保护等方面,对相关材料的制备和应用都将产生革命性的影响。

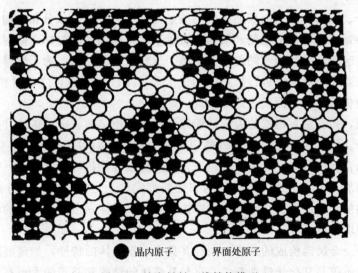

● 晶内原子　○ 界面处原子

图 8-6　纳米材料二维结构模型

(5) 超导材料与技术

超导材料(见图 8-7)与技术是 21 世纪具有战略意义的高新技术,广泛用于能源、医疗、交通、科学研究及国防军工等重大领域。超导材料的应用主要取决于材料本身性能及其制备技术的发展。

低温超导材料已经达到实用水平，高温超导材料产业化技术也取得重大突破，高温超导带材和移动通信用高温超导滤波子系统将很快进入商业化阶段。

图 8-7　超导材料

（6）新型钢铁材料

钢铁材料是重要的基础材料，广泛应用于能源开发、交通运输、石油化工、机械电力、轻工纺织、医疗卫生、建筑建材、家电通信、国防建设以及高科技产业，并具有较强的竞争优势。

新型钢铁材料发展的重点是高性能钢铁材料。其方向为高性能、长寿命、在质量上已向组织细化和精确控制、提高钢材洁净度和高均匀度方面发展。

8.4.3　新型材料成分、结构与性能间的关系

材料的成分、结构、工艺与性能之间的关系是密不可分的，成分和结构可以极大地影响材料的性能，换言之，材料的成分和结构会直接决定材料的性能好坏。而材料的成分与结构之间也是相互影响的。材料间不同的性能来源于材料不同的结构。为了使材料形成某种特定的结构，人们就要确定对材料进行处理的加工工艺及手段。总而言之，材料的性能是目的，成分是基础，结构是形态，而工艺则是手段。

以钢铁为例，碳含量对钢铁的力学性能起着重要作用。随着碳含量的升高，碳钢的硬度增加、韧性下降。同时含碳量对工艺性能也有很大影响。对可锻性而言，低碳钢比高碳钢好；对焊接性而言，一般来说，含碳量越低，钢的焊接性能越好。

合金成分的加入可以使钢的组织结构和性能都发生一定的变化，从而具有一些特殊性能。例如，铬的加入不仅能提高金属的耐腐蚀性和抗氧化性，也能提高钢的淬透性，显著提高钢的强度、硬度和耐磨性。

钢铁是属于由金属键构成的晶体，因此其具有金属晶体的特性，如延展性。同时这也注定钢的力学性能不仅与其化学性能有关，也与其晶体的结构和晶粒的大小有关。

8.4.4　几种重要新型材料的发展趋势

新型材料在国民经济中具有举足轻重的地位。对新一代材料的要求大概有以下几个方

面：材料结构与功能相结合；开发智能材料，智能材料必须具备对外界的反应能力达到定量的水平，目前的材料还停留在机敏材料的水平上，机敏材料只能对外界有定性地反映；材料本身少无污染，生产过程少污染，且能再生；制造材料能耗少，本身能够创造新能源或能充分利用能源。

(1) 特种金属功能材料

特种金属功能材料关键技术和装备见表 8-3。

① 稀土功能材料　其发展趋势为：以提高稀土新材料性能、扩大高端领域应用、增加产品附加值为重点，充分发挥我国稀土资源优势，壮大稀土新材料产业规模；大力发展超高性能稀土永磁材料、稀土发光材料，积极开发高比容量、低自放电、长寿命的新型储氢材料，提高研磨抛光材料产品档次，提升现有催化材料性能和制备技术水平。

② 稀有金属材料　其发展趋势为：积极发展高纯稀有金属及靶材，大规模钼电极、高品质钼丝、高精度钨窄带、钨相大型板材和制作高纯铼及合金制品等高技术含量深加工材料；加快促进超细纳米晶、特粗晶粒等高性能硬质合金产业化，提高核级锆材和银钢镉控制棒、高比容钽粉、高效贵金属催化材料发展水平。

③ 半导体材料　其发展趋势为：以高纯度、大尺寸、低缺陷、高性能和低成本为主攻方向，逐步提高关键材料自给率。开发电子级多晶硅、大尺寸单晶硅、抛光片、外延片等材料。积极开发氮化镓、砷化镓、碳化硅、磷化铟、锗、绝缘体上硅（SOI）等新型半导体材料，以及铜钢镓硒、铜铟硫、硫化镉等新型薄膜光伏材料，推进高效、低成本光伏材料产业化。

表 8-3　特种金属功能材料关键技术和装备

序号	特种金属功能材料	关键技术和装备
1	稀土功能材料技术	开发高纯度稀土集成化提纯、磁能积加矫顽力大于 65 的永磁材料、高容量大功率储能材料、稀土合金快冷厚带等生产技术
2	稀有金属材料技术	开发多元合金熔炼、大型合金铸锭成分均匀化控制、中间合金制备、超高纯（≥6N）金属加工及清洗、大尺寸超高纯金属靶材微观组织控制、硬质合金全致密化烧结及涂层沉积定向控制等技术
3	半导体材料技术	实现 8in（1in=0.0254m）、12in 单晶硅生长及硅片加工产业化、突破 12in 硅片外延生长等技术，开发多晶硅绿色生产工艺
4	其他功能合金技术	开发新一代非晶带材高速连铸工艺、薄规格（0.18～0.20mm）高磁感取向硅钢生产技术、超细超纯铜合金制备加工工艺

(2) 先进高分子材料

① 特种橡胶　自主研发和技术引进并举，走精细化、系列化路线，大力开发新产品、新牌号，改善产品质量，扩大规模；扩大丁基橡胶（IIR）、丁腈橡胶（NBR）、乙丙橡胶（EPR）、异戊橡胶（IR）、聚氨酯橡胶、氟橡胶及相关弹性体等生产规模，加快开发丙烯酸酯橡胶及弹性体、卤化丁基橡胶、氢化丁腈橡胶、耐寒氯丁橡胶和高端苯乙烯弹性体、耐高低温硅橡胶、耐低温氟橡胶等品种，积极发展专用助剂，强化为汽车、高速铁路和高端装备制造配备的高性能密封、阻尼等专业材料开发。

② 工程塑料　围绕提高宽耐温、高抗冲、抗老化、高耐磨和易加工等性能，加强改性及加工应用技术研发，扩大国内生产，尽快增强高端品种供应能力；加快发展聚碳酸酯

（PC）、聚甲醛（POM）、聚酰胺（PA）、聚对苯二甲酸丁二醇酯（PBT）、聚苯醚（PPO）和聚苯硫醚（PPS）等产品，扩大应用范围，提高自给率；积极开发聚对苯二甲酸丙二醇酯（PTT）和聚萘二甲酸乙二醇酯（PEN）等新型聚酯、特种环氧树脂和长碳链聚酰胺、耐高温加工聚酰亚胺等新产品或高端牌号。

（3）新型无机非金属材料

新型无机非金属材料在新型材料中是比较受重视的，在新材料科技研发中占有一定的比重。新型无机非金属材料主要有先进陶瓷、非晶态材料、人工晶体、无机纤维等。其中，先进陶瓷的发展方向是，重点突破粉体及先驱制备、配方开发、烧制成形和精密加工等关键环节，扩大耐高温、耐磨和高稳定性结构功能一体化陶瓷生产规模；重点发展精细熔融石英陶瓷坩埚、陶瓷过滤膜和新型无毒蜂窝陶瓷脱硝催化剂等产品；积极发展超大尺寸氮化硅陶瓷、烧结碳化硅陶瓷、高频多功能压电陶瓷及超声换能用压电陶瓷；大力发展无铅绿色陶瓷材料，建立高纯陶瓷原料保障体系。

（4）高性能复合材料

① 树脂基复合材料　其发展趋势为：以低成本、高比强、高比模和高稳定性为目标，攻克树脂基复合材料的原料制备、工业化生产及配套装备等共性关键问题；加快发展碳纤维等高性能增强纤维，提高树脂性能，开发新型超大规格、特殊结构材料的一体化制备工艺，发展风电叶片、建筑工程、高压容器、复合导线及杆塔等专用材料，加快在航空航天、新能源、高速列车、海洋工程、节能与新能源汽车和防灾减灾等领域的应用。

② 碳/碳复合材料　其发展趋势为：以耐高温、耐烧蚀、耐磨损及结构功能一体化为重点，加强材料预成型、浸渍渗碳及快速制备工艺研究；积极开发各类高温处理炉、气氛炉所需要的保温筒、发热体和坩埚等材料，推广碳/碳复合材料刹车片、高温紧固件等在运输装备、高温装备中的应用。

③ 陶瓷基复合材料　其发展趋势为：进一步提高特种陶瓷基体和碳化硅、氮化硅、氧化铝等增强纤维，以及新型颗粒、晶须增强材料及陶瓷先驱制备技术水平，加快在削切工具、耐磨器件和航空航天等领域的应用。

④ 金属基复合材料　其发展趋势为：发展纤维增强铝基、钛基、镁基复合材料和金属层状复合材料，进一步实现材料轻量化、智能化、高性能化和多功能化。

（5）前沿新材料

① 纳米材料　其发展趋势为：加强纳米技术研究，重点突破纳米材料及制品的制备与应用关键技术，积极开发纳米粉体、纳米碳管、富勒烯、石墨烯等材料，积极推进纳米材料在新能源、节能减排、环境治理、绿色印刷、功能涂层、电子信息和生物医用等领域的研究应用。

② 生物材料　其发展趋势为：积极开展聚乳酸等生物可降解材料研究，加快实现产业化，推进生物基高分子新材料和生物基绿色化学品产业发展；加强生物医用材料研究，提高材料生物相容性和化学稳定性，大力发展高性能、低成本生物医用高端材料和产品，推动医药器械基础材料升级换代。

③ 智能材料　其发展趋势为：加强基础材料研究，开发智能材料与结构制备加工技术，发展形状记忆合金、应变电阻合金、磁致伸缩材料、智能高分子材料和磁流变液体材料等。

④ 超导材料　其发展趋势为：图片高度均匀合金的熔炼及超导线材制备技术，提高铌

钛合金和铌锡合金等低温超导材料工程化制备技术水平，发展高温超导千米长线、高温超导薄膜材料规模化制备技术，满足核磁共振成像、超导电缆、无线通信等需求。

思 考 题

1. 说明解决高分子材料老化及白色污染的可能方法。
2. 说明各种工程塑料的性能及应用范围。
3. 说明各种橡胶的性能特点及应用范围。
4. 陶瓷材料有哪几类？其生产过程如何？
5. 叙述各类常用工程结构陶瓷材料的性能特点及应用。
6. 说明复合材料的增强机制及性能。
7. 说明常用复合材料的性能特点及其应用。
8. 玻璃钢、钨钴硬质合金是一种什么样的复合材料？

第9章
金属零件的失效、选材及加工工艺的选择

在机械零件的设计与制造中，如何合理地选择和使用金属材料是一项十分重要的工作。因为设计时不仅要考虑材料的性能能够适应零件的工作条件，使零件经久耐用，而且还要求材料具有较好的加工工艺性能和经济性，以便提高零件的生产率，降低成本，减少消耗等。

机械零部件设计应满足以下的要求：

① 工作能力要求　具体有强度、刚度、寿命、耐磨性、耐热性、振动稳定性及精度等；

② 工艺性要求　加工、装配具有良好的工艺性及维修方便；

③ 经济性要求　主要指生产成本要低；

④ 其他　还要满足噪声控制、防腐性能、不污染环境等环境保护要求和安全要求等。

以上要求往往互相牵制，需全面综合考虑。

9.1　零件的失效分析

扫码看视频课

55

9.1.1　零件失效的概念和形式

失效是指零件在使用过程中，由于尺寸、形状或材料的组织与性能发生变化而失去正常工作所具有的效能。失效有如下三种情况：

① 零件完全破坏，不能继续工作；

② 虽能工作，但不能保证安全；

③ 虽保证安全，但不能保证精度或起不到预定的作用。

零件失效的形式多种多样，按零件的工作条件及失效的宏观表现与规律可分为变形失效、

断裂失效、表面损伤失效等。如图 9-1 所示。

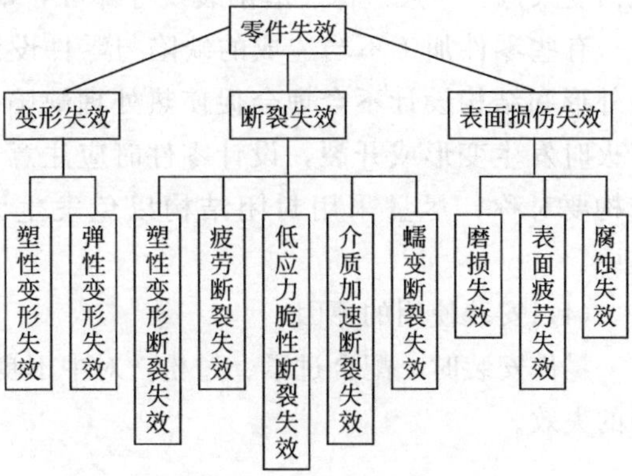

（1）变形失效

变形失效是指零件在工作过程中产生超过允许值的变形量而导致整个机械设备无法正常工作，或者虽能正常工作但产品质量严重下降的现象。

（2）断裂失效

断裂失效是指零件在工作过程中完全断裂而导致整个机械设备无法工作的现象。

断裂失效的主要形式有塑性变形断裂失效、低应力脆性断裂失效、疲劳断裂失效、蠕变断裂失效、介质加速断裂失效。

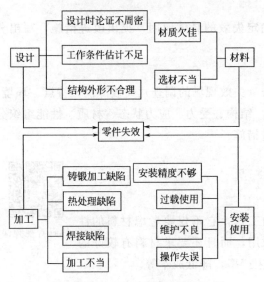

图 9-1　零件失效的形式

（3）表面损伤失效

表面损伤失效是指机械零件因表面损伤而造成机械设备无法正常工作或失去精度的现象。主要包括磨损失效、腐蚀失效、表面疲劳失效等。按表面疲劳损伤程度分为麻点与剥落两种方式。

9.1.2　机械零件失效的原因

机械零件失效原因有多种，在实际生产中，零件失效很少是由于单一因素引起的，往往是几个因素综合作用的结果。归纳起来可分为设计、材料、加工和安装使用四个方面。可能的原因如图 9-2 所示。

（1）设计原因

设计原因导致的失效主要有两个方面：一是由于设计的结构和形状不合理导致零件失效，如零件的高应力区存在明显的应力集中源（各种尖角、缺口、过小的过渡圆角等）；二是对零件的工作条件估计失误，如对工作中可能的过载估计不足，使设计的零件的承载能力不够。

（2）材料方面的原因

选材不当是材料方面导致失效的主要原因。最常见的是设计人员仅根据材料的常规性能指标来作出决定，而这些指标根本不能反映出材料所受某种类型失效的能力；材料本身的缺陷（如缩孔、疏松、气孔、夹杂、微裂纹等）也会导致零件失效。

图 9-2　零件失效的原因

（3）加工方面原因

由于加工工艺控制不好会造成各种缺陷而引起失效。如热处理工艺控制不当导致过热、脱碳、回火不足等；锻造工艺不良出现带状组织、过热或过烧现象等；冷加工工艺不良造成光洁度太低、刀痕过深、磨削裂纹等都可导致零件的失效。

有些零件加工不当造成的缺陷与零件设计有很大的关系，如热处理时的某些缺陷，零件外形和结构设计不合理会促使热处理缺陷的产生（如变形、开裂）。为避免或减少零件淬火时发生变形或开裂，设计零件时应注意：截面厚薄要均匀，否则容易在薄壁处开裂；结构要对称，尽量采用封闭结构以免发生大的变形；变截面处要均匀过渡，防止应力集中。

(4) 安装使用的原因

零件安装时，配合过紧、过松，对中不良，固定不紧等，或操作不当均可造成使用过程中的失效。

9.1.3 失效分析的一般过程

失效分析是一项系统工程，必须对零件设计、选材、工艺、安装使用等各方面进行系统分析，才能找出失效原因。

① 现场调查研究是十分关键的一步。尽量仔细收集失效零件的残骸，并拍照记录实况，从而确定重点分析的对象，样品应取自失效的发源部位。

② 详细记录并整理失效零件的有关资料，如设计图纸、加工方式及使用情况。

③ 对所选定的试样进行宏观和微观分析，确定失效的发源点和失效的方式。扫描电镜断口分析确定失效发源地和失效方式；金相分析，确定材料的内部质量。

④ 测定样品的有关数据：性能测试、组织分析、化学成分分析及无损探伤等的数据。

⑤ 断裂力学分析。

⑥ 最后综合各方面分析资料作出判断，确定失效的具体原因，提出改进措施，写出分析报告。

失效分析的过程如下：

事故（失效）→收集失效的残骸→全面调查（失效现场的调查）失效部位，特点、环境、时间→综合分析（工作状态、裂纹和断口分析，结构、受力、应力状态、材质、性能组织分析)→或测试或模拟→找出失效原因→提出改进措施。

9.2 选材的一般原则

合理地选择和使用材料是一项十分重要的工作，它不仅要考虑材料的性能应能够适应零件的工作条件，使零件经久耐用，而且还要求材料有较好的加工工艺性能和经济性，以便提高机械零件的生产率，降低成本等。

扫码看视频课

56

9.2.1 选用材料的一般原则

(1) 使用性原则

使用性原则是指材料所提供的使用性能指标对零件功能和寿命的满足程度。零件在正常情况下，应完成设计规定的功能并达到预期的使用寿命。

零件的使用要求不仅体现在形状、尺寸、加工精度、表面粗糙度等外部质量方面，也体现在其化学成分、组织结构、力学性能、物理性能、化学性能等内部质量的要求上。在进行材料和成形工艺选择时,主要从三个方面予以考虑:零件的负载和工作情况;对零件尺寸和质量的限制;零件的重要程度。

由于零件工作条件和失效形式的复杂性,要求在选择时必须根据具体情况分析,找出最关键的力学性能指标,同时兼顾其他性能。

(2)工艺性原则

在零件功能设计时,必须考虑工艺性。零件图中所示尺寸公差、表面粗糙度、结构形状等技术条件,直接影响其加工工艺。有些材料从零件的使用性能要求来看是完全合适的,但无法加工制造或加工制造很困难,成本很高,实际上就是材料工艺性不好。因此材料工艺性的好坏,对零件加工的难易程度、生产效率、生产成本等方面起着十分重要的作用。

材料工艺性是指材料适应某种加工的能力。材料的工艺性要求与零件的制造加工工艺路线关系密切,具体的工艺性要求是工艺方法和工艺路线相结合而提出来的。材料工艺性能主要包括以下几个方面。

① 铸造工艺性 包括流动性、收缩性、热裂倾向性、偏析性及吸气性等。

② 锻造工艺性 包括可锻性、冷镦性、冲压性、锻后冷却要求等。

③ 焊接工艺性 主要为焊接性能,即焊接接头产生工艺缺陷的敏感性及其使用性能。

④ 切削加工工艺性 是指材料接受切削加工的能力。如刀具耐用度、断屑能力等。

⑤ 黏结固化工艺性 高分子材料、陶瓷材料、复合材料及粉末冶金制品,其黏结固化性能是重要的工艺指标。

⑥ 热处理工艺性 包括淬透性、变形开裂倾向、过热敏感性、回火脆性倾向、氧化脱碳倾向等。

常用材料的切削加工性能的比较如表 9-1 所示。

(3)经济性

应尽量选用价格比较便宜的材料。从材料本身的价格和材料加工费用考虑,从资源供应条件考虑,注意选用非金属材料。

表 9-1 常用材料的切削加工性能的比较

切削加工性能等级	各种材料的切削加工性能		相对加工性 K_v	代 表 性 的 材 料
1	一般非铁金属	很容易加工	8~20	铝镁合金、锡青铜(ZCuSn5Pb5Zn5)
2	易切削钢	易加工	2.5~3.0	易削钢(σ_b=400~500MPa)
3	较易切削的钢材		1.6~2.5	30 钢正火(σ_b=500~580MPa)
4	一般非合金钢、铸铁	普通	1.0~1.5	45 钢、灰铸铁
5	稍难切削的材料		0.7~0.9	85 钢(轧材)、2Cr13 调质(σ_b=850MPa)
6	较难切削的材料	难加工	0.5~0.65	65Mn 钢调质(σ_b=950~1000MPa)、易切不锈钢
7	难切削的材料		0.15~0.5	不锈钢(0Cr18Ni11Ti)
8	很难切削的材料		0.04~0.14	耐热合金钢、钛合金

注:材料切削加工性能通常用刀具耐用度为 60min 时的切削速度 v_{60} 来表示。v_{60} 越高,表示材料的切削加工性能越好,并以 σ_b=600MPa 的 45 钢的 v_{60} 为基准,简写为 $(v_{60})f$。若以其材料的 v_{60} 与 $(v_{60})f$ 相比,其比值 $K_v = v_{60}/(v_{60})f$ 称为相对加工性。

材料的经济性主要从以下几个方面考虑。

① 材料本身价格应低　通常情况下材料的直接成本为产品价格的 30%～70%。我国常用金属材料的相对价格如表 9-2 所示。

表 9-2　我国常用金属材料的相对价格

材　　料	相对价格/(万元/吨)	材　　料	相对价格/(万元/吨)
非合金结构钢	1	非合金工具钢	1.4～1.5
低合金高强度结构钢	1.2～1.7	合金量具刃具钢	2.4～3.7
优质非合金结构钢	1.4～1.5	合金模具钢	5.4～7.2
易切削钢	2	高速工具钢	13.5～15
合金结构钢	1.7～2.9	铬不锈钢	8
镍铬合金结构钢	3	镍铬不锈钢	20
滚动轴承钢	2.1～2.9	普通黄铜	13
弹簧钢	1.6～1.9	球墨铸铁	2.4～2.9

② 材料加工费用应低　非金属材料（如塑料）加工性能好于金属材料，有色金属的加工性能好于钢，钢的加工性能好于合金钢。材料的加工费用应从以下几个方面考虑。

a. 成形方法　在满足零件性能要求的前提下，以铸代锻，以焊代锻。例如，汽车发动机曲轴，一直选用强韧性良好的钢制锻件，改成铸造曲轴（球墨铸铁）可使成本降低很多。

b. 加工工艺路线　选用最佳工艺路线。

c. 现有生产条件　应充分利用现有生产设备或进行技术改造，能自己生产的不要外协。

③ 提高材料利用率和再生利用率　在加工中尽量采用少切屑（如精铸、冷拉、模锻等）和无切屑新工艺，有效利用材料。

④ 使用过程的经济效益　在选材时，不能片面强调材料费用及制造成本，还需对材料的使用寿命予以重视，使得生产出来的产品能够安全使用。

9.2.2　选材的方法与步骤

（1）选材的方法

选材的方法应以零件最主要的性能要求作为选材的主要依据，同时兼顾其他性能要求，这是选材的基本要求。

① 以要求较高综合力学性能为主时的选材　在机械制造中有相当多的结构零件，如轴、杆、套类零件等，在工作时均不同程度地承受着静、动载荷的作用，其失效形式可能为变形失效和断裂失效，所以这类零件要求具有较高的强度和较好的塑性与韧性，即良好的综合力学性能。

② 以疲劳强度为主时的选材　疲劳破坏是零件在交变应力作用下最常见的破坏形式，如发动机曲轴、齿轮、弹簧及滚动轴承等零件的失效，大多数是因疲劳破坏引起的。

③ 以抗磨损为主时的选材　可分为两种情况：一是磨损较大、受力较小的零件，其主要失效形式是磨损，故要求材料具有高的耐磨性，如钻套、各种量具、刀具、顶尖等，选用高碳钢或高碳合金钢，进行淬火和低温回火处理，获得高硬度的回火马氏体和碳化物组织，即能满足耐磨的要求；二是同时受磨损及交变应力作用的零件，其主要失效形式是磨损，过

量的变形与疲劳断裂（如传动齿轮、凸轮等）。

（2）选材的步骤

① 分析零件的工作条件及其失效形式，根据具体情况或用户要求确定零件的性能要求（包括使用性能和工艺性能）和最关键的性能指标。主要考虑力学性能，还应考虑物理、化学性能。

② 对同类产品的用材情况进行调研，结合同类产品零件失效分析的结果，找出零件在实际使用中造成失效的主要性能指标，以此作为选材的依据。几种机械零件的主要失效形式和主要的性能指标，如表 9-3 所示。

表 9-3　典型机械零件的工作条件、失效形式和性能指标

零　件	工作条件	主要失效形式	主要力学性能指标
紧固螺栓	拉应力,切应力	过量塑性变形,断裂	强度,塑性
连杆螺栓	交变拉应力,冲击	过量塑性变形,疲劳断裂	疲劳强度,屈服强度
连杆	交变拉压应力,冲击	疲劳断裂	拉压疲劳强度
活塞销	交变切应力,冲击,表面接触应力	疲劳断裂	疲劳强度,耐磨性
曲轴及轴类零件	交变弯曲、扭转应力,冲击,振动	疲劳,过量变形,磨损	弯扭疲劳强度,屈服强度,耐磨性,韧性
传动齿轮	交变弯曲应力,交变接触压应力,摩擦,冲击	断齿,齿面麻点剥落,齿面磨损,齿面胶合	弯曲、接触疲劳强度,表面耐磨性,心部屈服强度
弹簧	交变弯曲或扭转应力,冲击	过量变形,疲劳	弹性极限,屈强比,疲劳极限
滚动轴承	交变压应力,接触应力,温升,腐蚀,冲击	过量变形,疲劳	接触疲劳强度,耐磨性,耐蚀性
滑动轴承	交变拉应力,温升,腐蚀,冲击	过量变形,疲劳,咬合,腐蚀	接触疲劳强度,耐磨性,耐蚀性
汽轮机叶片	交变弯曲应力,高温燃气,振动	过量变形,疲劳,腐蚀	高温弯曲疲劳强度,蠕变极限及持久强度,耐蚀性,韧性

③ 通过查找有关设计手册，结合力学计算或试验，确定零件应具有的力学性能指标或其他性能指标。

④ 初步选择出具体的材料牌号，并决定其热处理方法或其他强化方法。

⑤ 审核所选材料的经济性，确认是否能适应高效加工和组织现代化生产。

⑥ 对于关键性零件，投产前应先在实验室对所选材料进行试验，初步检验所选材料与成形工艺能否达到各项性能指标的要求。对试验结果基本满意后，便可批量投产。

上述选材步骤只是一般过程，并非一成不变。对于某些不重要零件，如果有同类产品可供参考，则可直接投产而不必试制；对于某些配件或小批量生产的非标准零件，若对材料选择与热处理方法有成熟的经验和资料，则可不进行试验和试制。

9.3　典型零件的选材与工艺

工程材料中应用较多的是金属材料，它具有强度高、韧性好、疲劳抗力高等优良性能，可用来制造各种重要的机器零件和工程结构件。

扫码看视频课

57

9.3.1 齿轮类与轴类零件的选材分析

(1) 齿轮类零件的选材与工艺

① 齿轮的性能要求 齿轮在机器中主要担负传递功率与调节速度的任务，有时也起改变运动方向的作用。在工作时它通过齿面的接触传递动力，周期地受弯曲应力和接触应力的作用，在啮合的齿面上，相互运动和滑动造成强烈的摩擦，有些齿轮在换挡、启动或啮合不均匀时还承受冲击力等。其失效形式主要有齿轮疲劳冲击断裂、过载断裂、齿面接触疲劳与磨损。因此，要求材料具有高的疲劳强度和接触疲劳强度；齿面具有高的硬度和耐磨性；齿轮心部具有足够的强度与韧性。但是，对于不同机器中的齿轮，因载荷大小、速度高低、精度要求、冲击强弱等工作条件的差异，对性能的要求也有所不同，故应选用不同的材料及相应的强化方法。

② 齿轮用材的特点 机械齿轮通常采用锻造钢件制造，而且，一般均先锻成齿轮毛坯，以获得致密组织和合理的流线分布。就钢种而言，主要有调质钢齿轮和渗碳钢齿轮两类。

a. 调质钢齿轮 调质钢主要用于制造两种齿轮。一种是对耐磨性要求较高，而冲击韧度要求一般的硬齿面（HB>350）齿轮，如车床、钻床、铣床等机床的变速箱齿轮，通常采用 45 钢、40Cr、40MnB、45Mn2 等，经调质后表面淬火；对于高精度、高速运转的齿轮，可采用 38CrMoAlA 氮化钢，进行调质后再氮化处理。另一种是对齿面硬度要求不高的软齿面（HB≤350）齿轮，如车床溜板上的齿轮、车床挂轮架齿轮、汽车曲轴齿轮等，通常采用 45 钢、40Cr、35SiMn 等钢，经调质或正火处理。

b. 渗碳钢齿轮 渗碳钢主要用于制造速度高、重载荷、冲击较大的硬齿面齿轮，如汽车、拖拉机变速箱、驱动桥的齿轮，立车的重要齿轮等，通常采用 20CrMnTi、20MnVB、0CrMnMo 等钢，经渗碳淬火，低温回火处理，表面硬度高且耐磨，心部强韧耐冲击。为增加齿面残余压应力，进一步提高齿轮的疲劳强度，还可随后进行喷丸处理。

除锻钢齿轮外，还有铸钢、铸铁齿轮。铸钢（如 ZG340-640）常用于制造力学性能要求较高且形状复杂的大型齿轮，如起重机齿轮。对耐磨性、疲劳强度要求较高但冲击载荷较小的齿轮，如机油泵齿轮，可采用球墨铸铁（如 QT500-7）制造。而对受冲击很小的低精度、低速齿轮，如汽车发动机凸轮轴齿轮，可采用灰铸铁（如 HT200、HT300）制造。

另外，塑料齿轮具有摩擦系数小、减震性好、噪声低、质量轻、耐腐蚀等优点也被广泛应用。但其强度、硬度、弹性模量低，使用温度不高，尺寸稳定性差，故主要用于制造轻载、低速、耐蚀、无润滑或少润滑条件下工作的齿轮，如仪表齿轮、无声齿轮等。

(2) 轴类零件的选材

机床主轴、丝杠、内燃机曲轴、汽车车轴等都属于轴类零件，它们是机器上的重要零件，一旦发生破坏，就会造成严重的事故。

① 轴类零件的性能要求 轴类零件主要起支撑转动零件、承受载荷和传递动力的作用。一般在较大的静、动载荷下工作，受交变的弯曲应力与扭转应力，有时还要承受一定的冲击与过载。为此，所选材料应具有良好的综合力学性能和高的疲劳强度，以防折断、扭断或疲劳断裂。对于轴颈等受摩擦部位，则要求高硬度与高耐磨性。

② 轴类零件的用材特点 大多数轴类零件采用锻钢制造，对于阶梯直径相差较大的阶梯轴或对力学性能要求较高的重要轴、大型轴，应采用锻造毛坯。而对力学性能要求不高的

光轴、小轴，则可采用轧制圆钢直接加工。在具体选材时，可以从以下几方面考虑。

a. 对承受交变拉应力的轴类零件，如缸盖螺栓、连杆螺栓、船舶推进器轴等，其截面受均匀分布的拉应力作用，应选用淬透性好的调质钢。如 40Cr、42MnZV、40MnVB、40CrNi 等，以保证调质后零件整个截面的性能一致。

b. 主要承受弯曲和扭转应力的轴类零件，如发动机曲轴、汽轮机主轴、机床主轴等，一般采用调质钢制造。其中，对磨损较轻、冲击不大的轴，如普通齿轮减速器传动轴、普通车床主轴等，可选用 45 钢经调质或正火处理，然后对要求耐磨的轴颈及配件经常装拆的部位进行表面淬火、低温回火。对磨损较重且受一定冲击的轴，可选用合金调质钢，经调质处理后，再在需要高硬度部位进行表面淬火。例如汽车半轴常采用 40Cr、40CrMnMo 等钢，高速内燃机曲轴常采用 35CrMo、42CrMo 等钢。

c. 对磨损严重且受较大冲击的轴，如载荷较重的组合机床主轴，齿轮铣床主轴，汽车、拖拉机变速轴，活塞销等，可选用 20CrMnTi 渗碳钢，经渗碳、淬火、低温回火处理。

d. 对高精度、高速转动的轴类零件，可采用氮化钢、高碳钢或高合金钢，如高精度磨床主轴采用 38CrMoAlA 钢，经调质、氮化处理；精密淬硬丝杠采用 9Mn2V 或 CrWMn 钢，经淬火、低温回火处理。

在轴类零件制造过程中，还可采用滚碾螺纹、滚压圆角与轴颈、横轧丝杆、喷丸等方法提高零件的疲劳强度。例如，锻钢曲轴的弯曲疲劳强度，经喷丸处理后可提高 15%～25%；经圆角滚压后，可提高 20%～70%。

除锻钢曲轴类零件外，对中、低速内燃机曲轴以及连杆、凸轮轴，可采用 QT600-3 等球墨铸铁来制造，经正火、局部表面淬火处理，不仅力学性能满足要求，而且制造工艺简单，成本较低。

9.3.2 典型零件的选材实例

(1) 机床主轴

C620 车床主轴的结构简图如图 9-3 所示。

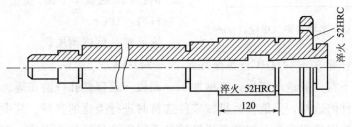

图 9-3 C620 车床主轴结构简图

机床主轴是典型的受扭转-弯曲复合作用的轴件，它受的应力不大（中等载荷），承受的冲击载荷也不大，如果使用滑动轴承，轴颈处要求耐磨。因此大多采用 45 钢制造，并进行调质处理，轴颈处由表面淬火来强化。载荷较大时则用 40Cr 等低合金结构钢来制造。

对 C620 车床主轴的选材结果如下。

材料：45 钢。

热处理：整体调质，轴颈及锥孔表面淬火。

性能要求：整体硬度 220～240HB；轴颈及锥孔处硬度 52HRC。

工艺路线：锻造→正火→粗加工→调质→精加工→表面淬火及低温回火→磨削。

该轴工作应力很低，冲击载荷不大，45 钢处理后屈服极限可达 400MPa 以上，完全可满足要求。现在有部分机床主轴已经可以用球墨铸铁制造。

（2）机床齿轮

机床齿轮工作条件较好，工作中受力不大，转速中等，工作平稳无强烈冲击，因此其齿面强度、心部强度和韧性的要求均不太高，一般用 45 钢制造，采用高频淬火表面强化，齿面硬度可达 52HRC 左右，这对弯曲疲劳或表面疲劳是足够了。齿轮调质后，心部可保证有 220HB 左右的硬度及大于 $40N/cm^2$ 的冲击韧性，能满足工作要求。对于一部分要求较高的齿轮，可用合金调质钢（如 40Cr 等）制造。这时心部强度及韧性都有所提高，弯曲疲劳及表面疲劳抗力也都增大。

例：普通车床床头箱传动齿轮。

材料：45 钢。

热处理：正火或调质，齿部高频淬火和低温回火。

性能要求：齿轮心部硬度为 220～250HB；齿面硬度 52HRC。

工艺路线：下料→锻造→正火或退火→粗加工→调质或正火→精加工→高频淬火→低温回火→拉花键孔→精磨。

（3）汽车半轴

汽车半轴是典型的受扭矩的轴件，但工作应力较大，且受相当大的冲击载荷，其结构如

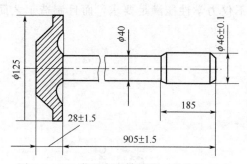

图 9-4 130 载重车半轴简图（单位：mm）

图 9-4 所示。最大直径达 50mm 左右，用 45 钢制造时，即使水淬也只能使表面淬透深度为 10% 半径。为了提高淬透性，并在油中淬火防止变形和开裂，中、小型汽车的半轴一般用 40Cr 制造，重型车用 40CrMnMo 等淬透性很高的钢制造。

例：130 载重车半轴。

材料：40Cr。

热处理：整体调质。

性能要求：杆部 37～44HRC；盘部外圆 24～34HRC。

工艺路线：下料→锻造→正火→机械加工→调质→盘部钻孔→磨花键。

以上各类零件的选材，只能作为机械零件选材时进行类比的参照。其中不少是长期经验积累的结果。经验固然重要，但若只凭经验是不能得到最好的效果的。在具体选材时，还要参考有关的机械设计手册、工程材料手册，结合实际情况进行初选，重要零件在初选后，需进行强度计算校核，确定零件尺寸后，还需审查所选材料淬透性是否符合要求，并确定热处理技术条件。目前比较好的方法是，根据零件的工作条件和失效方式，对零件可选用的材料进行定量分析，然后参考有关经验作出选材的最后决定。

思 考 题

1. 零件失效形式有哪几种？失效的原因一般包括哪几个方面？

2. 合理选材的原则是什么？

3. 机床床头箱齿轮与汽车变速箱齿轮的工作条件各有何特点？应选用哪种材料最合适？请写出工艺路线和强化方法。

4. 某齿轮要求具有良好的综合力学性能，表面硬度 50～55HRC，用 45 钢制造。加工路线为下料→锻造→热处理①→粗加工→热处理②→精加工→热处理③→精磨。试说明工艺路线中各热处理工序的名称和目的。

本书二维码为您精心配置以下专属服务

配套答案	•••	读练对照，自主检测学习效果
配套微课	•••	同步课程，名师领路效率加倍
相关知识	•••	在线视频，工程相关知识速递
课件获取	•••	精美课件，难点重点反复阅读
材料大全	•••	统一收录，116种常用材料信息

操作步骤指南

① 微信扫描本书二维码。

② 进入出版社官方公众号，获取上述服务。

③ 打开微信，实现随时随地查阅与学习。

扫码获得
系统性阅读指南

参 考 文 献

［1］ 赵海霞，刘青廷. 工程材料及其成形技术［M］. 修订版. 北京：化学工业出版社，2015.

［2］ 中国工程院化工、冶金与材料工程学部，中国材料研究学会. 中国新材料产业发展报告2020［M］. 北京：化学工业出版社，2020.

［3］ 赵程，杨建民. 机械工程材料及其成形技术［M］. 北京：机械工业出版社，2009.

［4］ 司卫华. 金属材料与热处理［M］. 2版. 北京：化学工业出版，2020.

［5］ 侯书林，朱海. 机械制造基础（上册）［M］. 2版. 北京：北京大学出版社，2011.

［6］ 刘春廷，汪传生，马继. 工程材料及成型工艺［M］. 西安：西安电子科技大学出版社，2009.

［7］ 邓文英. 金属工艺学（上册）［M］. 4版. 北京：高等教育出版社，2000.

［8］ 吕广庶，张明远. 工程材料及成形技术基础［M］. 2版. 北京：高等教育出版社，2011.

［9］ 魏广升，褚祥志. 工程材料学［M］. 北京：中国劳动出版社，1996.

［10］ 崔占全，孙振国. 工程材料［M］. 3版. 北京：机械工业出版社，2017.

［11］ 戈晓岚，赵茂程. 工程材料［M］. 修订版. 南京：东南大学出版社，2004.

［12］ 王纪安. 工程材料与材料成形工艺基础［M］. 修订版. 北京：高等教育出版社，2009.

［13］ 王爱珍. 工程材料与成形技术［M］. 北京：机械工业出版社，2003.

［14］ 何红媛，周一丹. 材料成形技术基础［M］. 南京：东南大学出版社，2000.

［15］ 李镇江. 工程材料性能与应用基础［M］. 北京：化学工业出版社，2013.

［16］ 任福东. 热加工工艺基础［M］. 北京：机械工业出版社，2001.

［17］ 齐乐华. 工程材料与机械制造基础［M］. 2版. 北京：高等教育出版社，2018.

［18］ 崔忠圻，覃耀春. 金属学与热处理原理［M］. 3版. 北京：机械工业出版社，2020.

［19］ 田锡唐. 焊接结构［M］. 北京：机械工业出版社，1982.

［20］ 齐宝森，等. 新型材料及其应用［M］. 哈尔滨：哈尔滨工业大学出版社，2007.

［21］ 中国机械工程学会焊接学会. 焊接手册，第1卷：焊接方法及设备［M］. 北京：机械工业出版社，1992.

［22］ 史耀武. 焊接技术手册［M］. 北京：化学工业出版社，2009.

［23］ 才鸿年. 现代热处理手册［M］. 北京：化学工业出版社，2010.

［24］ 周文军，张能武. 焊接工艺实用手册［M］. 北京：化学工业出版社，2020.

［25］ 刘光启，李成栋，赵梅. 五金手册［M］. 新版. 北京：化学工业出版社，2020.

［26］ 齐宝森，王忠诚. 化学热处理实用技术［M］. 北京：化学工业出版社，2021.